本色

色

中文版

# CorelDRAW

X4

迪一工作室　编著

快乐启航

科学出版社
www.sciencep.com

BHP
北京希望电子出版社
Beijing Hope Electronic Press
w w w . b h p . c o m . c n

# 内 容 简 介

本书以 CorelDRAW 最新版本 X4 为基础，以实用案例为引导，详细为初学者揭示了 CorelDRAW 的功能与应用。全书共分为 12 章，依次讲解了操作界面、几何图形绘制、曲线编辑、填充和轮廓、文本编辑、位图编辑、打印输出等内容。为了提高初学者的学习效率，我们在每个章节都设置了疑难及常见问题。

本书的最后配有疑难及技巧检索，供读者快速查阅。

本书配套光盘包含部分案例源文件、素材文件和习题答案。

本书作为一本初级读本，内容涉及 CorelDRAW 在平面设计、企业形象设计、产品包装设计、网页设计等各个领域的应用，适合各专业的电脑设计初学者和爱好者。

需要本书或技术支持的读者，请与北京清河 6 号信箱（邮编：100085）发行部联系，电话：010-62978181（总机）、010-82702660，传真：010-82702698，E-mail：tbd@bhp.com.cn。

**图书在版编目（CIP）数据**

中文版 CorelDRAW　X4 快乐启航 / 迪一工作室编著.
—北京：科学出版社，2009
（本色系列之快乐本色）
ISBN　978-7-03-023460-5

Ⅰ. 中…　Ⅱ. 迪…　Ⅲ. 图形软件，CorelDRAW X4　Ⅳ.
TP 391.41

中国版本图书馆 CIP 数据核字（2008）第 184760 号

责任编辑：杜　军　　　/责任校对：王龙江
责任印刷：双　青　　　/封面设计：盛春宇

科学出版社 出版

北京东黄城根北街 16 号
邮政编码：100717
http://www.sciencep.com

北京市四季青双青印刷厂印刷

科学出版社发行　　各地新华书店经销

*

2009 年 1 月第 一 版　　　开本：787×1092 1/16
2009 年 1 月第一次印刷　　印张：24 彩插 4 页
印数：1-3000 册　　　　　字数：548 340

定价：39.00 元（配一张光盘）

梦

江南

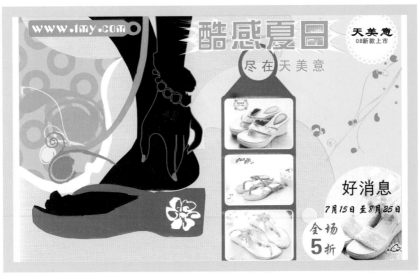

炫彩蝶变————春款上市

豪华特辑系列邮购目录

1
第一辑收录漫画名家

Clamp 高桥留美子 皇名月 小夏领帆
尾崎南 筑波英 森永爱 矢泽爱 成田美名子
田村由美 吉住涉 中路有纪 中村有菜
腾岛康界 进田彦美

2
第二辑收录漫画名家

册上冈焰 高桥真 苦布至宝
腾器前绘 清水市子 中条比沙也
由贵香织 玲子 西炯子 高屋
奈月 凤藏和也

3
第三辑收录漫画名家

啊不每型 渡嫩幽宇 横业内成内 山田
南平 高三与三 落传真里才 山扑至本
紫堂恭子 维藏寓意 腾员寻

豪华特辑第一辑 1--3册
大32开 128页 全彩色 12元/册
连续订阅6期可享受8.5折优惠

豪华特辑袖珍版
大64开 128页 全彩色 5.8元/册
连续订阅6期可享受8折优惠
连续订阅12期可享受7.5折优惠

豪华特辑平装版
大32开 128页 黑白 5元/册
连续订阅6期可享受8折优惠
连续订阅12期可享受7.5折优惠

豪华特辑1o月
The gorgeous special collection

最终出版物以实物为准

书 中自有黄金屋

倾心夺冕

DIAI
迪爱手机

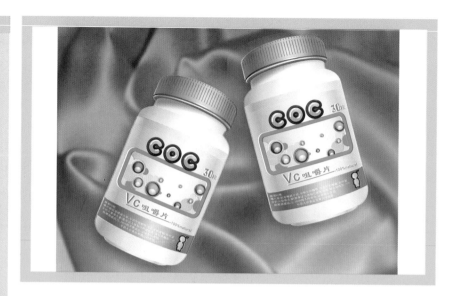

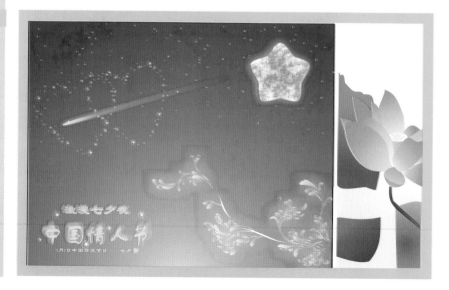

# 序

这是一套让作者"为难"的丛书，但读者将从中得到更多的收益。

为何这套丛书让作者"为难"了呢？这得从本套丛书的特点说起。

近年来，一些出版社邀请各行业的精英加入图书创作，图形图像软件书籍的实用性和美观性大大提高，这一特点在案例书中尤为突出。不过，浮躁随之而来，对案例精美的追求超过了对技术实用的重视，对软件"设计"的包装掩盖了"只是一个工具"的本质。因此读者面对一本本包装精美的图书，反而不知怎么选择了，尤其是初学者或者摆弄过个把月就想尽快熟练的人遇到了更大的困惑。

为此本书编辑萌发出版一套针对读者入门并跃升到熟练水平需求丛书的想法，不奢谈"设计"，不片面追求"美观"。

这样一套"为难"作者的丛书名叫做"本色"，信奉：

**本色的我们，本色的书！**

这套丛书有两个系列。系列一为技术读本叫"快乐本色"，书名为"快乐启航"；系列二为案例读本叫"本色经典"，书名为"经典汇粹"。

系列一是技术读本，具有如下特点。

## 1. 务实

软件就是软件，让浮华的"设计"远离软件的初学者，只讲技术，不谈设计，同时不夸大软件的功能。或许像香烟上的"吸烟有害健康"一样，当你做完某个案例却被告知"非常抱歉，这样的效果通常用某某软件制作起来更简单更方便"。书中老鼠王子是这个方面的发言人。老鼠王子有多种形象。王子婆妈，给出提示或注意事项；王子显宝，给出技巧或经验；王子呲牙，提出警告；王子俏皮，给出省事偷工说法；王子眼泪，给出软件功能秘密。

## 2. 强调视野和解决问题

这是技术读本作者面对的第一道坎。作为一本基础技术书，内容上对软件在各个行业的实际应用层面和用法都要提及，才有助于引领读者更深入地理解和掌握。为了体现这个要求，特设置了"基础应用"和"疑难及常见问题"两节。要写好这两部分内容，作者自身必须成为一个"大家"。

"基础应用"既不会笼统地讲"绘图工具就是用来设计、绘制图案"，也不会逐一地解释功能"矩形工具用来绘制矩形，路径工具用来编辑路径"。下面的内容摘自编辑的一段写作指导。

如果在基础应用部分无话可说或不知道怎么说，第一，检查自己的章节划分是否太细碎或者分类标准混乱了；第二，审视自己是否站在一个综合应用和实际工作需求的高度来看问题。部分作者只能就工具说工具，不会把工具放在整个应用中去说明。

建议大家采用逆向思维：什么情况下需要用到本章的知识？尽可能详细地列出，这样自然就得出需要的东西了。

"疑难及常见问题"处则要求作者努力将读者可能遇到的各种困难都反映出来。

这两点将切实帮助读者解决使用问题，加深理解。

### 3. 强调语言轻松活泼

这是技术读本作者面对的第二道坎。大家提到计算机、图形图像软件书籍时，第一反应就是文字呆板、枯燥、严肃。作者与大多读者一样，都是被这样的书培养和熏陶出来的。现在居然想让这类书的文字轻松活泼起来，这如同赶鸭子上架 —— 难呀！下面同样摘录自一段策划编辑的写作指导，可以看出文字风格转变的艰难。

关于如何轻松快乐的建议：

（1）用形象的语言来描述，可以多用比喻、夸张，尤其是导读、术语解释部分。

（2）多使用情感语言，例如表情叹词、祈使句等。在章节点过渡部分可以突出使用。

（3）可以适当说几句与讲解相关的俏皮话。在案例讲解和大段的知识讲解中可以用到。

系列二是案例读本，具有如下特点。

### 1. 强调分析和图示

这是案例读本作者面对的第一道坎。每个案例都有剖析原理、要点，让读者"知其所以然"。剖析后，利用简单的示意图表示出来。很多作者习惯按某种步骤做出效果，从未深想过为何这样做、做的要点在什么地方，画的示意图要么是步骤截屏，要么就是糊里糊涂不知所云。实际上制作分析不是简单地罗列步骤，它更需要的是技术和解决思路。

### 2. 强调变化和举一反三

这是案例读本作者面对的第二道坎。书中每章案例都设置了"同类索引"，要求作者揭示出同样的主体技术还能做什么，揭示相似案例的差别所在。如果不是"见多识广"，该处难以写作。用作者的话说，这个地方是"写得搜肠刮肚"。但是对读者却有好处，可以通过一个案例学会多种变化。

"为难"作者的作品并不一定可爱，但读者的批评和赞美肯定最可爱。因此当你在阅读中发现任何疑问或者错误，请告知我们。登录www.bhp.com.cn，在"大众书评"及"希望问问"处注册后即可发表评论和提出问题。同时，你也可以通过QQ 603830039或者发邮件到xiaomuwangshan@163.com联系木头编辑。

木头编辑

# 前　言

CorelDRAW 是加拿大 Corel 公司推出的计算机辅助绘图和设计软件，因其功能强大且具有简捷、易操作、易掌握等特点，在平面设计、企业形象设计、产品包装设计、网页设计和印刷制版等领域中得到了极为广泛地应用。

CorelDRAW X4 中文版是 CorelDRAW 系列软件中的最新版本，与以前版本相比，CorelDRAW X4 操作更方便，功能更强，效率更高，是继 CorelDRAW X3 之后的又一开发利器，对广大用户的工作必将起到巨大的推动作用。

本书旨在还原 CorelDRAW 作为一款软件工具的特点，一点一点地向读者传授这款软件的操作方法，同时介绍一些操作技巧，帮助初学者迅速提高绘图技能。另外在每章的后面安排了疑难解答，对初学者在学习过程中经常遇到的一些问题进行了详细地回答。

本书在编写中引用了因特网上的一些资源。

本书由迪一工作室编著，参加本书创作的有刘晓瑜、侯军兰、丛珊、米华、徐延岗、卢文静、丛钦滋、刘欣和李保君等人。由于作者水平有限，本书难免有不足之处，欢迎广大读者批评指正。

我们的邮箱是：yt_diyi2008@126.com

编　者

# 目 录

# 第一章
# 初识CorelDRAW X4

本章内容

知识讲解

基础应用

案例表现

疑难及常见问题

本 章 导 读

CorelDRAW是目前最强大的平面软件之一，是一个基于矢量绘图与图像编辑的组合软件，其增强的易用性、交互性和创造力可轻而易举地创作出专业级美术作品。

CorelDraw的发展比较迅速，版本不断升级，使它日臻完美，越来越受到用户地青睐。CorelDraw X4是Corel公司开发的最新版本，它比低版本增添了许多更强大的功能。本章我们将介绍CorelDraw X4的操作界面、CorelDraw X4的新功能和基础操作等知识。

# 1.1 知识讲解

CorelDRAW是一款集矢量图形绘制、版面设计、位图编辑等多种功能于一身的图形设计应用软件，在平面设计、企业形象设计、产品包装设计、建筑装潢设计、网页设计和印刷制版等多个领域发挥着重要的作用。

## 1.1.1 CorelDRAW简介

CorelDraw是加拿大Corel公司的产品，第一个版本于1989年发布。1992年伴随Microsoft Windows3.0的发布，Corel公司发布了第一个图形设计套装软件CorelDraw3，第一次在电脑绘图软件领域提供了有竞争力的价格和All-in-One的一体化解决方案。1995年CorelDraw 6和Microsoft Windows 95同时发布，成为第一个主要的可运行于32位操作系统的应用软件。1996年推出的CorelDraw 8与以前版本有很大的不同，整个界面更漂亮，功能也更强大。CorelDraw 9增加了许多点阵图处理的功能，还附带了Corel-Photopaint和Corel-Capture两个功能强大的软件。CorelDraw 10在CorelDraw 9的基础上又做了很大的改进。2006年Corel公司发布了CorelDraw X3，CorelDraw X3在与用户交互方面已经有了一个很大的进步。

现在CorelDraw的第十四代产品CorelDraw X4已经成功面市了，其界面更加美观，还新增加了字体实时预览和表格制作功能。CorelDraw X4更好地适应微软的VISTA系统和兼容Adobe CS3系列软件，广泛地应用于各个设计领域。

## 1.1.2 CorelDRAW X4的工作环境

下面我们正式开启CorelDraw X4世界的大门了！正如徐怀钰在《叮咚》中唱到的ring a ling叮咚,请你快点把门打开……我想和你谈恋爱"那样，越了解CorelDraw X4就会越爱它。

### 1.启动CorelDraw X4

启动CorelDraw X4的方法有多种，下面介绍两种最常用的启动方法。

（1）通过快捷方式

双击桌面快捷方式，即可启动CorelDraw X4。

（2）通过开始菜单

单击"开始"按钮，依次选择"程序"→"CorelDraw Graphics suite X4"→"CorelDraw X4"菜单命令，即可启动CorelDraw X4。如图1-1所示。

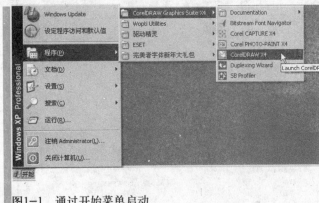

图1-1 通过开始菜单启动

**2.欢迎屏幕**

进入CorelDraw X4之后，我们会看到如图1-2所示的欢迎屏幕。欢迎屏幕中包括"快速启动"、"新增功能"、"学习工具"、"画廊"和"更新"5个选卡。

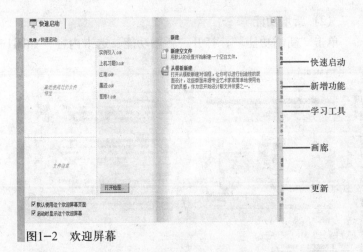

图1-2 欢迎屏幕

**（1）快速启动**

打开欢迎屏幕后，系统默认显示的是"快速启动"选卡。右侧的"新建"内容包括"新建空文件"和"从模板新建"两个命令，用于新建文件。

"快速启动"选卡左侧显示的是最近使用过的文件，将鼠标移到文件名上即可预览文件内容和信息，单击文件名即可打开文件。

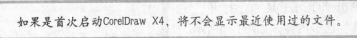

如果是首次启动CorelDraw X4，将不会显示最近使用过的文件。

单击"快速启动"选卡左侧下方的"打开绘图"按钮，可以打开"打开绘图"对话框，如图1-3所示。从中选择需要打开的文件，单击"打开"按钮即可打开文件。

图1-3　打开绘图对话框

（2）新增功能

单击"新增功能"，打开"新增功能"选卡内容，如图1-4所示。

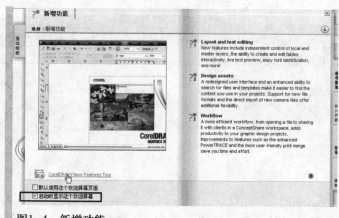

图1-4　新增功能

新增功能选卡用于介绍软件当前版本相比以往版本的新增功能。单击"CorelDRAW New Features Tour"按钮，可以跟随视频学习新功能。

（3）学习工具

单击"学习工具"，打开"学习工具"选卡内容，如图1-5所示。

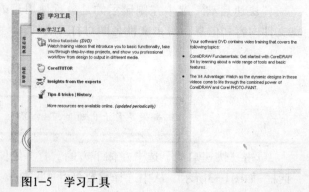

图1-5　学习工具

单击"CorelTUTOR"和"Insights from the experts"命令，可以打开学习内容，浏览软件功能。

（4）画廊

单击"画廊"按钮，打开"画廊"选卡内容，如图1-6所示。画廊展示了部分CorelDRAW绘制的优秀作品。

图1-6 画廊图标

（5）更新

单击"更新"按钮，打开"更新"选卡内容，如图1-7所示。

通过"更新"选卡可以访问CorelDRAW.com社区，学习和分享艺术作品

图1-7 更新图标

欢迎屏幕真可谓包罗万象了，大家进入工作区后也可以打开欢迎屏幕哦，方法超简单，只要单击标准工具栏中的"欢迎屏幕"按钮即可。

3. CorelDraw X4操作界面

启动CorelDraw X4后，无论是新建空文档还是打开以前编辑过的图形，都将进入CorelDraw X4操作界面，如图1-8所示。

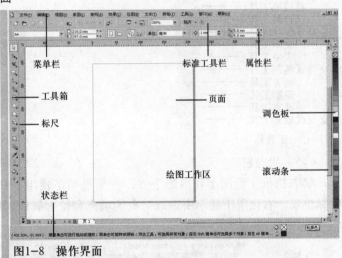

图1-8 操作界面

（1）菜单栏

菜单栏由12个可以下拉的菜单组成，包含了大量操作命令。菜单中右端带有黑色小三角图标的命令含有子菜单，如图1-9所示。

图1-9 子菜单

（2）标准栏

标准栏位于菜单栏的下面，它提供了部分最常用的命令按钮，只需轻轻一按，就能执行相应操作，简化了操作步骤，提高了工作效率，如图1-10所示。

图1-10　标准栏

（3）属性栏

属性栏提供对象属性选项，其作用是显示对象或工具的控制参数。不同的工具和选择对象属性栏显示不同。例如，单击工具箱中的表格工具时，属性栏仅显示与表格相关的命令，如图1-11所示。

图1-11　表格属性栏

（4）工具箱

工具箱是所有工具的集合，只需在相应的按钮上单击即可选取相应工具。带有三角形标记的按钮代表一个工具组，单击三角形可以查看其中包含的工具，如图1-12所示。

图1-12　工具箱

（5）状态栏

状态栏位于绘图工作区的下方，左侧提供了使用工具的操作方法以及当前鼠标的坐标位置，右侧用于显示所选取对象的填充和轮廓属性，如图1-13所示。

图1-13　状态栏

在状态栏上单击鼠标右键弹出菜单，选择"自定义"命令的子菜单命令可以对状态栏进行设置。

### 1.1.3 CorelDRAW X4基础操作

在这一小节里我们学习CorelDraw X4的基础操作，包括新建文件、打开文件、保存文件、导出文件等内容。这是迈入CorelDraw X4奇妙世界的第一步。

1. 文件管理

（1）新建文件（快捷键为Ctrl + N）

单击标准栏中的"新建"按钮 ，或者选择"文件"→"新建"命令，都可以新建文件。

（2）打开文件（快捷键为Ctrl + O）

单击标准栏中的"打开"按钮 或选择"文件"→"打开"命令，弹出"打开绘图"对话框，如图1-14所示。

选择要打开的文件，单击"打开"按钮或按Enter键，即可打开文件。

图1-14 打开绘图对话框

如果文件很多，看得你眼花缭乱的话，可以采用选择文件类型的方式查找文件。在"打开绘图"对话框中的"文件类型"下拉列表中选择文件类型，对话框将只显示所选择的文件类型的文件，这时再选择文件就方便多了。

（3）保存文件（快捷键为Ctrl + S）

单击标准栏中的"保存"按钮 或选择"文件"→"保存"命令，弹出"保存绘图"对话框，如图1-15所示。

在"文件名"处输入文件名，在"文件类型"处选择文件格式，单击"保存"按钮，即可保存绘图。

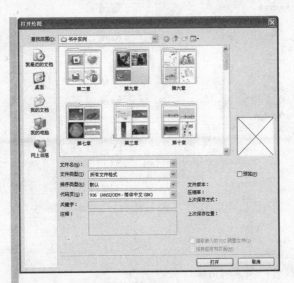

图1-15 保存绘图对话框

一定要养成随时保存文件的良好习惯！如果有一天，花费了大量精力和心血的作品就要完成时突然停电或死机了，悲惨的是，你发现没有保存！这时你一定会像《大话西游》中的周星驰一样追悔莫及，痛哭流涕。为了不给自己后悔的机会，一定要养成随时保存文件的好习惯。

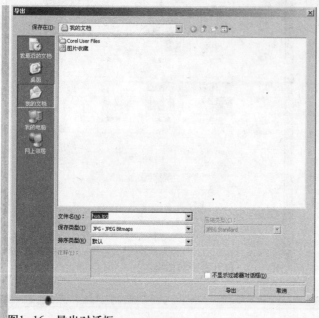

图1-16　导出对话框

图1-17　导入对话框

（4）导出文件（快捷键为Ctrl + E)

导出文件可以将当前文件或选中的对象转存为其他格式文件。

单击标准栏中的"导出"按钮或选择"文件"→"导出"命令，弹出"导出"对话框，如图1-16所示。

在"保存在"处设置保存路径，在"文件名称"中输入文件名，在"保存类型"下拉列表框中选择导出文件格式，单击"导出"按钮。

（5）导入文件（快捷键为Ctrl + I)

导入文件可以将其他格式文件输入到当前文件中。

单击标准栏中的"导入"按钮或选择"文件"→"导入"命令，弹出"导入"对话框，如图1-17所示。

可以导入的位图文件包括JPG、PSD、TIFF、GIF、BMP等格式；可以导入的矢量文件包括AI、CDR、EPS、DWG等格式；可以导入的文本文件包括TXT、DOC等格式。选中需要导入的文件，单击"导入"按钮，出现导入提示光标，单击或拖动鼠标即可完成导入。

（6）关闭文件

文件保存之后就可以关闭了。单击文件上×按钮即可关闭文件。

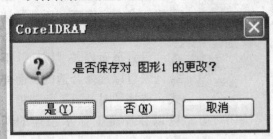

如果文件没有被保存，关闭文件时CorelDraw会询问是否保存对图形的修改，如图1-18所示。

图1-18　CorelDraw对话框

选择"是"按钮，弹出"保存绘图"对话框，可以保存绘图；选择"否"按钮，文件将直接被关闭，不保存绘图内容；选择"取消"按钮，系统将关闭该对话框，我们可以继续处理绘图文件。

在退出CorelDraw时，系统也会弹出此对话框，各按钮的功能与关闭文件时一致。

2．页面设置

页面用于放置成稿的纸张。它的大小、样式根据设计作品的需要而定。

（1）设置页面大小

设置页面大小的方法有两种。

1）通过属性栏设置

在属性栏中可以设置纸张类型/大小、纸张宽度和高度、页面方向，如图1-19所示。

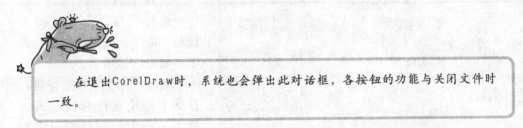

纸张类型/大小　　　　纸张宽度和高度　　　页面方向

图1-19　属性栏

在"纸张类型/大小"下拉列表中选择合适的纸张类型，包括明信片、名片和信封等。选择纸张类型后，"纸张宽度和高度"文本框将显示该类型的宽度和高度尺寸。

也可以自定义纸张的宽度和高度，只要在"纸张宽度和高度"文本框中输入需要的数值即可。

2）通过选项对话框设置

选择"版面"→"页面设置"命令，弹出如图1-20所示对话框。

在"纸张"下拉列表中选择纸张类型；在"方向"选项中选择纸张"纵向"或"横向"放置；在"单位"下拉列表中选择度量单位，单位不同，尺寸不同。单击"确定"按钮完成设置。

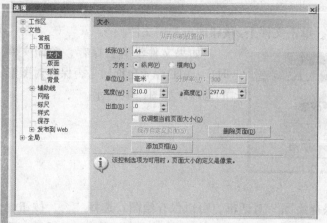

图1-20 选项对话框

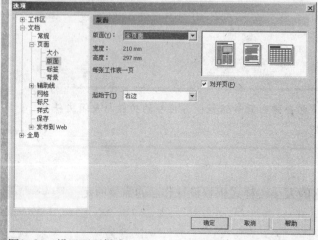

图1-21 设置页面样式

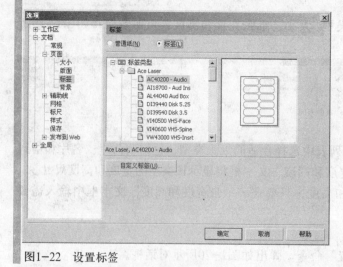

图1-22 设置标签

（2）设置页面样式

选择"版面"→"页面设置"命令，选择"版面"选项，如图1-21所示。

设置页面样式"版面"下拉列表可以选择合适的页面样式。选择"对开页"复选框，可以在屏幕上显示相连的两页。当在"版面"中选择"活页"样式后，可以在"起始于"处设置文档第一页是从右页还是从左页开始。

（3）设置标签

选择"版面"→"页面设置"命令，选择"标签"选项，如图1-22所示。

选择"标签"单选按钮，在列表框中选择标签样式，单击"确定"按钮即可添加标签。

（4）设置页面背景

默认状态下，页面无背景，显示为白色。我们可以为页面添加纯色或者位图背景。选择"版面"→"页面设置"命令，选择"背景"选项，如图1-23所示。

单击"纯色"单选按钮，可以为页面设置一个纯色背景。

单击"位图"单选按钮，可以为页面设置一个位图背景。

（5）添加、删除页面

在水平滚动条左侧的页面控制栏，显示页面总数和页面页码，如图1-24所示。

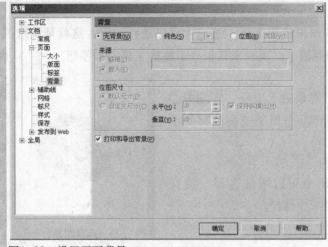

图1-23 设置页面背景

图1-24 页面控制栏

1）添加页面

单击页面控制栏上左面的 图标可以在当前页之前添加页面；单击页面控制栏上右面的 图标可以在当前页之后添加页面。

选择"版面"→"插入页"命令也可以添加页面。

2）删除页面

右键单击需要删除的页码名，弹出如图1-25所示的快捷菜单。

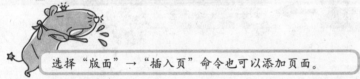

图1-25 删除页面

选择"删除页面"命令即可删除选择的页面。

（6）切换页面

单击页面控制栏上 、 按钮可以向前或向后翻页；单击页面控制栏上 、 按钮可以翻到第一页或最后一页；单击页码可以直接切换到需要的页面。

按PageUP键可以向前翻页或插入页面；按PageDown键可以向后翻页或插入页面。

3. 选择和取消选择对象

在编辑任何对象之前，都必须用挑选工具![icon]选定才可以进行编辑。这就是挑选工具成为工具箱中"武林盟主"的原因了。现在来认识一下挑选工具的本领吧。

（1）选择单个对象

运用挑选工具![icon]单击对象。对象被选中后，它的中心会出现一个中心点，并在周围出现8个用于变换控制的手柄，如图1-26所示。

（2）增加或减少选择对象

按住Shift键单击未选择对象可以增加选择；按住"Shift"键单击已选择对象可以减少选择。

（3）选择全部对象

图1-26  选择对象

双击挑选工具 或直接按Ctrl + A组合键，即可选择全部对象。

（4）框选对象

有两种情况：其一直接拖动鼠标画框选择对象，所有被完全框住的对象均被选择；其二按住Alt键拖动鼠标画框选择对象，所有与框相交的对象均被选择，如图1-27所示。

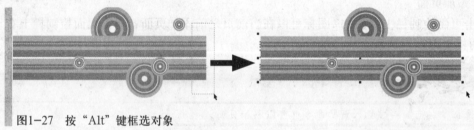

图1-27  按"Alt"键框选对象

（5）选择群组中的一个对象

按住Ctrl键单击群组中需要选择的对象，这时，对象的控制手柄显示为圆形而非方形，如图1-28所示。

（6）选择后一层对象

按住Alt键单击当前对象可以选择其下方与单击处相交的对象。如果下方有多个相交对象，则每单击一次就切换选择一次。

图1-28  选择群组中的一个对象

（7）用键盘选择对象

按Shift + Tab组合键，从第一个创建的对象开始，向最后创建的对象依次进行选择。按Tab键，从最后一个创建对象开始逆向选择。

（8）取消选定对象

单击绘图窗口的空白区域或直接按Esc键即可。

除处于输入状态的文本工具外，按空格键，可以在当前工具与挑选工具之间进行切换。

### 4. 变换对象

选中对象后直接拖动手柄,可以实现缩放、旋转、倾斜、镜像等变换调整。

#### (1) 直接变换

选中对象后,使用鼠标拖动变换手柄即可。

#### 1) 缩放

图1-29中A是原对象。将鼠标移动到任意一个角上的手柄处,鼠标显示为箭头,拖动鼠标即可按比例缩放对象,如图中B所示。将鼠标移动到任意一条边线中部的手柄处,鼠标显示为箭头,拖动鼠标即可在水平或者垂直方向上缩放对象,如图中C。

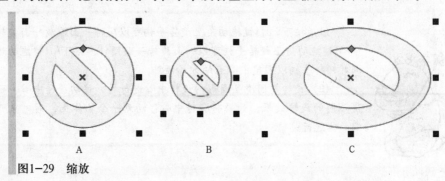

A     B     C

图1-29 缩放

    按下Shift键拖动角上手柄可以向中心缩放;按下Alt键拖动角上手柄可以自由缩放。

#### 2) 镜像

按下Ctrl键拖动角上手柄可以水平、垂直、对角镜像对象,按下Ctrl键拖动边线中部的手柄可以水平或者垂直镜像对象,如图1-30所示。

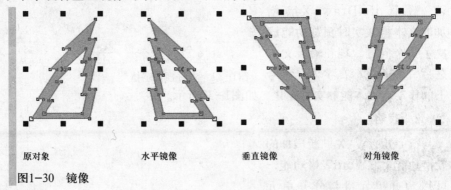

原对象    水平镜像    垂直镜像    对角镜像

图1-30 镜像

#### 3) 旋转和倾斜

选中对象后,再在其内部单击一次鼠标,即可进行旋转和倾斜操作。

将鼠标移动到任意一个角上的旋转手柄处,拖动鼠标即可旋转对象。将鼠标移动对任意边线中间的倾斜手柄处,拖动鼠标即可倾斜对象,如图1-31所示。

原对象　　　　　　　旋转后　　　　　　　　　倾斜后

图1-31旋转和倾斜

（1）按下Shift键拖动角上旋转手柄可以同时一面缩放一面旋转；按下Alt键拖动角上旋转手柄可以一面旋转一面倾斜；按下Alt键拖动边线中间的倾斜手柄以固定中心点的方式倾斜。

（2）旋转是围绕呈圆形的旋转中心进行的，移动旋转中心，可以获得不同的旋转效果。如果将旋转中心移动到一个物体上，则对象可以围绕物体进行旋转。

### 1.1.4　CorelDRAW X4新功能体验

CorelDraw X4相比以往版本加入了大量新特性。它整合了Windows Vista系统的桌面搜索功能，可以按照作者、主题、文件类型、日期、关键字等文件属性进行搜索，新增了在线协作工具"ConceptShare"(概念分享)和文本格式实时预览、表格、矫正图像功能等。

#### 1．文本格式实时预览

以往版本输入文本后想要切换一种合适的字体，只能在选定字体之后才能看出字体是否合适。CorelDraw X4新增加的文本格式实时预览功能解决了这个问题。现在输入文本之后，随着鼠标在字体、字号上的移动，文本能够实时变化，如图1-32所示。

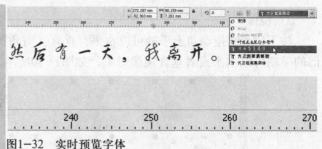

图1-32　实时预览字体

#### 2．表格

CorelDraw X4 新增加的表格功能类似Word表格功能，可以合并单元格与分开单元格，可以插入图片、文字，可以转为曲线并取消群组。表格不再是由矩形群组而是由线段群组而成的，如图1-33所示。

表格拆分前　　　　　　　　　表格拆分后

图1-33　取消群组

关于怎样编辑表格，我们将在第二章绘制表格知识点中详细讲述，保证面面俱到哈。

### 3 矫正图像

还在为倾斜的图片发愁吗？别叹气了，矫正图像可以轻松搞定这事。选中位图，选择"位图"→"矫正图像"命令，出现"矫正图像"对话框，拖动"旋转图像"滑块旋转图像即可，如图1-34所示。

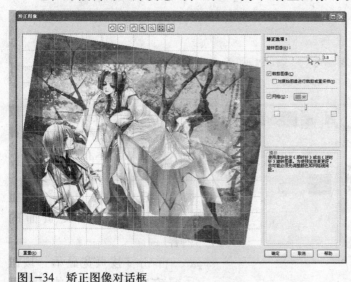

图1-34 矫正图像对话框

在第九章中我们将详细讲述关于矫正图像的知识。

### 1.1.5 对象的基本概念

CorelDRAW中的对象泛指任何图形、文本、位图，如线段、椭圆、长方形、标注线、美术字。CorelDRAW可以保存对象的全部信息，包括对象在屏幕上的位置、创建时的顺序以及所定义的属性等。当在对象上运用某一命令，如移动时，CorelDRAW会重新创建其形状与所有属性，并将这些信息保存。

对象可以是单个对象也可以是群组对象。群组对象由多个对象进行群组得到。

一个图形对象由闭合或开放的路径组成。开放路径的起点和结束点没有闭合，默认情况下无法填充。闭合路径可以填充。

### 1.1.6 绘图查看

用于绘图查看的工具和命令包括缩放工具、手形工具、视图管理器、"视图"菜单命令等。

### 1. 缩放视图

使用缩放工具可以放大和缩小视图，查看绘图中的特定区域。选择缩放工具，其属性栏如图1-35所示。

图1-35 缩放工具属性栏

在"缩放级别"下拉列表中，我们可以选择合适的缩放比例。

单击"放大"按钮 🔍，可以放大一倍显示。如果按住鼠标左键沿对角线拖动鼠标框选需要放大的区域，释放鼠标后被框选区域将充满屏幕，如图1-36所示。

图1-36 框选放大

单击"缩小"按钮 🔍，可以缩小一半显示。

单击"缩放全部对象"按钮 🔍，可以把画面中所有内容最大限度的显示在当前窗口，如图1-37所示。

单击"显示页面"按钮 🔍，显示整个绘图页面的内容。

单击"按页宽显示"按钮 🔍，在窗口最大限度的显示页面宽度。

单击"按页高显示"按钮

图1-37 缩放全部对象

🔍，在窗口最大限度的显示页面高度。

（1）选择缩放工具按住Shift键单击鼠标可以缩小显示。

（2）不论当前使用何工具，按F2键可以放大显示，按F3键可以缩小显示，按F4键可以缩放全部对象，按Shift + F4组合键可以显示页面。

2．平移视图

使用"手形"工具可以平移视图。选择手形工具 ✋，拖动鼠标即可任意移动绘图页面。

除了以上方法，我们还可以通过鼠标滑轮和滚动条移动绘图页面。

### 3．全屏预览

使用全屏预览绘图，可以将当前窗口中的绘图全屏显示出来。

选择"视图"→"全屏预览"命令，或按快捷键F9，启动全屏预览模式，如图1-38所示。

单击鼠标或按键盘任意键，即可取消预览返回绘图窗口。

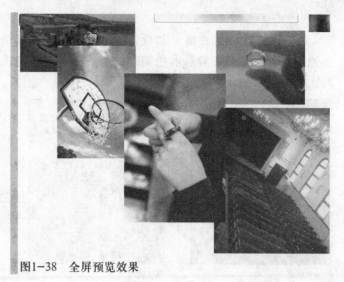

图1-38　全屏预览效果

### 4．视图显示模式

视图菜单提供了6种视图显示模式，这些模式可以控制对象在屏幕上的显示方式。更改显示模式只是改变了对象的显示方式，对对象内容不会产生任何影响。

### （1）简单线框

在"视图"菜单中选择"简单线框"视图模式。该模式只显示对象的轮廓，对象的填充、渐变、立体化等效果都被隐藏。可以一目了然地选择和编辑原始对象。正常视图模式与简单线框视图模式之间的对比如图1-39所示。

正常模式　　　　　　　　　　　简单线框模式

图1-39　正常模式与简单线框模式对比

### （2）线框

线框模式隐藏填充，显示单色位图，渐变、立体化等效果也能以线框方式显示。正常模式与线框模式之间的对比如图1-40所示。

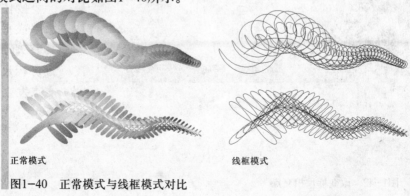

正常模式　　　　　　　　　　　线框模式

图1-40　正常模式与线框模式对比

（3）草稿

草稿模式显示标准填充和低分辨率位图，其他填充类型都无法正确显示。当需要快速刷新画面又想了解基本色调时，可使用该视图模式。正常模式与草稿模式之间的对比如图1-41所示。

正常模式                    草稿模式

图1-41  正常模式与草稿模式对比

（4）正常

正常模式能正确显示除Post Script填充、叠印填充以外的所有对象。

（5）增强

增强模式使用2倍超取样来达到最好的显示模式。该模式对设备性能的要求很高，适用于运行在高彩色的画面。可以正确显示Post Script填充。

（6）叠印增强

叠印增强模式除了可以显示所有填充类型、效果外，还可以模拟对象叠印的区域颜色。

### 1.1.7  标尺、网格及辅助线

在绘制图形时使用标尺、网格及辅助线，有助于更精确的绘制图形。

1. 标尺

选择"视图"→"标尺"命令，可以显示或隐藏标尺。标尺上有刻度，可以借以用来度量对象。

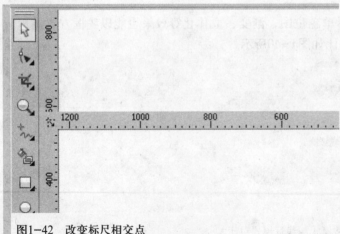

通过移动标尺，可以更充分的应用标尺工具。

按住Shift键，拖动水平或垂直标尺，可以将其移动到屏幕的任意位置。标尺的原点不变，相交点发生变化，如图1-42所示。

图1-42  改变标尺相交点

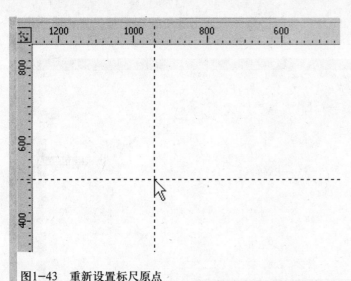

图1-43 重新设置标尺原点

按住Shift键，双击标尺可以使标尺返回默认状态的位置。

从标尺相交点上拖动鼠标至绘图区任意位置后释放鼠标，可以重新设置标尺的原点，如图1-43所示。双击标尺交点可以恢复为默认的标尺原点。

双击水平或垂直标尺，弹出如图1-44所示对话框。

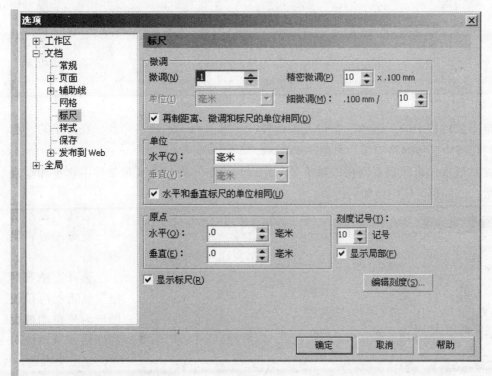

图1-44 重新设置标尺原点

在对话框中可以设置单位、原点位置、刻度记号等。

2. 网格

网格可以以线的形式显示，也可以以点的形式显示。网格可以帮助绘制和对齐对象。

选择"视图"→"网格"命令,当网格命令旁边出现复选标记时,文档显示出网格,如图1-45所示。

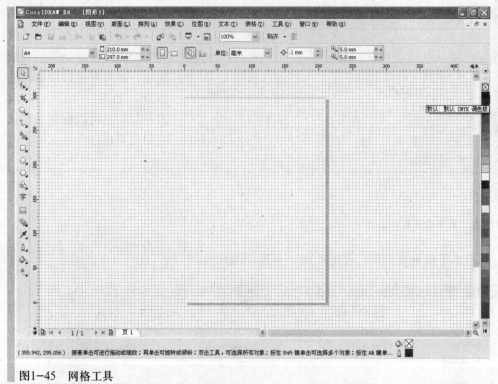

图1-45 网格工具

单击属性栏中的"选项"按钮图或选择"工具"→"选项"命令,在弹出的"选项"对话框中选择网格选项,如图1-46所示。

在对话框中可以设置网格的频率和间距。"频率"指每个度量单位中水平和垂直网格数。"间距"指网格间的距离。

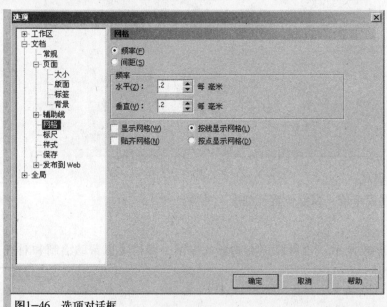

图1-46 选项对话框

选择"显示网格"复选框可以显示网格。

选择"贴齐网格"复选框可以使图形对象自动捕捉到网格,从而使对象的定位更准确。

3. 辅助线

辅助线是从标尺上创建的虚线,可以被选择、旋转、锁定和删除,但不能打印。

(1) 创建辅助线

从水平或垂直标尺上拖动鼠标到工作区域,出现一条虚线,在适当位置释放鼠标,就会创建一条辅助线,如图1-47所示。

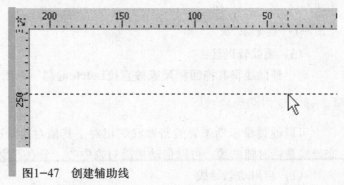

图1-47 创建辅助线

(2) 设置辅助线颜色

单击属性栏中的"选项"按钮,或选择"工具"→"选项"命令,弹出"选项"对话框,选择"辅助线"项,在"默认辅助线颜色"下拉列表中可以设置辅助线的颜色,如图1-48所示。

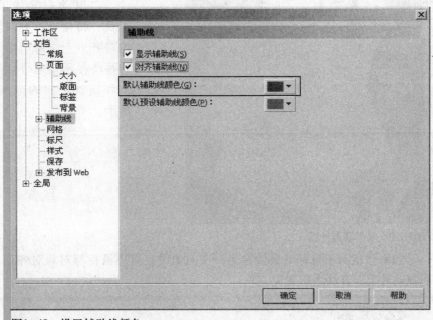

图1-48 设置辅助线颜色

(3) 移动辅助线

选中辅助线拖动即可移动辅助线。

(4) 旋转辅助线

双击辅助线,拖动出现的旋转控制手柄可以旋转辅助线,如图1-49所示。

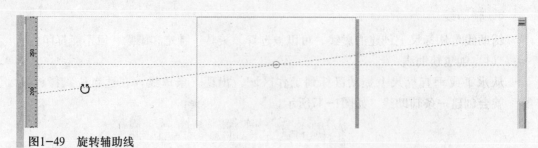

图1-49 旋转辅助线

（5）删除辅助线

选中辅助线将其拖回标尺或按直接Delete键都可以删除辅助线。

## 1.1.8 使用动态导线

可以通过显示动态导线帮助我们相对于其他对象精确绘制、移动、对齐对象。动态导线是临时辅助线，可以自动捕捉对象中心、节点、象限和文本基线。

（1）启用动态导线

选择"视图"→"动态导线"命令，或直接按Alt ＋ Shift ＋ D组合键，可以启用或停用动态导线。动态导线命令旁出现复选标记表示已启用动态导线。

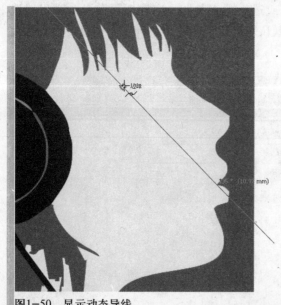

启用动态导线后，选择绘图工具，将指针移到对象中符合条件的对齐点上，即可显示动态导线。屏幕将提示动态导线的角度以及节点和指针之间的距离，如图1-50所示。

图1-50 显示动态导线

如果想相对于目标对象放置另一个对象时，可以沿目标对象对齐点显示的动态导线拖动对象，将其进行放置。

如果我们想相对于一个对象绘制另一个对象，也是采用同样的方法哦。

（2）动态导线设置

选择"视图"→"动态导线设置"命令，弹出如图1-51对话框。

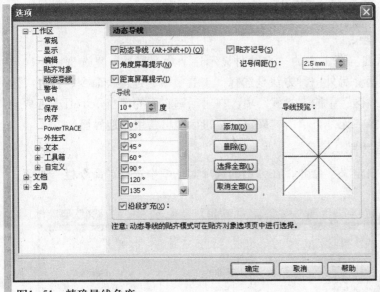

图1-51 精确导线角度

在该对话框中可以设置导线角度、屏幕提示等。

## 1.2 基础应用

下面为大家展示本章知识的实际运用。

### 1.2.1 自我控制工作界面

在CorelDRAW中我们可以按照自己喜欢的方式自定义工作界面。例如改变工具箱和调色板的位置，将状态栏由两列变为一列。这些实现起来都很简单，只要拖动工具箱或状态栏至合适位置即可。

### 1.2.2 精确绘制图形

企业标志设计通常需要精确绘制尺寸，因为标志是一个企业的代表，它需要按合适的比例放大或缩小，所以在企业VI设计中，制作标志通常要用到网格对齐工具，可以快速地使标志贴齐网格，从而精确地绘制标志尺寸，如图1-52所示。

图1-52 狼图腾标志

## 1.3 疑难及常见问题

### 1. 如何禁用欢迎界面

一种方法是取消欢迎屏幕下方的"启动时显示这个欢迎屏幕"复选框，下次启动时就不再显示欢迎屏幕。另外一种方法是选择"工具"→"选项"命令，打开"选项"对话框，选择"工作区"中的"常规"项，在对话框右面的"当CorelDRAW启动时"下拉列表框中选择"无"，单击"确定"按钮后即可禁用欢迎界面。

### 2. 如何将菜单重置为默认设置

选择"工具"→"自定义"命令，在弹出的选项对话框中选择"命令栏"选项，如图1-53所示。

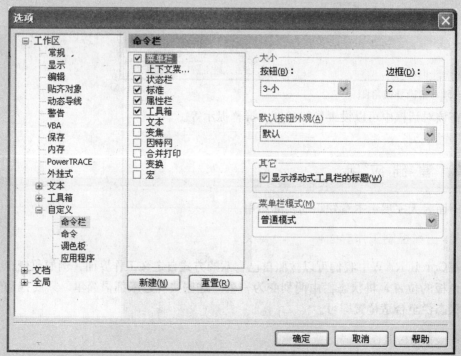

图1-53 命令栏

从列表中选择"菜单栏"复选框，单击"重置"按钮，即可将菜单重置为默认设置。

### 3. 如何设置自动备份

CorelDRAW提供了自动保存和备份文件的功能，它可以在我们忘记保存的情况下保护文件。选择"工具"→"选项"命令，打开"选项"对话框，选择"工作区"中的"保存"项，在对话框右面的"自动备份"栏中设置自动备份的时间，如"20分钟"，确定后关闭对话框即可，如图1-54所示。

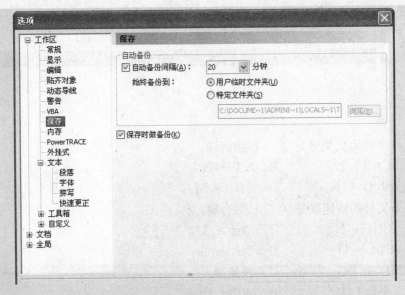

图1-54　选项对话框

### 4．怎样重命名页面

右键单击页码名，在弹出的快捷菜单中选择"重命名"命令，然后在弹出的"重命名页面"对话框中输入新页名，如图1-55所示。

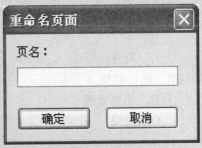

图1-55　重命名页面对话框

### 5．工具箱不见了怎么办

这是初学者最容易遇到的问题之一。CorelDRAW界面中的组成如菜单、工具箱、标准栏、属性栏都是可以控制的。如果发现某个组成不见了，可以在其他组成的空白处单击鼠标右键，在出现的快捷菜单中。重新启用需要的组成即可。

### 6．如何提高CorelDRAW的运行速度

CorelDRAW的运行速度主要取决于计算机的CPU速度和内存大小。在既定的计算机配置下，如果想提高运行速度，更改下面的设置将有所帮助。

（1）视图显示模式设置为正常。增强模式、使用叠印增强模式刷新较慢。如果文件很大，甚至可以大部分时间都在草稿模式下运行。

（2）设置交换磁盘。按快捷键Ctrl ＋ J弹出选项对话框，在"内存"项设置中将剩余空间大的磁盘作为交换磁盘。

# 1.4 习题与上机练习

1．选择题

(1) 新建文件的快捷键是（　　）组合键。

　A．Ctrl + N 　　　　B．Alt + N

　C．Shift + N 　　　　D．Ctrl + M

(2) 打开文件的快捷键是（　　）组合键。

　A．Ctrl + N 　　　　B．Ctrl + M

　C．Ctrl + O 　　　　D．Ctrl + S

(3) "Shift + F4" 是（　　）的快捷键。

　A．放大工具 　　　　B．缩小工具

　C．显示页面 　　　　D．缩放全部对象

(4) 关闭文件时在CorelDraw对话框中选择"取消"按钮可以（　　）。

　A．关闭文件 　　　　B．保存文件

　C．删除文件 　　　　D．编辑文件

(5) 按住 "Shift" 键拖动标尺，标尺（　　）发生变化。

　A．原点 　　　　　　B．不

　C．相交点 　　　　　D．尺寸

(6) 按Alt + Shift + D组合键，启用（　　）。

　A．网格 　　　　　　B．动态导线

　C．辅助线 　　　　　D．标尺

2．问答题

(1) 怎样旋转辅助线？

(2) 怎样实现全屏预览？

(3) 如何设置纯色页面背景？

3．上机练习题

(1) 新建一个空文件，将页面设置为宽100mm，高150mm。

(2) 打开素材库"巧克力"文件，将如图1-56所示文件导出为JPEG格式。

图1-56　导出文件

# 第二章
# 几何图形的绘制

本章内容

实例引入——绘制卡通闹钟

基本术语

知识讲解

基础应用

案例表现

疑难及常见问题

## 本章导读

通过第一章的学习，我们对CorelDRAW X4软件有了初步的认识，但是如何才能绘制出精美的作品来呢？这得从绘制最基本的线条、几何图形等开始。

任何复杂的图形都是由矩形、圆、椭圆、多边形等基本图形组成的，只要熟练掌握了这些工具，我们就能把自己的想法用电脑表现出来。下面首先来看看怎样绘制一个卡通闹钟吧。

# 2.1 实例引入——绘制卡通闹钟

画家可以把自己的想法通过画笔、画布表现出来，而我们只需要通过鼠标就可以把自己想象中的事物绘制出来。图2-1所示是一个日常的卡通闹钟，运用CorelDRAW软件能快速绘制出来。

图2-1　绘制卡通闹钟

### 2.1.1　制作分析

卡通闹钟造型很简单，由矩形和椭圆形的变形组合叠加而成，如图2-2所示。在这个实例里我们将提前接触色彩的填充。

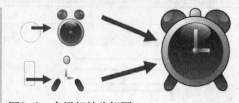

图2-2　卡通闹钟分解图

### 2.1.2　制作步骤

**01** 新建文档并绘制圆。新建一个A4大小的空文档。选择椭圆形工具 ◯ 拖动鼠标绘制一个椭圆，随后在属性栏中设置宽度和高度都为80mm，轮廓宽度 [1.0 mm] 为1mm，如图2-3所示。

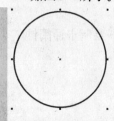

> 在选取对象的时候，必须先选择挑选工具才能进行选择。大家千万别忘了哦！

图2-3　绘制圆形

**02** 填充颜色。确定圆被选中，按F11键弹出"渐变填充"对话框，设置类型为线性，选中"双色"单选按钮，设置从天蓝色到冰蓝色渐变。颜色、角度和边界设

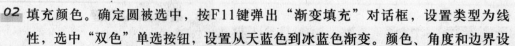

置如图2-4所示。单击"确定"按钮，渐变效果如图2-5所示。

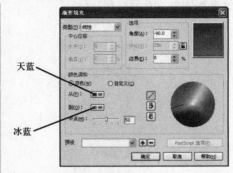

图2-4 渐变填充对话框　　　图2-5 渐变效果

如果大家对填充效果不是很满意，可以单击工具箱中 的交互式填充工具，调整渐变角度。

**03** 复制圆形。选中圆，按住Shift键，用鼠标拖曳圆边角上的控制柄向外缩放到合适的位置（注意不要释放鼠标），单击右键复制一个圆。按快捷键Ctrl + PgDn键将复制圆位置调整到下方。

选择交互式填充工具，在属性栏中设置填充类型为圆锥，渐变颜色从30%黑到白色。效果如图2-6所示。

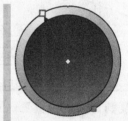

在单击右键进行复制时，一定要先释放鼠标右键后释放鼠标左键，否则会操作失败。在CorelDRAW X4中有许多"复制"、"粘贴"的方法，除了大家都会的Ctrl + C、Ctrl + V和刚才用到的单击鼠标右键进行复制之外，还可以按小键盘的+键。

图2-6 利用鼠标右键复制圆

**04** 去除原对象轮廓线。

选择蓝色渐变圆，右键单击调色板中的"无填充色"按钮 ⊠ ，去除圆形的轮廓，效果如图2-7所示。

Shift + PgDn组合键是"到图层后面"命令的快捷键。

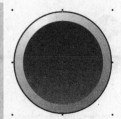

图2-7 去除轮廓

**05** 绘制圆角矩形。选择矩形工具 □ 拖动鼠标绘制一个矩形，在属性栏中设置宽度为16mm，高度为20mm，边角圆滑度为100，如图2-8所示。

然后按下F11键，在弹出的"渐变填充"对话框中设置渐变类型为线性，设置渐变颜色从30%黑到白色。确定填充对话框后，按Shift ＋ PgDn组合键，将其置于底层并移动到合适位置。效果如图2-9所示。

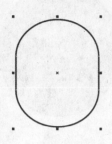

图2-8　绘制圆角矩形　　　　　　　　图2-9　放置效果

**06** 为卡通闹钟添加支架。单击矩形工具▢绘制一个宽度为15mm　、高度为35mm的矩形。将矩形的"边角圆滑度"都设置为100。按F11键弹出"渐变填充"对话框，设置"填充类型"为线性，渐变颜色从草绿色到酒绿色，如图2-10所示。

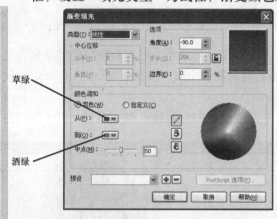

图2-10　"渐变填充"对话框

**07** 复制支架调整位置。选择挑选工具单击被选中的支架，出现旋转手柄，拖动旋转手柄旋转一个角度。然后按下鼠标左键水平移动支架到合适位置并单击鼠标右键复制一个，单击属性栏中水平镜像按钮镜像对象，如图2-11所示。按Shift ＋ PgDn组合键，将其置于底层，并移动到卡通闹钟的合适位置，如图2-12所示。

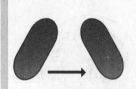

图2-11　复制并镜像圆角矩形　　　　　图2-12　放置效果

上面的步骤使我们学会了怎样利用鼠标旋转图形，其实我们还可以用同样的方法将图形进行倾斜哦。双击图形将鼠标移动到倾斜手柄上↔，当鼠标变为⇄时拖动鼠标可以将图形进行倾斜。大家一定要记住这个方法哟，后面再使用这个方法时将不再赘述了。

**08** 绘制椭圆。单击椭圆形工具 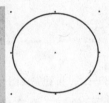 绘制一个宽度为38mm、高度为34mm的椭圆形，如图2-13所示。将椭圆旋转一个角度。选择交互式填充工具，在属性栏中设置"填充类型"为射线，渐变颜色从橘红到深黄，如图2-14所示。

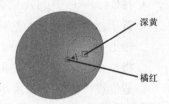

图2-13　绘制椭圆形　　　　　图2-14　"渐变填充"对话框

可以直接从调色板中拖动色块到交互式填充出现的色块上。

**09** 复制椭圆调整位置。用第7步方法复制并镜像一个椭圆，如图2-15所示。选择两个椭圆按Shift + PgDn将其置于底层并移动到如图2-16所示位置。

图2-15　复制并镜像椭圆形　　　　　图2-16　放置效果

**10** 为卡通闹钟添加指针轴。单击椭圆形工具 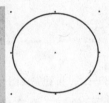 绘制一个宽度为10mm、高度为10mm的圆形。选择交互式填充工具，在属性栏中设置"填充类型"为射线，渐变颜色从30%黑到白色，如图2-17所示。右键单击调色板中的按钮，去除圆形的轮廓，效果如图2-18所示。

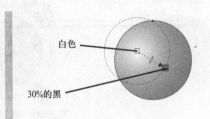

图2-17　"渐变填充"对话框　　　　　图2-18　填充效果

**11** 为卡通闹钟添加指针。选择矩形工具 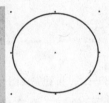 绘制一个宽度为5mm、高度为25mm的矩形，如图2-19所示。选择交互式填充工具，在属性栏中设置"填充类型"为线性，渐变颜色从30%黑到白色，如图2-20所示。

图2-19　绘制指针　　　　　图2-20　填充效果

**12** 复制指针。按小键+键复制一个指针，调整其大小并旋转−90°。选中两个指针按Ctrl + PgDn组合键将其置于指针轴下方。然后与指针轴组合，效果如图2−21所示。将整个指针放到卡通闹钟的合适位置，如图2−22所示。

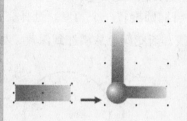 

图2−21　指针完成图　　　　图2−22　放置效果

**13** 制作表盘的高光。单击椭圆形工具 ⬭ 绘制一个宽度为45mm、高度为26mm的椭圆。选择交互式填充工具，在属性栏中设置"填充类型"为线性，渐变颜色从天蓝到白色，去除椭圆形轮廓线。效果如图2−23所示。按Ctrl + PgDn组合键逐次调整其位置使之位于钟面之上指针之下，如图2−24所示。

白色 ———

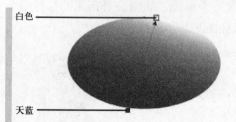

天蓝 ———

图2−23　高光完成图　　　　　　图2−24　高光效果

**14** 制作闹铃的高光。绘制一个宽度为10mm，高度为16mm的椭圆，将其旋转一个角度。选择交互式填充工具，在属性栏中设置"填充类型"为线性，渐变颜色从橘红到白色，去除轮廓线，如图2−25所示。将其放到卡通闹钟的合适位置，效果如图2−26所示。

橙红 ———

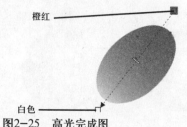

白色 ———

图2−25　高光完成图　　　　　　图2−26　放置效果

**15** 复制高光。复制一个闹铃高光并将其水平镜像，放到另一个闹铃上。现在一个可爱的卡通闹钟就完成了，如图2−27所示。

图2−27　卡通闹钟完成图

大家都绘制出卡通闹钟了吗？通过基本几何体变形和组合绘制对象是绘制矢量图形的基本方法之一。如果绘制对象的外形比较复杂、曲线变化细腻，则需要选择其他的绘制方法，如布尔运算、形状工具编辑，在后面的章节中我们将逐一学习。

## 2.2　基 本 术 语

### 2.2.1　3点矩形工具

3点矩形工具相对于矩形工具而言，绘制矩形时，首先拖动创建矩形的基线，然后单击定义矩形高度。矩形工具只需要2个点就创建一个矩形，3点矩形工具则需要3个点才能创建一个矩形。

### 2.2.2　3点椭圆工具

3点椭圆形工具相对于椭圆工具而言，绘制椭圆时，首先拖动创建椭圆的一条轴线，然后单击定义椭圆的另一条轴线。椭圆工具只需要2个点就创建一个椭圆，3点椭圆工具则需要3个点才能创建一个椭圆。

## 2.3　知 识 讲 解

只有掌握了基本图形的绘制方法才能向更高难度的图形挑战，让我们发挥"海绵"精神，一起学习怎样绘制基本图形吧。

### 2.3.1　绘制矩形

可以使用矩形工具 ▢ 和三点矩形工具 ▱ 绘制矩形。

#### 1．矩形工具

（1）绘制矩形

选择工具箱中的矩形工具 ▢ ，在起点位置按下鼠标左键，然后沿对角线方向拖动鼠标到终点，释放鼠标即完成矩形绘制。很简单吧，绘制过程如图2-28所示。

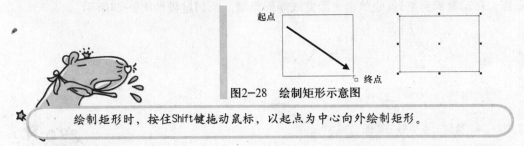

图2-28　绘制矩形示意图

绘制矩形时，按住Shift键拖动鼠标，以起点为中心向外绘制矩形。

（2）绘制正方形

绘制矩形时，按住Ctrl键拖动鼠标，可以绘制正方形，如图2-29所示。按住Shift＋Ctrl组合键拖动鼠标，以起点为中心向外绘制正方形，如图2-30所示。

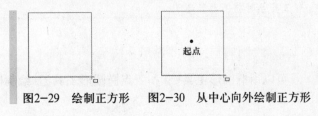

图2-29　绘制正方形　　图2-30　从中心向外绘制正方形

（3）精确修改矩形的大小

如果对绘制的矩形大小不满意，还可以修改。选中矩形，在如图2-31所示矩形属性栏的"对象大小"文本框中输入需要的数值，按下Enter键确认即可。

图2-31　矩形属性栏

（4）圆角矩形

如果想制作一张名片的话，可能就会用到圆角矩形，下面我们就来学习一下圆角矩形的制作方法吧。

比如要绘制一个圆角为60°的矩形，先绘制一个矩形，然后选中它，在矩形属性栏"边角圆滑度"的文本框中输入相应的数值，最后按下Enter键确认。如图2-32所示。

图2-32　边角圆滑度为60°的矩形

"边角圆滑度"文本框右边的"锁定"按钮 用于控制是否将4个角一起进行圆角，取消锁定的话，可以对4个角设置不同的圆角程度。如图2-33所示。

图2-33　边角圆滑度不同的矩形

双击矩形工具，即可绘制一个与绘图页面等同大小的矩形，为矩形填充颜色就得到背景图形。呵呵，这是最快捷的绘制背景的办法。

**2．三点矩形工具**

选择工具箱中的三点矩形工具 ，在起点处按下鼠标左键拖动到第2点，然后释放鼠标，移动鼠标到第3点处单击，即完成矩形绘制。绘制过程如图2-34所示。

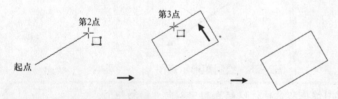

第2点　　　第3点

起点

图2-34　绘制三点矩形示意图

大家明白Shift键和Ctrl键的妙用了吗？按住Ctrl键可以绘制正方形，按住Shift键可以绘制以起点为中心的矩形，按住Shift + Ctrl组合键可以绘制以起点为中心的正方形。大家一定要记住这个方法哟，后面讲解椭圆形工具、多边形工具等时将不再赘述了。

**2.3.2　绘制椭圆、圆、弧形、饼形**

可以用椭圆形工具 和三点椭圆形工具 绘制椭圆、圆、弧形、饼形。

1．椭圆形工具

（1）绘制椭圆形

选择工具箱中的椭圆形工具 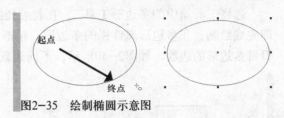，在起点处按下鼠标左键并沿对角线方向拖动鼠标到终点，释放鼠标即完成绘制。绘制过程如图2-35所示，和矩形工具的使用方法很像吧。

图2-35 绘制椭圆示意图

（2）绘制圆形

是不是觉得椭圆形工具和矩形工具的使用方法很像呢？没错！绘制圆形的方法也和绘制正方形的方法一样。绘制圆形时，按住Ctrl键拖动鼠标，可以得到圆形，如图2-36所示。

图2-36 绘制圆形

绘制圆的时候，在放开Ctrl键之前要先释放鼠标左键才行哦。

（3）绘制饼形和圆弧

绘制一个椭圆或圆，用挑选工具选中对象，然后在属性栏中单击饼形按钮 ，对象就会变成饼形，如图2-39所示。单击圆弧按钮 ，对象就会变成圆弧，如图2-40所示。我们可以通过椭圆属性栏的"起始和结束角度" 来精确设置饼形和圆弧的起始角度和结束角度。

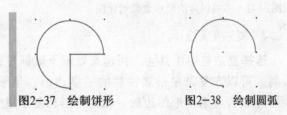

图2-37 绘制饼形          图2-38 绘制圆弧

2．三点椭圆形工具

选择工具箱中的三点椭圆形工具 ，在起点处按下鼠标左键拖动到第2点，然后释放鼠标，移动鼠标到第3点处单击即完成椭圆绘制。绘制过程如图2-39所示。

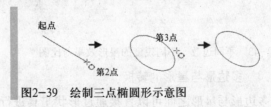

图2-39 绘制三点椭圆形示意图

### 2.3.3 绘制多边形、三角形

可以用多边形工具绘制多边形和三角形。

多边形工具组包含有多边形工具圆、星形工具圆、复杂星形工具圆、图纸工具圆和螺纹工具圆。这些工具的使用方法基本相同，我们首先学习多边形的绘制方法。

选择工具箱中的多边形工具圆，在起点处按下鼠标左键拖动到合适位置，释放鼠标即完成绘制。在多边形属性栏的多边形、星形和复杂星形的点数或边数文本框中设置多边形的边数，如图2-40所示。不同边数的多边形如图2-41所示。

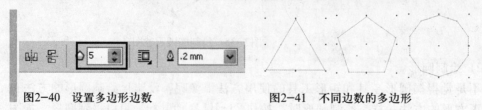

图2-40 设置多边形边数 　　　　图2-41 不同边数的多边形

### 2.3.4 绘制星形

夜晚美丽的繁星不能摘下来收藏，但我们学习完星形工具后就可以自己绘制。

1. 星形工具

选择星形工具圆，在起点处按下鼠标左键拖动到合适位置，释放鼠标即完成绘制。可以在星形属性栏的"多边形、星形和复杂星形的点数或边数"文本框中设置星形的边数，在"星形复杂星形的锐度"文本框中设置星形的锐度。不同锐度的星形效果对比，如图2-42所示。

锐度53　　　　　锐度35

图2-42 不同锐度的星形效果对比图

2. 复杂星形工具

选择复杂星形工具圆，在起点处按下鼠标左键拖动到合适位置，释放鼠标即完成绘制。可以在复杂星形属性栏的"多边形、星形和复杂星形的点数或边数"文本框中设置复杂星形的边数，在"星形和复杂星形的锐度"文本框中设置复杂星形的锐度。不同边数、不同锐度的星形效果对比如图2-43所示。

图2-43 不同边数、不同锐度的星形效果对比图

3. 多边形与星形的转换

多边形与星形之间可以直接通过形状工具进行转换。

先绘制一个多边形，选择形状工具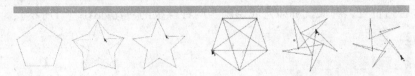后拖动多边形上的某个节点，释放鼠标即完成转换，如图2-44所示。

利用形状工具旋转节点可以得到各种不同效果的漂亮图形，如图2-45所示。

图2-44　多边形与星形的转换过程　　图2-45　旋转不同角度产生的效果

### 2.3.5　绘制网格

可以使用图纸工具绘制网格图形。网格都是由排列整齐的小矩形群组而成的，取消群组后这些小矩形可以单独操作。

#### 1. 图纸工具

选择图纸工具，在属性栏中设置行数和列数，如图2-46所示。在起点处按下鼠标左键沿对角线方向拖动到合适位置，释放鼠标即完成绘制，如图2-47所示。

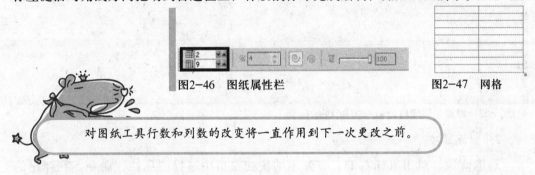

图2-46　图纸属性栏　　　　　　　　　图2-47　网格

对图纸工具行数和列数的改变将一直作用到下一次更改之前。

#### 2. 拆分网格

首先绘制网格，如图2-48。用挑选工具选中网格，单击属性栏中的"取消群组"按钮，或直接按下Ctrl + U组合键，将网格拆分成一个个可以单独操作的小矩形。通过移动和删除可以将这些小矩形排列成文字效果，如图2-49所示。

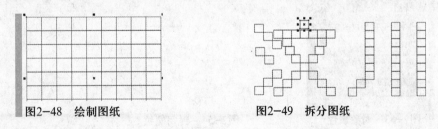

图2-48　绘制图纸　　　　　　　图2-49　拆分图纸

### 2.3.6　绘制螺纹

螺纹工具可以绘制出对称式和对数式两种螺纹，两种螺纹的绘制方法基本相同。不知道大家有没有看过日本漫画大师伊藤润二的漩涡系列漫画呢？笔者可能"中毒"太深，一看到漩涡就想到那部漫画。其实螺纹也是很可爱的，例如绘制可爱的蜗牛就可以运用这个工具。

### 1．螺纹工具

选择螺纹工具◎，在属性栏"螺纹回圈" 文本框中输入螺纹圈数，如图2-50所示。选择对称式螺纹◎或对数式◎螺纹，在起点处按下鼠标左键沿对角线方向拖动到合适位置，释放鼠标即完成绘制。两种螺纹的对比如图2-51所示。

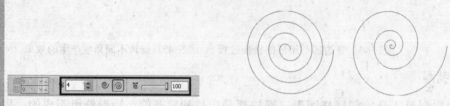

图2-50　螺纹属性栏　　　　　　　　　　图2-51　两中螺纹对比图

大家看出对称式螺纹和对数式螺纹的区别了吗？对称式螺纹每圈之间的距离相等。对数式螺纹越往外，每圈之间的距离越大。它的扩大比例是由"螺纹扩展"参数 来决定的。大家可以对比一下螺纹扩展圈数为10和螺纹扩展圈数为100的区别，如图2-52所示。

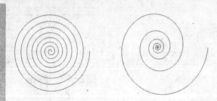

图2-52　螺纹扩展圈数分别为10和100的区别

### 2．封闭螺纹

选取螺纹，单击鼠标右键，在弹出的快捷菜单中选择"属性"命令，在弹出的"对象属性"泊坞窗中选择"曲线"◠选卡，勾选"闭合曲线"复选框，如图2-53所示。也可以用挑选工具选择螺纹后直接单击属性栏中的"自动闭合曲线"按钮◙完成封闭。效果如图2-54所示。

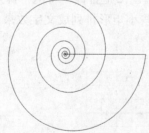

图2-53　对象属性　　　　　　　　　　图2-54　封闭螺纹

## 2.3.7　绘制基本形状

基本形状工具组包含基本形状工具◧、箭头形状工具◪、流程图形状工具◙、标题形状工具◨和标注形状工具◩。

### 1．基本形状工具

基本形状工具提供现成的图案，可以选择自己需要的拿来用，省了自己制作，极地方便了我们的创作。

选择工具箱中的基本形状工具，在属性栏"完美形状"按钮的下拉菜单中选择需要的图案，如图2-55所示。选择好图案后，在起点处按下鼠标左键沿对角线方向拖动到合适位置，释放鼠标后图案就跃然"纸"上了，如图2-56所示。

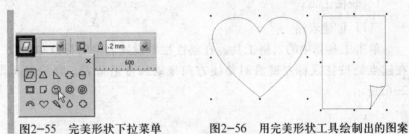

图2-55 完美形状下拉菜单　　　　　图2-56 用完美形状工具绘制出的图案

可以利用形状工具对绘制出的图案节点进行调节。例如将笑脸调整成鬼脸，如图2-57所示。

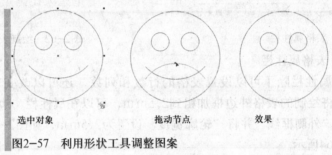

选中对象　　　　　　　拖动节点　　　　　　　效果

图2-57 利用形状工具调整图案

2. 箭头形状工具

选择箭头形状工具，在属性栏"完美形状"按钮的下拉菜单中选择需要的图案，如图2-58所示。选择好箭头图案后，在起点处按下鼠标左键拖动到合适位置，释放鼠标后就完成箭头图案绘制，如图2-59所示。

图2-58 完美形状下拉菜单　　　　　　　图2-59 绘制箭头

3. 流程图形状工具、标题形状工具、标注形状工具。

流程图形状工具、标题形状工具、标注形状工具的操作方法与基本形状工具是一样的，都是在"完美形状"按钮的下拉菜单中选择好需要的图案后拖动鼠标进行绘制。我们看一下它们可以绘制的图案就可以了。如图2-60所示。

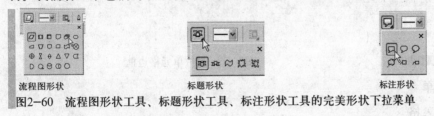

流程图形状　　　　　　　标题形状　　　　　　　标注形状

图2-60 流程图形状工具、标题形状工具、标注形状工具的完美形状下拉菜单

### 2.3.8 绘制表格

可以利用表格工具▦绘制表格。表格工具是CorelDRAW X4软件的一个新增功能，它的方便实用简直可以和Word软件相媲美了。我们马上来体验一下它的妙处吧！

#### 1. 表格工具

（1）创建表格

单击工具箱中的表格工具，在属性栏中设置表格的行数和列数，如图2-61所示。在起点处按住鼠标左键沿对角线方向拖动到合适位置，释放鼠标即完成绘制，如图2-62所示。

图2-61 表格属性栏          图2-62 绘制表格

（2）表格属性栏

表格属性栏除了可以设置表格的行数和列数，还可以改变表格的边框粗细和颜色。例如将绘制的表格外边框加粗到2.5mm，可以在属性栏"边框"按钮▦的下拉菜单中选择"外侧框线"并将"轮廓宽度"设置为2.5mm，如图2-63所示。得到表格效果如图2-64所示。

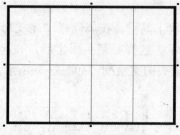

图2-63 表格属性栏          图2-64 设置表格外侧边框

通过表格属性栏还可以扩散单元格边框。在属性栏"选项"按钮的下拉菜单中勾选"扩散单元格边框"复选框，并在"单元格水平间距"、"单元格垂直间距"文本框中设置需要的数值即可，如图2-65所示。得到表格效果如图2-66所示。

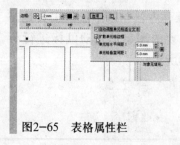

图2-65 表格属性栏          图2-66 扩散单元格边框

#### 2. 表格菜单

（1）新建表格

大家还可以通过"表格"菜单直接新建表格。选择"表格"→"新建表格"命令，弹出图2-67对话框，在对话框中设置表格参数后按下 确定 按钮，表格即自动生成。

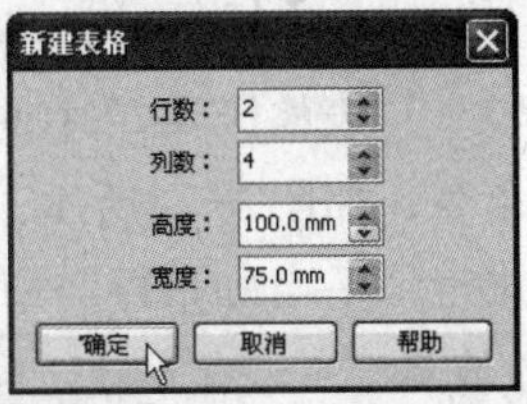

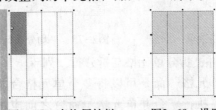

图2-67　新建表格对话框

（2）选定表格

表格菜单中的编辑命令只有在选定表格后才可用。

选择工具箱中的表格工具，当光标变为⊡时，可以选取单独的单元格，如图2-68所示。当光标变为⊡时，可以选取整行或整列的单元格，如图2-69所示。

图2-68　表格属性栏　　　图2-69　设置表格外侧边框

"表格"菜单中的"选定"命令可以帮助我们更快速地选定单元格、行或列。例如想选定整张表格，选择"表格"→"选定"→"表格"命令，如图2-70所示。选定后的表格如图2-71所示。

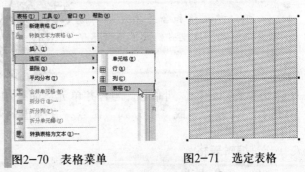

图2-70　表格菜单　　　　　图2-71　选定表格

（3）插入表格

可以用"插入"命令插入行、列。如果想在当前表格的左侧插入一列，可以先选中左侧的单元格，然后选择"表格"→"插入"→"左侧列"命令，如图2-72所示。插入列后的表格如图2-73所示。

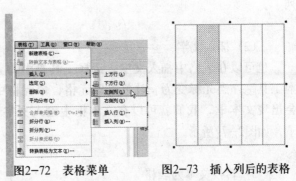

图2-72　表格菜单　　　　　图2-73　插入列后的表格

（4）删除表格

"表格"菜单中的"删除"命令可以删除行、列或者整张表格。

（5）平均分布表格

"表格"菜单中的"平均分布"命令包含"平均分布行"和"平均分布列"两个命令，如图2-74所示。图2-75是平均分布行前后的两张表格对比。经过对比可以发现执行"平均分布行"命令后表格的行间距相等。

图2-74　表格菜单　　　　　图2-75　平均分布行

（6）合并、拆分单元格与拆分行、列

"合并单元格"命令可以将多个单元格合并成一个单元格。执行"合并单元格"命令之前应该先选择好要合并的单元格。单元格合并前后的两张表格对比，如图2-76所示。

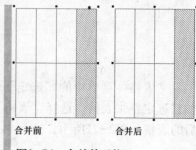

合并前　　　　　合并后

图2-76　合并单元格

拆分单元格和合并单元格的流程是一样的，这里我们就不再赘述了哦。

再来看看拆分行、列命令。与合并单元格命令相同，首先选择好要拆分的单元格，然后执行"拆分行"或"拆分列"命令，在弹出的对话框中设置要拆分的行、列数后单击 确定 按钮即可。

3．编辑表格

（1）编辑表格

CorelDRAW X4新增的表格工具不仅拥有以上的功能，它还可以随意调整表格的行、列间距。将光标放到要调整的行、列上，当光标变成↔时，拖动鼠标就可以随意调整表格的行、列了。

（2）插入文字

也可以在表格中插入文字。选择工具箱中的文本工具 字，当光标变为 I⁺时单击单元格，单元格中会出现文本框，我们就可以在文本框中输入文字了，如图2-77所示。

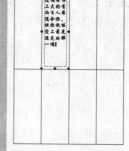

图2-77　插入文字

（3）转换文本为表格

表格工具的强大还在于表格和文本之间可以相互转换。以图2-78所示的文字为例，选中整段文字后选择"表格"→"转换文本为表格"命令，在弹出的对话框中选择合适的分隔符区分列，如图2-79所示。

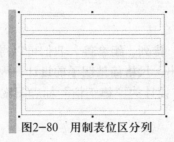

图2-78  示例文本            图2-79  转换文本为表格对话框

假如选择"制表位"区分列，示例文本将变成如图2-80所示效果。

图2-80  用制表位区分列

### 2.3.9  纯色填充和去除轮廓

只需要用鼠标轻轻一点，便可实现为图形填色了，五彩缤纷的色彩世界从此开始。大家快快行动起来。

1. 调色板与颜色泊坞窗

一般调色板都默认为CMYK调色板，但由于它的颜色色块众多，在工作区右侧显示的只是其中的一部分，单击调色板下方的回按钮就可以看到它的全貌了，如图2-81所示。

在"对象属性"泊坞窗的"填充类型"选卡回中的下拉菜单里选择"均匀填充"，也可以选择想要填充的颜色，如图2-82所示。

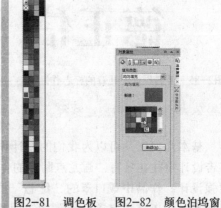

2. 填充色彩

选中对象，单击调色板中的色块即可为对象填充色彩。

图2-81  调色板    图2-82  颜色泊坞窗

天大地大，惟我的"中国心"最大。下面我们就来绘制一颗"中国心"。

首先用基本形状工具绘制一个心形，如图2-83所示。用挑选工具选中图形后单击调色板中的"红"色，这样"中国心"就完成了，如图2-84所示。

图2-83  绘制心形        图2-84  我的"中国心"

3．去除轮廓

选中对象，鼠标右键单击调色板上去除按钮⊠即可。

## 2.4 基 础 应 用

如果说我们日常生活中看到的那些漂亮图形是高楼大厦的话，那基本几何图形就是构成它们的坚硬骨架。基本几何图形在商业招贴、标志和包装装饰等各个领域中都起到了不可替代的作用。下面我们学习本章绘制的几何图形是如何应用在设计作品中的。

### 2.4.1 实现基础图案的创建

通过将基本几何图形变形、填充、排列、组合等，我们可以得到许多意想不到的效果。商业招贴和标志倾向于主题突出、风格简洁明了的设计，因此一般都会应用到基本几何图形。图2-85所示是由孔森设计的"德正信"标志图案。整个标志就是由圆、矩形、三角形排列组合而成。

图2-85　著名设计师孔森的标志作品

### 2.4.2 创建辅助对象或路径

基本几何工具可以为我们的设计作品创建辅助图形，这些辅助图形在商业招贴或广告设计中往往具有"画龙点睛"的作用，如图2-86所示。该作品由香港设计大师靳埭强设计，作品中戴口罩的"红心"图案可以利用基本形状工具"完美形状"按钮中的图案绘制而成，然后填充为红色。利用简单的辅助图形，可以使招贴传达的信息更加简洁明确。

基本几何工具也可以为文字排列创建路径。在后面章节将要学习的路径文字，可以创建沿路径排列的文字效果，如图2-87所示。首先用工具创建出图形，然后在图形中输入段落文本即可。文字就如同一些可爱的面团，被装进了一个浇铸好的模型中，不需要烘烤，我们就得到了同模型一样形状的文字点心了，呵呵……

图2-86　靳埭强作品

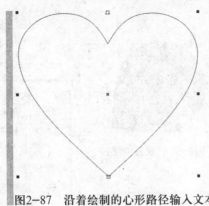

图2-87 沿着绘制的心形路径输入文本

## 2.5 案例表现——制作精美台历

古人云：学以致用。下面就用上述学习过的工具来制作一本吉祥鼠年的精美台历吧。

对了，差点忘记告诉大家两个宝贝了。一个是撤消。如果在操作过程中不小心误操作了，该怎么办呢？很简单，只要按Ctrl + Z组合键撤消上一步操作就OK了。另一个是重做。如果撤消后又想恢复，则可以按 Ctrl + Shift + Z键重做。

图2-88 绘制吉祥鼠鼠身

图2-89 绘制鼠耳

图2-90 放置鼠耳

**01** 新建文档并绘制吉祥鼠鼠身。新建一个A4大小的空文档，选择矩形工具绘制一个圆角为20°的圆角矩形作为台历的单页。在页面中绘制一个三个圆角为100°，一个圆角为2°的圆角矩形作为吉祥鼠鼠身，填充为红色并去除轮廓线，如图2-88所示。

**02** 绘制吉祥鼠鼠耳。选择椭圆形工具，按下Ctrl键绘制一大一小两个圆形，大圆填充为金色，小圆填充为红色，将两个圆按图2-89所示排列好作为一只鼠耳。框选鼠耳，拖动鼠标移动鼠耳到合适位置并右击鼠标复制一个鼠耳，将两只鼠耳放置到如图2-90所示位置。

**03** 绘制吉祥鼠鼠尾。绘制一大一小两个圆（稍小的圆轮廓线为红色），将稍小的圆排列在大圆前面，排列位置如图2-91所示。我们

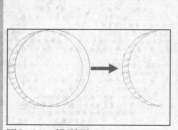

图2-91  排列圆

图2-92  放置鼠尾

我们将小圆排列在大圆前面，所以用的是"前减后"命令，如果位置相反，就要用"后减前"命令了。不太懂吗？没关系！关于怎样修剪图形，我们在后面章节的内容中还会深入学习。

需要用图中划线部分做鼠尾。将两个圆全部选中，单击属性栏中的"前减后"按钮 ⬛，就得到鼠尾形状。将鼠尾填充为红色并去除轮廓线，移动到吉祥鼠鼠身的合适位置，如图2-92所示。

**04** 绘制吉祥鼠鼠须。绘制三个长度递减的长条矩形，填充为金色并去除轮廓线。将它们旋转并按照图2-93所示排列好。将鼠须复制后放置到如图2-94所示位置。

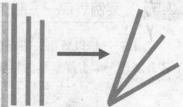

图2-93  绘制长条矩形

**05** 绘制吉祥鼠眼睛。绘制一个小圆，填充为金色并去除轮廓线。再复制一个圆，将两个圆放置到吉祥鼠的合适位置，如图2-95所示。为了使吉祥鼠显得立体，选中鼠身对象按小键盘上+键复制一个，将其移动少许距离与原鼠身错开，按Shift + PgDn组合键置于底层。然后选择交互式填充工具，在属性栏中设置"填充类型"为射线，设置渐变颜色从40%黑到白色，渐变填充复制对象。这样吉祥鼠就完成了，如图2-96所示。为了方便以后的操作，最好将吉祥鼠进行群组。

图2-94  放置鼠须

图2-95  绘制小圆

群组可以使分散的图形成为一个整体，方便管理和编辑。将需要群组的对象都选中，单击属性栏中"群组"按钮 ⬛，或者直接按快捷键Ctrl + G即可将对象群组。

图2-96  吉祥鼠完成图

图2-97　文字色彩

图2-98　编辑后的效果　　图2-99　放置在容器中

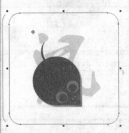

图2-100　置于容器后的效果

图2-101　编辑后的效果

图2-102　输入其他文本

**06** 输入文本。选择工具箱中的文本工具，单击页面出现输入光标，输入"鼠"字样，在属性栏中设置"字体"为叶根友毛笔行书简体。按Shift + F11组合键弹出均匀填充对话框，在对话框中将字体颜色设置为（C5 M2 Y7 K4）颜色，如图2-97所示。调整它的大小至如图2-98所示。

　　如果找不到该字体，可购买字体安装光盘或到网上下载该字体文件，将其复制到系统字体文件夹（Fonts）中。

**07** 精确裁剪文本。选择文本，选择"效精确裁剪精确裁剪文本。选择文本，选择"效果"→"图框精确裁剪"→"放置在容器中"命令，出现黑色提示箭头，用箭头拾取页面矩形框，如图2-99所示。置于容器后的效果如图2-100所示。

**08** 编辑文本位置。按下Ctrl键单击矩形进入容器编辑。将文本向右上方移动到台历页面合适的位置，然后再次按下Ctrl键单击空白处退出容器结束编辑。效果如图2-101所示。

**09** 输入其他内容。使用文本工具，分别输入"2008"、"1"和"2008看我的！"字样，在属性栏中设置"字体"为方正平和简体，字体大小比例如图2-102所示。选中整个吉祥鼠，拖动鼠标移动到合适位置单击鼠标右键复制一个。旋转复制的吉祥鼠，将其与文本排列，如图2-103所示。

**10** 绘制台历册。选择矩形台历页面复制一个，按快捷键Shift ＋ PgDn将其放置到底层，向左拉伸到合适位置，填充50%黑色，作为台历册的厚度。使用同样的方法再复制几页，依次排列。选中最上层的台历页面去除轮廓线。效果如图2-104所示。

**11** 增加台历立体感。为了增加台历的立体感，可以使用交互式阴影工具  来添加阴影。

选择最底层的圆角矩形，然后选择交互式阴影工具，在属性栏"预设列表"的下拉菜单中选择阴影类型为"平面左下"，设置"阴影颜色"为50%黑，"阴影不透明度"为53，"阴影羽化"为3。

最终台历效果如图2-105所示。

图2-103 排列文本位置

图2-104 绘制厚度

图2-105 台历册效果

大家放心，在第七章中我们将学习交互式阴影工具，现在只是提前练习啦。

## 2.6 疑难及常见问题

### 1. 如何快速切换绘图窗口

当打开了两个或以上的文件，按Ctrl ＋ Tab组合键可以快速切换绘图窗口。

### 2. 如何同步缩放轮廓宽度

在设置轮廓宽度后，如果希望图形放大或缩小显示时，同步放大或缩小轮廓，选中对象按F12键打开"轮廓笔"对话框，在该对话框的下方选中"按图像比例显示"复选框，单击"确定"按钮，如图2-106所示。

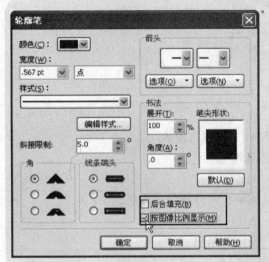

图2-106 轮廓笔对话框

3. 如何设置调色板模式

打开"窗口"菜单，在"调色板"命令下可选择需要的调色板模式，如图2-107所示。

4. 如何快速更改轮廓线宽度和色彩

轮廓线宽度更改：选中对象后，在属性栏轮廓宽度 $\boxed{1.0 \text{ mm}}$ 处输入需要的宽度值。

轮廓线颜色更改：选中对象后，使用鼠标右键单击调色板上色块。

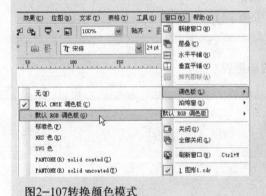

图2-107转换颜色模式

# 2.7 习题与上机练习

1. 选择题

(1) 按住（　）键拖动鼠标可以绘制正方形。

  A．Alt        B．Ctrl

  C．Tab        D．Shift

(2) 用（　）工具可以快速绘制心形。

  A．多边形       B．三点椭圆

C．三点矩形　　　　　　　D．基本形状

(3) 绘制圆的时候，需要在放开"Ctrl"键（　　）释放鼠标左键。

A．之前　　　　　　　　　B．之后

C．同时　　　　　　　　　D．不用

(4) 多边形工具组包含（　　）个工具。

A．2　　　　　　　　　　　B．3

C．4　　　　　　　　　　　D．5

(5) CorelDRAW X4中默认的调色板是（　　）颜色模式。

A．RGB　　　　　　　　　B．标准色

C．CMYK　　　　　　　　D．HKS

(6) 按住（　　）组合键并拖动鼠标可以从中心向外绘制正方形。

A．Ctrl+Alt　　　　　　　B．Alt+ Shift

C．Tab+Shift　　　　　　　D．Ctrl+Shift

(7) 单击矩形属性栏中的（　　）按钮可以将4个角一起进行圆角。

A．转换为曲线　　　　　　B．锁定

C．旋转　　　　　　　　　D．全部圆角

2．问答题

(1) 怎样快速创建一个与页面同等大小的矩形？

(2) 怎样快速切换绘图窗口？

(3) 如何去除图形的轮廓线？

3．上机练习题

(1) 绘制图2-108所示图形。

(2) 绘制图2-109所示图形。

(3) 绘制图2-110所示图形。

图2-108　绘制球形吊饰　　　图2-109　绘制信纸、信封　　　图2-110　绘制水晶心形饰物

# 第三章
# 线性对象和形状编辑

**本章内容**

实例引入——绘制魅力歌星

基本术语

知识讲解

基础应用

案例表现

疑难及常见问题

**本 章 导 读**

本章我们将学习各种线性对象的创建和形状编辑。线性对象是相对于基本图形而言的，它们都与线条有关，包括直线、曲线、折线、艺术笔触对象、交互式连线、尺寸度量等。形状编辑主要包括两大类，一类以形状工具为主，用于调整对象的轮廓，另一类以裁剪工具为主，用于删减对象的某个部位。

# 3.1 实例引入——绘制魅力歌星

图3-1　绘制魅力歌星

在笔者很小的时候，曾经梦想有一天自己会成为一个魅力歌星，站在舞台上倾情演唱，下面的观众安静地倾听，只有镁光灯在舞台下闪烁，如同繁星。虽然这个梦想现在已经很遥远了，但梦中的情景依然深深地刻在脑海中。不知你是否也有过这样的梦想呢？现在就把自己的梦想绘制出来与大家分享吧，如图3-1所示。

### 3.1.1　制作分析

"罗马不是一天建成的"，所有复杂的图形都是由小的图形组合而成。大家看到完整的图形觉得很难，其实分解来看，就没有那么难了，如图3-2所示。人物运用贝塞尔工具和形状工具制作，如果大家觉得用钢笔工具更顺手的话，也可以用钢笔工具来绘制，毕竟条条大路通罗马嘛。星光背景则采用了底纹填充制作。

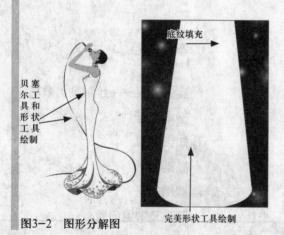

图3-2　图形分解图

### 3.1.2　制作步骤

**01** 新建文件并绘制脸型。按下Ctrl + N组合键，新建一个A4大小的空文档。选择贝塞尔工具 ，在页面中按下左键拖曳鼠标，绘制出具有方向线的起始节点，释放鼠标到下一点处拖拽创建第二个节点，采用此法依次拖曳鼠标绘制图3-3所示的脸型曲线。当鼠标回到起始节点，指针显示为 形状，单击鼠标就可封闭曲线。使用形状工具 调整节点的位置以及曲线的弯曲度等。按下Shift + F11组合键均匀填充脸型，填充颜色为（C2 M20 Y31）。右键单击调色板中图标去除轮廓线，如图3-4所示。

> 贝塞尔工具拖拽绘制可以创建曲线，直接单击绘制可以创建直线。形状工具可以将曲线调整得更加完美，符合要求。这两个工具配合起来用，就可以将您喜欢的图形精确地绘制出来。在本章后面的知识讲解中好好学习这两个宝贝工具吧。

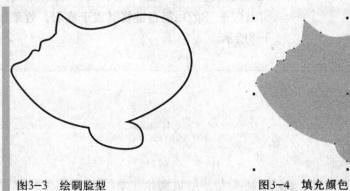

图3-3　绘制脸型　　　　　　　　　　图3-4　填充颜色

图3-5　绘制唇形

**02** 绘制唇形。同样使用贝塞尔工具 绘制唇形轮廓，并使用形状工具 调整唇形曲线。按下Shift + F11组合键均匀填充唇形，填充颜色为（C2 M57 Y22）。去除轮廓线，使用挑选工具放置到嘴唇位置，如图3-5所示。

**03** 绘制眼睛、眉形。使用贝塞尔工具 绘制眼睛轮廓，填充为黑色并去除轮廓线。同样使用贝塞尔工具 绘制眉毛的轮廓，填充颜色为80%黑，去除图形轮廓线。将两个对象放置到如图3-6所示位置。

图3-6 绘制眼睛、眉形

图3-7 绘制眼影

图3-8 绘制脸部阴影

图3-9 绘制头发

图3-10 填充效果

**04** 绘制眼影。使用贝塞尔工具 绘制眼影轮廓，均匀填充颜色（C7 M7 Y20），并去除轮廓线。效果如图3-7所示。

**05** 绘制脸部阴影。用椭圆形工具 绘制椭圆，均匀填充颜色（C9 M26 Y38），去除轮廓线，按Shift + PgDn组合键将其置于底层。效果如图3-8所示。

**06** 绘制头发。用贝塞尔工具 绘制头发轮廓，使用形状工具 将头发轮廓调整满意，如图3-9所示。填充黑色并去除轮廓线。效果如图3-10所示。

**07** 绘制身体部分。用贝塞尔工具 绘制身体部分，如图3-11所示。均匀填充颜色（C2 M20 Y31），并去除轮廓线。按Shift + PgDn组合键将其置于底层，效果如图3-12所示。

图3-11　绘制身体部分　　　图3-12　填充效果

**08** 绘制手臂。用贝塞尔工具 绘制手臂，如图3-13所示。填充颜色为（C2 M20 Y31），并去除轮廓线。复制手臂，作为手臂阴影，填充颜色为（C9 M26 Y38），按Shift + PgDn组合键将其置于底层，向右上方向移动一定的位置。再次复制手臂，作为另一边手臂，按Shift + PgDn组合键将其置于底层，适当向右上方向移动一定的位置。效果如图3-14所示。

图3-13　绘制手臂　　　图3-14　复制效果

**09** 绘制晚礼服。用贝塞尔工具 绘制晚礼服外形，如图3-15所示。填充颜色为白色，多次按Ctrl + PgDn组合键，将其置于手臂的底层。用贝塞尔工具 绘制两条褶皱线。效果如图3-16所示。

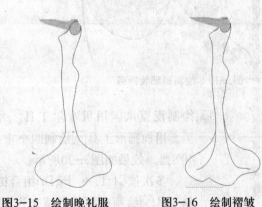

图3-15　绘制晚礼服　　　图3-16　绘制褶皱

**10** 绘制晚礼服阴影。用贝塞尔工具 绘制晚礼服阴影，褶皱处阴影填充为50%黑，晚礼服暗处阴影填充为黑色，去除轮廓。效果如图3-17所示。

图3-17　绘制晚礼服阴影

图3-18 绘制晚礼服装饰物

11 绘制晚礼服装饰物。用椭圆形工具◎绘制圆，按下F11键，在弹出的"渐变填充"对话框中设置渐变"类型"为径向，设置"从"颜色为金色，"到"颜色为白色。将渐变填充的圆形复制多个并调整其大小，排列如图3-18所示。

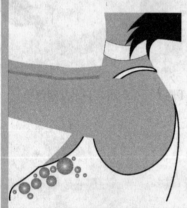

图3-19 绘制颈部装饰带

12 绘制颈部装饰带。用贝塞尔工具◣绘制颈部装饰带，填充为白色，多次按Ctrl + PgDn组合键放置到头发后一层，如图3-19所示。并将晚礼服褶皱处的渐变圆形装饰物复制到领口位置。

13 绘制麦克风。用贝塞尔工具◣绘制麦克风手柄图形，填充为黑色和50%黑。用椭圆形工具◎绘制四个重叠圆，依次填充为黑色、80%黑、60%黑和40%黑。效果如图3-20所示。

多次按Ctrl + PgDn组合键，将麦克风放置到手臂下一层，并用贝塞尔工具◣绘制电源线，填充为黑色并去除轮廓线，置于晚礼服下一层。效果如图3-21所示。

图3-20 绘制麦克风

图3-21 绘制电源线

**14** 绘制聚光灯。用基本形状工具  绘制梯形，
使用椭圆工具在其底部绘制椭圆，如图3-22
所示。将它们选中，然后单击属性栏中的
"焊接"按钮 ，将其焊接。按下F11键，
弹出"渐变填充"对话框，设置渐变"类
型"为线性，"从"颜色为白色，"到"
颜色为浅黄色，为其填充颜色。按Shift +
PgDn组合键将其置于底层，效果如图3-23所
示。

图3-22　绘制聚光灯

图3-23　聚光灯效果

**15** 绘制背景。双击矩形工具 绘制一个与页
面大小相同的矩形，单击填充工具 右下角
的黑色三角形，弹出填充工具列表，单击底
纹填充对话框按钮 ，打开"底纹填充对话
框"，在"底纹库"下拉菜单中选择"样本
9"，在"底纹列表"中选择"萤火虫"，如
图3-24所示。单击"确定"按钮，按Shift +
PgDn组合键将其置于底层。

图3-24　底纹填充对话框

　　选中聚光灯图形，选择"效果"→"图
框精确剪裁"→"放置在容器中"命令，单
击背景矩形，将聚光灯精确裁剪。现在我们
梦想中的魅力歌星就绘制完成了，最终效果
如图3-25所示。

图3-25　最终效果

## 3.2　基 本 术 语

基本术语就像我们的名字一样。认识一个人时，首先要知道的就是他的名字，所以我们不能只会操作，还要了解它们的名字。来看一下这些"名字"吧！

### 3.2.1　曲线对象

曲线对象是由一条或者多条子路径构成的对象，其节点可以随意调节，通常由手绘、贝赛尔、钢笔等工具绘制而成。调整节点和控制手柄可以改变对象的形状。文字和前面章节学到的基本图形在转曲后就变成曲线对象。

### 3.2.2　节点

节点是指每段线段的端点。直线段的节点没有控制手柄，曲线段的节点有控制手柄，并由此分成了三种类型：尖突点、平滑点、对称点。移动节点可以调整线段的位置和长度，拖动节点上的手柄则可以调整曲线的弯曲方向和弯曲程度。

### 3.2.3　路径

路径由节点及节点间的线段构成，可以是打开的也可以是闭合的。它是构建对象的基本组件。

### 3.2.4　书法角度

书法角度可以控制书法笔相对于绘图画面的角度，获得类似排笔绘画的效果。当书法笔的绘制角度等于设置的书法角度时，绘制的线条宽度很小或者为零，但是随着角度的转变线条宽度会变宽，当绘制的线条垂直于设置的书法角度时宽度达到最大。

## 3.3　知 识 讲 解

CorelDRAW X4 软件提供了很多可以绘制线条的工具，我们不仅可以用钢笔工具、贝塞尔工具绘制线段，也可以用手绘工具信手涂鸦。两者各有千秋，可谓浓妆淡抹总相宜！

### 3.3.1　绘制直线

画家为了绘制出笔直的线段，通常要练上好几年，而在CorelDRAW X4软件中我们只需要一秒钟就可以完成它，是不是觉得很神奇呢？

运用手绘工具、贝塞尔工具、钢笔工具、折线工具都可以绘制如图3-26所示的直线。

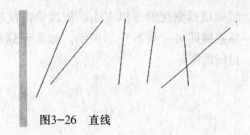

图3-26 直线

**1.手绘工具绘制直线**

选择工具箱中的手绘工具，单击左键确定直线的起点，释放鼠标后会出现一条跟随鼠标变化的虚拟直线，选定直线的终点单击鼠标即完成直线绘制。

> 使用手绘工具时，按住Ctrl键可以绘制垂直或水平的直线，也可以以15°为增量变化绘制斜线。

**2.贝塞尔工具绘制直线**

选择工具箱中的贝塞尔工具，单击左键确定直线的起点，选定直线的终点单击鼠标，然后按键盘上空格键即完成直线绘制。

> 当起点与终点重合时，光标变成一个向下的箭头，单击鼠标可以闭合曲线哦。

**3.钢笔工具绘制直线**

选择工具箱中的钢笔工具，单击左键确定直线的起点，释放鼠标后会出现一条跟随鼠标变化的虚拟直线，选定直线的终点单击鼠标，然后按键盘上空格键即完成直线绘制。

**4.折线工具绘制直线**

选择工具箱中的折线工具，单击左键确定直线的起点，释放鼠标后会出现一条跟随鼠标变化的虚拟直线，移动鼠标到直线终点处，然后双击鼠标或者按键盘上空格键即完成直线绘制。

**3.3.2 绘制折线**

利用手绘工具、贝塞尔工具、钢笔工具、折线工具都可以绘制折线。手绘工具绘制折线比较麻烦，需要在线段的末端节点处再次单击才能开始绘制。贝赛尔和钢笔工具则很简单，只需要依次单击鼠标直到终点，然后按键盘上空格键确定即可。下面我们主要来了解一下折线工具绘制折线。

选择工具箱中的折线工具，单击左键确定直线的起点，释放鼠标后会出现一条跟随鼠标变化的虚拟直线，依次单击鼠标直到终点，然后按键盘上空格键或者双击鼠标左键即可，如图3-27所示。如果回到起点，鼠标显示为 ↙，单击鼠标即可绘制一个封闭的图形。

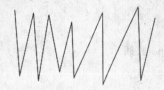

图3-27 折线

### 3.3.3 绘制曲线

如果说直线代表理智，那么曲线就代表着情感。理智与情感并蒂双生，两两相连。手绘工具、贝赛尔工具、钢笔工具、三点曲线工具都可以绘制曲线。

#### 1. 手绘工具绘制曲线

手绘工具相当于一支笔，我们拿着这支笔可以在"纸"上随心所欲地画！

选择工具箱中的手绘工具 🖉，如同我们平常写字、绘画一样，直接在文件中拖动鼠标绘制任意曲线。如图3-28所示。

图3-28 手绘工具绘制卡通毛虫

手绘曲线效果与属性栏上"手绘平滑"参数有关。"手绘平滑"用于设置曲线的平滑程度，数值越大，曲线越趋于平滑，相应的节点也越少。

用手绘工具可以方便快捷地绘出任意形状图形，但所绘图形的轮廓是相当粗糙的，并且很难保证图形的封闭性。

#### 2. 钢笔工具绘制曲线

选择工具箱钢笔工具 🖉，依次拖动鼠标创建节点即可绘制曲线。根据曲线的变化拖动的方向各有不同，总之要与曲线相切。如果曲线的走势发生了突变，则需要删除突变节点的一个控制手柄。譬如绘制图3-29所示的曲线，光滑曲线段（A点至C点）只需要在A、B、C点位置拖动鼠标即可，如图3-30所示。方向发生突变的曲线段（C点至D点）则需要按下Alt键将鼠标移动至方向开始变化的C节点上，这时鼠标显示为 🔩 ，单击鼠标删除一个控制手柄，然后在D点处朝右上方向拖动鼠标创建节点，如图3-31所示。

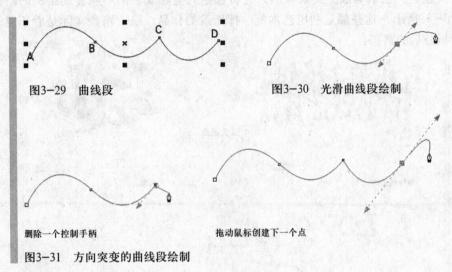

图3-29 曲线段　　　　　　　　　　　　　　　　　图3-30 光滑曲线段绘制

删除一个控制手柄　　　　　　　　　　　　　拖动鼠标创建下一个点

图3-31 方向突变的曲线段绘制

　（1）如果曲线段后面紧接着是绘制直线段，同样需要按住Alt键删除一个控制手柄，然后单击鼠标创建下一个节点即可。

　（2）使用钢笔创建曲线时，按住Ctrl键鼠标显示为一个白色箭头，这时可以调节节点位置和控制手柄方向，松开Ctrl键后可以继续创建曲线。按住C键在刚创建的平滑点上拖动可以更改手柄方向，从而将节点更改为尖突点。按空格键或选取任意工具，则结束绘制。

3．贝塞尔工具绘制曲线

使用贝塞尔工具绘制曲线的方法与使用钢笔工具类似，不同的是在突变处不用按Alt键，而是直接在节点上双击鼠标即可删除一个控制手柄。

4．三点曲线工具绘制曲线

三点曲线工具通过三个点确定一条光滑曲线。在工具箱上选择三点曲线工具 🖱 ，然后在文件中按下鼠标拖动到另一点，释放鼠标，调整曲线，合适后单击鼠标完成曲线创建，如图3-32所示。

图3-32 3点曲线

### 3.3.4 创建艺术笔触图形

艺术笔触图形是CorelDRAW软件特有的一项有趣并有效的对象，利用艺术笔工具创建。艺术笔触工具很特别，它将选定的笔触或者图形嵌套到绘制的路径上。如图3-33所示，这些都是利用艺术笔一挥而就的作品。隐含路径实际是看不见的，此处是拆分后的路径。

隐含路径

隐含路径

舞林高手

蜗牛的家

笔触文字

图3-33　艺术笔触作品

（1）所有的艺术笔触对象都嵌套于隐含的路径上。使用形状工具单击艺术笔触对象就可以看到呈虚线显示的路径。利用形状工具编辑这条路径，可以调整艺术笔触对象形状。

（2）可以直接将已有的线条、基本图形转化为艺术笔触对象。选中线条或者基本图形对象，单击艺术笔工具，然后在属性栏上选择需要的笔触或图案即可。

艺术笔工具提供了多种艺术笔触，它可以使画面丰富、更加吸引人，大幅度提高工作效率。

艺术笔工具包含预设、笔刷、喷罐、书法、压力五种模式，这五种模式相当于五种不同的工具，下面我们就逐一进行介绍。

#### 1.预设

选择工具箱中的艺术笔工具，在属性栏中选择"预设"模式。"手绘平滑"栏设置曲线的平滑度，"艺术笔工具宽度"栏设置笔触大小，"预设笔触列表"下拉菜单用于选择笔触类型，如图3-34所示。

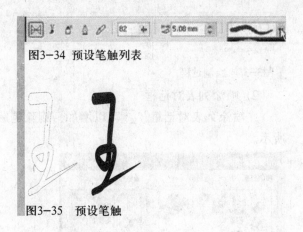

图3-34 预设笔触列表

图3-35 预设笔触

如同手绘工具一样，在绘图页面中拖动鼠标，将会沿鼠标指针移动路径显示一条黑色的粗线。释放鼠标后黑线自动变化为预设笔触的形状，如图3-35所示。

**2. 笔刷**

笔刷模式的用法与预设模式相似，只是笔触列表中的笔触不同，这里的笔触具有丰富的形状和透明度变化。选择不同的笔触效果如图3-36所示。

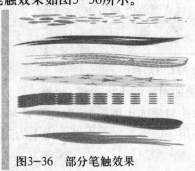

图3-36 部分笔触效果

**3. 喷罐**

使用喷罐工具可以绘制出多种漂亮的造型。默认情况下，绘制的图形都是组合在一起的，可以将其拆分，然后选择需要部分进行编辑，产生新图形。

（1）绘制方法

选择工具箱中的艺术笔工具，在属性栏中选择"喷罐"模式，设置"手绘平滑"度，并在"喷涂列表文件列表"的下拉菜单中选择一种图形，然后在绘图页面中拖动鼠标绘制出一条曲线，释放鼠标后即可得到图形，如图3-37所示。

绘制曲线　　　　　　　　释放鼠标后效果

图3-37 绘制过程

（2）属性栏

1）选择喷涂顺序

"喷涂顺序"列表中可以选择笔触的排列顺序，分为随机、顺序、按方向3种，不同的排列顺序可以产生不同的图形效果，如图3-38所示。

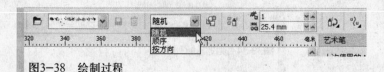

图3-38　绘制过程

2）喷涂列表对话框

"喷涂列表对话框" 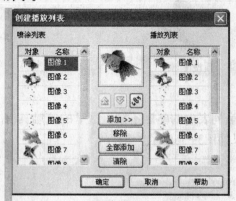可以增加、删除笔触的内容并排列笔触的顺序，如图3-39所示。

图3-39　喷涂列表对话框

3）要喷涂的对象的小块颜料/间距

"要喷涂的对象的小块颜料/间距"选项上方的微调框用于调节图案的重复程度，下方的微调框用于调节图案在水平方向上的间距。调整前后对比如图3-40所示。

调整前　　　　　　　　　增大重复程度和减小间距调整后

图3-40　调整前后对比

4）旋转

单击属性栏中的"旋转"按钮将弹出"旋转值"面板，从中设置对象的旋转参数。旋转前后效果如图3-41所示。

旋转前　　　　　　　　　旋转后

图3-41　旋转90°效果

5）偏移

单击属性栏中的"偏移"按钮弹出"偏移"面板，从中可以调整图案相对于路径的偏移量和偏移方向。调整图案上下偏移距离效果如图3-42所示。

图3-42 偏移效果

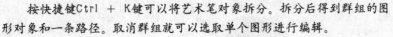

按快捷键Ctrl + K键可以将艺术笔对象拆分。拆分后得到群组的图形对象和一条路径。取消群组就可以选取单个图形进行编辑。

### 4.书法

书法模式可以模仿书法字的效果，它的使用方法与其他艺术笔使用方法相似，绘制效果如图3-43所示。

图3-43 书法效果

### 5.压力

压力模式下笔触宽度可以动态调整。绘制时按"下箭头"，画笔越来越细；这时再按"上箭头"，画笔将越来越粗，直到达到属性栏上设置的宽度。绘制效果如图3-44所示。

图3-44 压力模式绘制效果

### 3.3.5 创建动态连接线

该工具主要用于制作组织结构图、流程图等，如图3-45所示。它的最大优点是随着对象的移动，连线会自动适应。

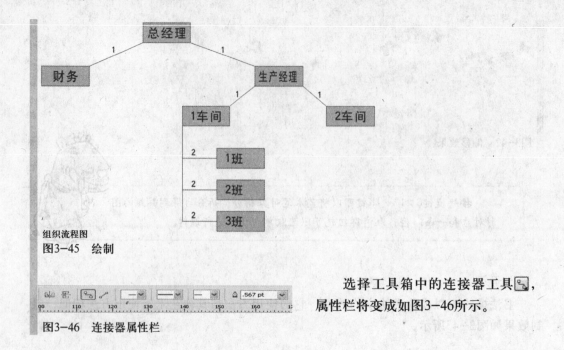

组织流程图
图3-45 绘制

选择工具箱中的连接器工具，属性栏将变成如图3-46所示。

图3-46 连接器属性栏

（成角连接器）：用于建立成直角转折的连线。图3-45中标识有"2"的连线是利用成角连接器生成的，3个连接都是从"1车间"矩形的左下角节点开始建立连接。只能在对象的中点、节点之间建立连接。将鼠标移动到对象一个节点（中点）处，然后拖动鼠标到另一个对象的节点（中点）上即可。

（直线连接器）：用于建立直线连接。图3-45中标识有"1"的连线就是利用直线连接器生成的。

> （1）有效的动态连接只能在节点、中点之间建立。有时虽然生成了连线，但当移动对象时，连线并不跟随变化，原因就是没有在节点或中点上建立连接。
> （2）中点连接有个数限制，一个中点只能建立一个连接。
> （3）节点没有连接数量限制，一个节点上可以创建多个连接线。

### 3.3.6 智能绘图

"人工智能"已经成为当今社会的流行词汇了，下面我们就来学习CorelDRAW X4中的智能化吧！

选择工具箱中的智能绘图工具，在文件中拖动鼠标，出现手绘线，绘制完成后松开鼠标，所绘图形将自动生成理想状态，如图3-47所示。

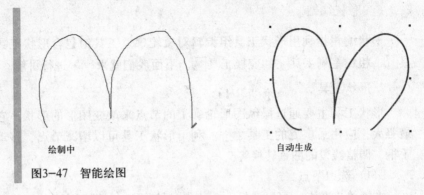

绘制中　　　　　　　　　　　　自动生成

图3-47　智能绘图

### 3.3.7　尺寸标注

利用度量工具可以进行对象标注，包括水平尺寸、垂直尺寸、斜长尺寸、角度、注释等。选择工具箱中的度量工具，属性栏将变成如图3-48所示。

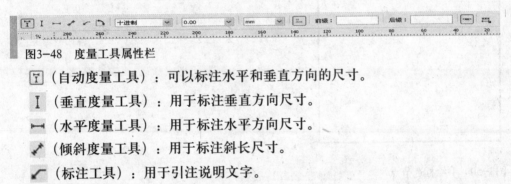

图3-48　度量工具属性栏

（自动度量工具）：可以标注水平和垂直方向的尺寸。

（垂直度量工具）：用于标注垂直方向尺寸。

（水平度量工具）：用于标注水平方向尺寸。

（倾斜度量工具）：用于标注斜长尺寸。

（标注工具）：用于引注说明文字。

（角度量工具）：用于标注角度。

属性栏上其他参数分别用于设置数据模式、精度、单位、尺寸前后缀文字或符号、文字与尺寸线样式。如果按下了动态度量按钮，则随着对象大小的变化，尺寸将自动适应。

尺寸标注效果如图3-49。建立标注后，标注线与文字是一个组合对象，可以更改文字字体、字号、位置，但不能更改数值。如果要人为更改尺寸数值，则需要按快捷键Ctrl + K将其拆分，然后用文字工具修改尺寸数据。

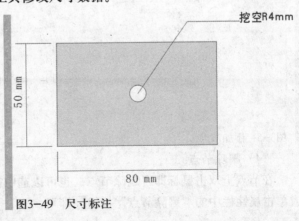

挖空R4mm

50 mm

80 mm

图3-49　尺寸标注

3.3.8 形状编辑

形状编辑指利用形状工具组编辑对象轮廓。工具组包含形状工具 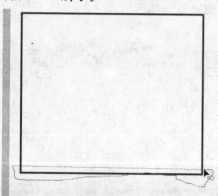、涂抹笔刷工具、粗糙笔刷工具 和变换工具。下面我们就来一一进行讲解。

1.形状工具

形状工具主要通过操纵图形轮廓上的节点来改变图形的形状，它是图形编辑功能最强大、应用最广泛的工具之一。利用形状工具可以增减节点、移动节点、调整控制手柄、调整线段的曲直转换等。

（1）选取节点

左键单击节点，可以选择一个节点；按住Shift键逐次单击要选取的节点，可以选择多个节点；也可以拖动鼠标框选节点，如果按住Alt键则可以 "手绘" 框选节点，如图3-50所示。

图3-50 手绘框选节点

（2）移动节点

选取节点后，将鼠标移动到节点上拖动即可移动节点。

（3）添加节点

选中图形，使用形状工具在需要添加节点的地方双击鼠标左键即可。也可以在需要添加节点的地方单击，然后单击属性栏中的 "添加节点" 按钮即可添加一个节点。如图3-51所示。

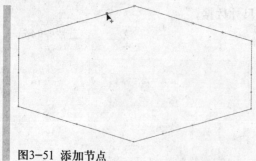

图3-51 添加节点

（4）删除节点

在节点上双击鼠标即可删除节点。也可以选中需要删除的节点，按键盘上Delete键或单击属性栏中的 "删除节点" 按钮即可。

（5）连接两个节点

连接两个节点既可以使两段开放的子路径连接成一条路径，也可以使不封闭的路径首尾节点相连形成闭合图形。图3-52是焊接两条线段得到的对象，它有两条不封闭的子路径，框选两个节点，单击属性栏上的"连接两个节点"按钮，得到一条连续路径。图3-53所示是通过连接首尾两个节点闭合图形。选择没闭合的两个节点，单击属性栏上的"连接两个节点"按钮，得到封闭图形。

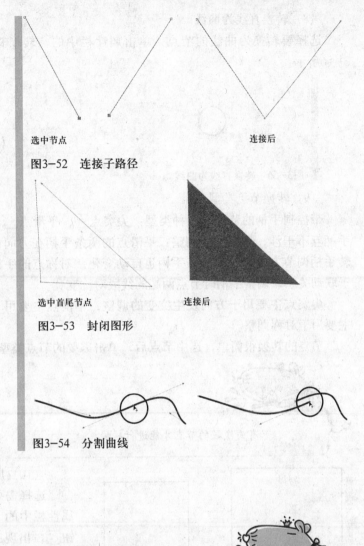

选中节点　　　　　　　　　　连接后

图3-52　连接子路径

选中首尾节点　　　　　　连接后

图3-53　封闭图形

（6）分割曲线

选择需要分割的节点，单击属性栏上的"分割曲线"按钮，曲线被分割开来。分割的曲线节点是重叠在一起的，移动少许即可看到分割效果，如图3-54所示。

图3-54　分割曲线

分割曲线仅仅是将路径分成两条子路径或者使封闭路径变成不封闭路径，这个时候我们并没有得到两条独立的线段，它们仍然是一个对象。

（7）转换曲线为直线

选择要转换为直线的节点，单击属性栏中的"转换曲线为直线"按钮，如图3-55所示。

图3-55　转换曲线为直线

（8）转换直线为曲线

选择要转换为曲线的节点，单击属性栏中的"转换直线为曲线"按钮，如图3-56所示。

图3-56　转换直线为曲线

（9）转换节点类型

带控制手柄的节点有三种类型：尖突点、平滑点、对称点。尖突点的两条手柄互不干涉，可以独立调整；平滑点的两条手柄在方向调节上处于联动关系，当旋转手柄调节方向时，另一条手柄也自动变化；对称点的手柄在方向和曲率调整上都出于联动关系，调整手柄时节点两端的线段对称变化。

尖突点主要用于方向发生突变的调整；平滑点主要用于光滑曲线的调整；对称点主要用于对称调整。

节点的转换很简单，选中节点后，单击需要的节点类型即可。

只有曲线段的节点才能进行转换。

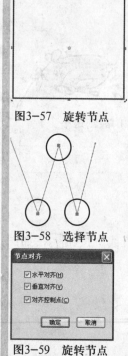

图3-57　旋转节点

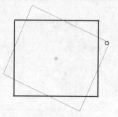

图3-58　选择节点

图3-59　旋转节点

（10）旋转和倾斜节点连线

选择需要旋转或倾斜的节点，单击属性栏中的"旋转和倾斜节点连线"按钮，出现旋转和倾斜箭头，拖动箭头即可实现旋转或者倾斜，如图3-57所示。

（11）对齐节点

选择需要对齐的节点，如图3-58所示。单击属性栏中的"对齐节点"按钮，弹出"对齐节点"对话框，如图3-59所示。

水平对齐、垂直对齐、水平垂直对齐效果分别如图3-60所示。

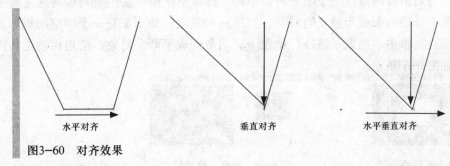

图3-60　对齐效果

（12）反转曲线的方向

　　每条路径都有一个起点和终点。使用形状工具单击路径，所有节点都以方框形式显示出来，其中起点节点的方框要大一些，如图3-61所示。反转曲线方向就是颠倒曲线的起点和终点。单击属性栏上"反转曲线的方向"按钮 ，效果如图3-61所示。

图3-61　起点节点

　　日常图形编辑根本用不着"反转曲线的方向"功能。"反转曲线的方向"主要用于交互式渐变调整、文字适合路径调整。两个对象进行交互式渐变总是按照起点对起点的方式渐变，因此反转曲线可以得到不同的渐变效果。文字适合路径也是从路径的起点开始的，反转曲线可以得到不同的适合效果。

（13）闭合图形

　　如果图形没有闭合，形状工具有多种方式可以闭合图形。除了前面提到的"连接两个节点"外，也可以使用"自动闭合曲线"按钮 和"延长曲线使之闭合"按钮 闭合图形。"延长曲线使之闭合"首先要选择需要闭合的两个节点，而"自动闭合曲线"不需要选择节点。图3-62所示是图形闭合效果。

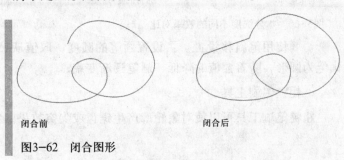

图3-62　闭合图形

（14）提取子路径

当对象有两条以上子路径时，单击"提取子路径"按钮![img]可以将选定的子路径从对象中分裂出来成为独立的对象。如图3-63所示，原对象是一个中空的矩形。选中一个节点，单击"提取子路径"按钮![img]，对象变成了两个对象，使用移动工具错开位置后如图3-64所示。

图3-63　原对象　　　　　图3-64　提取子路径后

2.涂抹笔刷工具

涂抹笔刷工具可以通过涂抹产生挤压或拓展图形的效果。该工具并不能将图形擦除，它只是将图形的轮廓挤压在一起，减小了面积，因为轮廓重叠，看不见填充，所以让人误认为是被擦除了。涂抹笔刷工具只能作用于曲线对象，因此基本图形必须转曲后才能使用该工具。

选择工具箱中的涂抹笔刷工具![img]，属性栏中会出现涂抹属性，如图3-65所示。

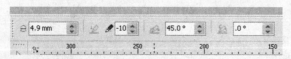

图3-65　涂抹笔刷工具属性栏

![img]（笔尖大小）：用来设置画笔的大小。

![img]（在效果中添加水分浓度）：用来控制画笔的动态变化。当取值为0时，保持均匀笔触宽度；当取值大于0，随着涂抹画笔大小将逐渐变小直至为0；当取值为负值，随着涂抹画笔大小将逐渐变大。对比效果如图3-66所示。

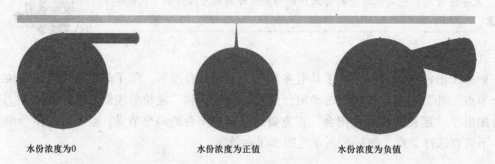

水份浓度为0　　　　　　　水份浓度为正值　　　　　　水份浓度为负值

图3-66　水分浓度不同的效果对比

![img]（使用笔斜移设置）：设置画笔的圆度，取值从15°到90°。当为90°的时，画笔为圆形，随着数值的降低，画笔逐渐变扁。

3.粗糙笔刷工具

粗糙笔刷工具可以使对象轮廓产生锯齿或尖突效果。它也只能作用于曲线对象。

选择工具箱中的粗糙笔刷工具，属性栏中会出现粗糙笔刷属性。如图3-67所示。

图3-67  粗糙笔刷工具属性栏

（笔尖大小）：用来设置画笔的大小。

（使用笔压控制尖突频率）：用来控制产生的锯齿密度。对比效果如图3-68所示。

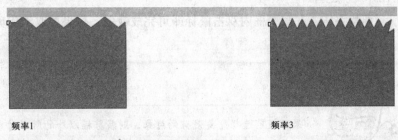

频率1                                                                            频率3

图3-68  尖突频率由大到小的效果对比

（在效果中添加水分浓度）：用来控制尖突密度动态变化。当取值为0时，密度无变化；当取值大于0，随着涂抹密度将减小直到为1；当取值为负值，随着涂抹密度将增大，直到为10。对比效果如图3-69所示。

水份浓度为0            水份浓度为正值            水份浓度为负值

图3-69  水分浓度不同的效果对比

### 4.自由变换工具

该工具可以缩放、旋转、镜像、倾斜对象，最大的特点是以鼠标单击处位置为中心进行变换。

### 3.3.9  形状删减

形状删减利用裁剪工具组进行编辑，包括裁剪工具、刻刀工具、橡皮擦工具、虚拟段删除工具，主要用于分割、删除对象的某个部分。

### 1.裁剪工具

裁剪工具可以将对象多余的部分裁掉。选中需要裁剪的图形，选择工具箱中的裁剪工具，拖动鼠标框选裁剪对象。这时出现裁剪框，如图3-70所示，裁剪框内的图形将保留，呈高亮显示；裁剪框外的图形将删除，呈暗调显示。拖动裁剪框上的8个节点，可以调整裁剪框大小，在裁剪框内拖动鼠标可以移动裁剪框。

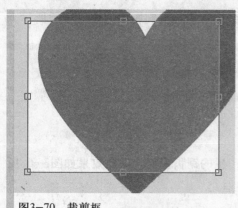

图3-70　裁剪框

调整完毕，在裁剪框内双击鼠标即可完成裁剪。如果要取消裁剪，按Esc键即可。

如果不提前选择需要裁剪的对象，则裁剪框以外的所有对象都会被删除。

### 2.刻刀工具

刻刀工具可以使一个对象分割成两个对象。

选择工具箱中的刻刀工具，属性栏如图3-71所示。

图3-71　刻刀工具属性

（成为一个对象）：如果按下此按钮，则刻刀工具只是把对象的路径分割开，而无法分割成两个独立的对象。因此通常我们都不按下此按钮。

（剪切时自动闭合）：通常按下此按钮，才能得到封闭的对象。

选中对象，选择工具箱中的刻刀工具，将光标移到对象轮廓边缘，当刻刀形状由倾斜变为竖直时，单击鼠标左键，然后在对象的另一边缘上单击，对象就会沿着切割线被分割成两个对象。过程如图3-72所示。

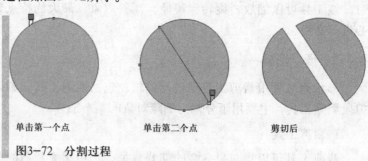

单击第一个点　　　　　　单击第二个点　　　　　　剪切后

图3-72　分割过程

（1）要想随意切割对象，可以在刻刀变成垂直的时候按住鼠标左键不放，拖动鼠标，即可随意切割。

（2）按住Shift键，在刻刀变成垂直的时候拖动鼠标，则可以如同贝赛尔工具一样创建曲线进行切割。在此过程中按住Alt键可以调整当前节点的位置。

### 3.擦除工具

擦除工具如同"橡皮擦"一样，可以擦除图形的多余部分。

选择工具箱中的擦除工具 ，属性栏如下图3-73。

图3-73 擦除工具属性

 （橡皮擦厚度）：用于设置橡皮擦大小。

 （擦除时自动减少）：按下此按钮可以在擦除时减少节点生成。

 （圆形/方形）：设置橡皮擦的形状是圆形还是方形。

选中图形，选择工具箱中的擦除工具 ，单击确定一个起点，移动鼠标到下一点再单击，两点之间的部分即被擦除。效果如图3-74所示。

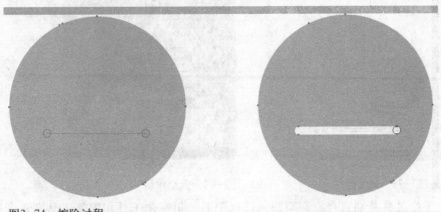

图3-74　擦除过程

按住鼠标左键不放，拖动鼠标即可随意擦除对象。

### 4.虚拟段删除

该工具将自动以对象之间轮廓线的交叉点为断点进行对象剪切。如果没有交点，则删除整个对象。如图3-75所示。选择虚拟段删除工具，单击A处，效果如图3-76所示。继续单击F处，效果如图3-77所示。

图3-75　原图　　　　　图3-76　剪切A处效果图　　　　图3-77　剪切F处效果

## 3.4 基础应用

### 3.4.1 实现鼠绘

利用手绘工具、贝赛尔工具、钢笔工具可以很方便地绘制图案。虽然手绘工具很难保证图形的封闭性，并且和钢笔工具比起来相对粗糙一些，但它却可以方便快捷地绘出任意图形，同时让图形看起来有一种独特的味道，如图3-78所示。

图3-78　鼠绘作品　　　　　　图3-79　鼠绘作品

手绘工具特别适合绘制草图、随机图形，贝赛尔工具和钢笔工具则适合根据草图进行精细编辑。图3-79所示，盘子用椭圆形工具绘制，盘子中的茶叶和绿叶用手绘工具绘制，瓶子和花朵则利用贝赛尔工具和形状工具绘制。绘制完毕后利用交互式网状填充工具填充图形色彩。这样一副静物图就慢慢呈现于我们的眼前了。

### 3.4.2 形状编辑

利用形状工具组、裁切工具组可以对任何对象进行编辑。这两组工具，最重要的就是形状工具。基本图形和后面章节要学的文字，在转曲后都可以利用形状工具编辑。形状工具在实际工作中，主要提供两项编辑支持：编辑轮廓和调整文字间距。标识设计、图案设计、产品造型设计都需要利用形状工具。

将贝塞尔工具、钢笔工具和形状工具配合使用，可以创作理想的剪贴画、装饰画，也可以创作商业招贴，如图3-80所示。

图3-80　自由创作矢量图形

案例表现——绘制卡通壁纸

　　每天打开电脑都能看到自己绘制的壁纸，应该是多么幸福的一件事啊。可爱活泼的卡通形象可以增添情趣，色彩恬淡的背景可以保护眼睛。下面我们来绘制色彩恬淡的卡通壁纸。

**01** 新建文件并绘制背景。按下Ctrl + N组合键新建一个A4大小的空白文档，单击属性栏中的"横向"按钮□，将页面设置为横向。

　　双击矩形工具□创建一个矩形，去掉其轮廓线。按下F11键，弹出"渐变填充"对话框，选择"线性"渐变，在"颜色调和"选项组，选中"自定义"单选按钮。单击颜色编辑器上方左边的小方块，然后单击右面 其它(O) 按钮，设置颜色为（C13 Y1）；相同方式将颜色编辑器上方右边的小方块颜色设置为（C78 M23）；在颜色编辑器上方靠左位置双击鼠标，添加一个颜色编辑符号，然后单击右面 其它(O) 按钮，设置颜色为（C20 Y1）；相同方式再添加一个颜色编辑符号，设置颜色为（C35 M2 Y2）。设置及效果如图3-81所示，

图3-81 背景效果

　　背景绘制好后，为了防止以后被误操作，我们可以把它锁定。这样就可以在背景上大刀阔斧地进行创作了。

**02** 制作云层。用贝塞尔工具□绘制如图3-82所示的云层形状。按下F11键，在弹出的"渐变填充"对话框中设置渐变"类型"为线性，设置"从"颜色为（C15 Y2），"到"颜色为白色，单击 确定 按钮进行填充。使用交互式填充工具□单击渐变云层图形，拖动颜色块可以调整渐变效果。复制多个云层图形放置到背景中，效果如图3-83所示。注意别忘了去除轮廓线。

图3-82　云层效果

图3-83　制作云层

　　用形状工具 将云层形状稍加修改，即可得到多种形状的云层，大家可以根据自己的喜好来绘制云层。

图3-84　草丛效果

**03** 制作草丛。打开光盘\素材库\第三章\草丛.cdr文件，将草丛复制粘贴到背景中。选中草丛，按"F11"重新调整渐变填充，在对话框中改变"从"的颜色值为（C29 M11 Y76 K2），"到"的颜色值为（C35 M18 Y53 K4）。将草丛图形群组并放置到合适的位置，如图3-84所示。

**04** 绘制叶片。用贝塞尔工具 绘制叶片形状。单击调色板中的颜色块为图形填充月光绿颜色，右键单击 图标去除轮廓线。然后选择工具箱中的交互式网状填充工具，叶片出现带有节点的网状，单击选择如图3-85所示的节点，按住Ctrl键，多次单击调色板中的浅黄色，形成黄绿色。

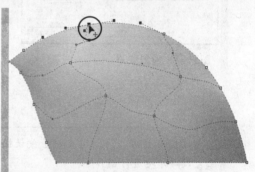

图3-85　交互式网状填充效果

　　如果大家有什么不懂的地方，可以先参考第五章中的交互式网状填充内容。根据叶片生长情况，叶片上方的位置要亮一些，颜色为黄绿色，叶片下方暗一些，可以稍加一点暗绿色。这样叶片看起来才会更有立体感哟。

图3-86　为叶片添加阴影

**05** 为叶片添加阴影效果。选择工具箱中的交互式阴影工具 ，从叶片右上方向左下方拖曳鼠标为叶片添加阴影，在属性栏设置"阴影颜色"为暗绿色，"阴影的不透明度"为30，"阴影羽化"为13，效果如图3-86所示。

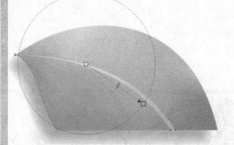

图3-87　绘制叶脉

**06** 绘制叶脉。用贝塞尔工具 绘制叶脉形状。按下F11键，在弹出的"渐变填充"对话框中设置"类型"为线性，设置"从"颜色值为（C24 M1 Y71），"到"颜色值为（C5 M2 Y24），单击 确定 按钮渐变填充。使用交互式填充工具 单击叶脉，调整渐变效果，然后去除图形轮廓线，如图3-87所示。将绘制好的叶脉进行复制并用形状工具 稍作修改调整，然后按图3-88所示排列。选中绘制好的叶片，按下Ctrl + G组合键群组对象。

图3-88　排列叶脉

图3-89　放置叶片

**07** 再制叶片。选中叶片，按Ctrl + D组合键将叶片再制，然后将其旋转并缩小一些，按Ctrl + PgDn组合键放置到原叶片的下一层。将两片叶片放置到图形的右下角位置，如图3-89所示。

图3-90　绘制卡通猫脸

**08** 绘制卡通猫的脸部。用贝塞尔工具 绘制卡通猫的脸部形状，填充为80%黑色并去除图形轮廓线。按下Ctrl + D组合键再制脸部，缩小一些，填充为黑色，效果如图3-90所示。

**09** 绘制猫耳。用贝塞尔工具绘制
猫耳形状，按F11线性渐变填充
从黑色到80%黑色的颜色。去除
图形轮廓线，按下Ctrl + D组
合键再制图形，然后缩放再制的
图形。按下F11键调整再制图形
的颜色，在"渐变填充"对话框
调整"从"颜色为黑色"到"颜
色为白色，单击确定。选择交互
式填充工具单击再制图形，调
整渐变效果，如图3-91所示。将
绘制的猫耳图形群组，复制并镜
像，排列在合适的位置。

图3-91 绘制猫耳

**10** 绘制脸部局部图形。用贝塞尔工
具绘制卡通猫脸部花纹形状，
按F11键线性渐变填充从黑色到
白色，去除轮廓线，用交互式填
充工具调整渐变效果直至满
意。将所有的花纹图形排列如图
3-92所示的效果。

图3-92 绘制脸部花纹

使用贝塞尔工具绘制嘴部轮廓，线性渐变填充从黑色到白色，使用贝塞尔工具绘制鼻子，填充黑颜色，然后绘制封闭弧线图形，并线性渐变填充从黑色到白色，去除轮廓线，如图3-93所示。

图3-93 绘制局部图形

**11** 绘制猫身、猫爪。用贝塞尔工具绘制猫身形状，并填充为黑色，多次按Ctrl +
PgDn快捷键直到将其排列在头部下一层。用贝塞尔工具绘制猫爪形状，线性
渐变填充从黑色到10%黑，并去除轮廓线，如图3-94所示。

图3-94 绘制猫身

图3-95 绘制猫尾巴

**12** 绘制猫尾巴。用同样方法绘制猫尾巴，线性渐变填充从黑色到（M30 Y50 K50），并去除轮廓线，如图3-95所示。

**13** 绘制猫眼睛。小黑猫有着一双圆溜溜的大眼睛，怎么让这双大眼睛显得更生动形象呢？
绘制圆形，射线渐变填充从（C6 M4 Y1）颜色到白色，使用交互式填充工具调整渐变效果，去除轮廓线。效果如图3-96所示。

图3-96 绘制猫眼睛

**14** 为眼睛添加阴影效果。选择交互式阴影工具，从眼睛上方向下方拖曳鼠标添加阴影，在属性栏设置"阴影颜色"为粉蓝色，"阴影的不透明度"为81，"阴影羽化"为18。效果如图3-97所示。

图3-97 添加眼睛阴影

15 绘制猫眼立体感。绘制两个叠加的圆形，框选两个圆形，单击属性栏中的"修剪"按钮 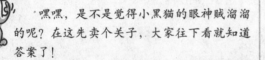 创建月牙形，删除圆，用交互式阴影工具 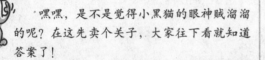 为月牙图形添加阴影。设置"阴影颜色"为粉蓝，"阴影的不透明度"为50，"阴影羽化"为20。然后按快捷键Ctrl + K键拆分阴影，删除月牙图形，将阴影放置到小黑猫眼睛的合适位置，如图3-98所示。

16 完成猫眼。绘制一个小圆，射线渐变填充从60%黑到黑色，使用交互式填充工具 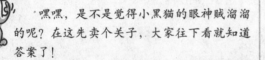 调整渐变效果，去除轮廓线。小黑猫的眼睛就大功告成了。使用挑选工具将制作好的眼睛图形全部选中，然后按快捷键Ctrl + G进行群组。按数字键盘上+键复制一个眼睛，移动到另一边，效果如图3-99所示。

图3-98 添加月牙形阴影

图3-99 完成猫眼

框选整个小黑猫，然后进行群组。选择"排列"→"顺序"→"置于此对象后"命令，用鼠标拾取大叶片，将小黑猫放置到叶片下一层，然后调整位置和大小，效果如图3-100所示。

嘿嘿，是不是觉得小黑猫的眼神贼溜溜的呢？在这先卖个关子，大家往下看就知道答案了！

17 绘制光斑。选择多边形工具 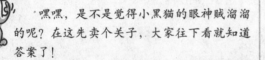 绘制多边形，在属性栏将其边数设为8，填充为白色，去除轮廓线。选择交互式透明工具 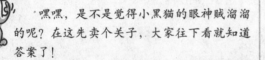 在属性栏中的"透明度类型"下拉列表中选择射线类型，调整光斑透明度，如图3-101所示。复制多个光斑并缩放、移动到如图3-102所示位置。

图3-100 放置小黑猫

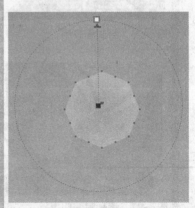

图3-101 调整光斑透明度

图3-102 再制光斑

图3-103 光晕效果

**18** 绘制光晕效果。绘制多边形，将其边数设为8，填充为白色，使用交互式阴影工具█为其添加阴影，在属性栏设置"阴影颜色"为白色，"阴影的不透明度"为60，"阴影羽化"值为30。按下Ctrl + K组合键拆分阴影，删除多边形，将阴影复制若干，调整大小和位置，放置到图形左上角。效果如图3-103所示。

**19** 绘制光线。还记得实例引入中聚光灯是怎么做出来的吗？用基本形状工具█绘制梯形，用形状工具调整其宽度，填充为白色并旋转到合适角度，去除轮廓线，如图3-104所示。选择交互式透明工具█，在属性栏中的"透明度类型"下拉列表中选择线性类型，调整"透明中心点"为89。效果如图3-105所示。这样一束温暖的光线是不是照得你心里暖暖的呢？

图3-104 绘制光线

图3-105 调整光线透明度

图3-106　精确裁剪图形

图3-107　放置蝴蝶蜻蜓

图3-108　放置露珠

图3-109　最终效果展示

**20** 复制光线。将绘制好的光线复制多个，调整它们的大小，并旋转一定的角度，按图3-106所示放置。选中除了渐变背景图形以外的所有图形，进行群组。然后选择"效果"→"图框精确剪裁"→"放置在容器中"命令，单击背景图形，将所有图形裁剪到背景中。按住Ctrl键单击图形，进入容器中，调整图形位置，效果满意之后按住Ctrl键单击空白处，退出容器。

**21** 到此壁纸完成得已经差不多了，但是总觉得还少了些什么，是什么呢？这与小黑猫贼溜溜的眼睛有关。打开光盘\素材库\第三章\蝴蝶蜻蜓.cdr文件，将文件中的小蝴蝶和小蜻蜓复制粘贴到文件中并放置到合适位置，如图3-107所示。

哈哈！这下知道答案了吧！原来小黑猫盯上了一只漂亮的小蝴蝶啊！

**22** 打开光盘\素材库\第三章\露珠.cdr文件，将文件中的露珠复制后放置到图形中的合适位置，如图3-108所示。

加上露珠后，叶片就显得有生气多了吧？其实露珠制作过程和小黑猫眼睛的制作过程相似，大家可以自己琢磨一下哈。

现在我们的卡通壁纸总算大功告成了！一起看看整体效果吧，如图3-109所示。

## 3.6　疑难及常见问题

### 1.如何更改喷罐对象的路径

当对象的笔触和路径没有拆分时，路径是不可见的。使用形状工具单击对象，显示出呈虚线的路径，这时调整路径的节点，就可以更改喷罐对象的路径了，如图3-110所示。

图3-110　调整喷罐对象的路径

### 2.怎样添加、删除笔触

选择一个对象，选择艺术笔工具，在属性栏上单击"喷灌"模式，然后单击"添加到喷涂列表"按钮，该对象将被添加到喷涂列表。新添加的笔触位于喷涂列表的最下方。

如果想删除该笔触，只需在喷涂列表中选中该笔触，单击属性栏中的"删除"按钮，在弹出的"确认文件删除"对话框中单击"确定"即可。

### 3.如何拭去错误线条

如果在使用手绘工具时，不小心把线条画歪了或画错了，怎么办呢？不必急，也不要释放鼠标，按住Shift键，沿线条往后拖动鼠标，线条逐渐被擦去，当擦除到合适的位置后，松开Shift键，继续绘制线条。

### 4.如何使用预览窗口

当绘制的图形太多时，可以巧用预览窗口预览所有的对象。在绘图区的垂直滚动条和水平滚动条相交处有一个按钮，在该按钮上按住鼠标不放即可打开快速预览窗口，显示绘图区中的所有对象，如图3-111所示。

图3-111　预览窗口

5.为何无法使用形状工具连接两条线条

形状工具只能用于一个对象的编辑。它的"连接两个节点"的功能只针对对象内部断开的节点，因此无法直接使用形状工具连接两条线条。这个时候，可以框选两条线条，单击属性栏中"焊接"按钮 ，先将其组合为一个对象，然后再使用形状工具将其连接。

6.为何不能使用形状工具编辑矩形对象

形状工具只能编辑曲线对象。对于矩形、椭圆、多边形等基本图形以及文字，转曲后才能使用形状工具任意编辑。"转曲"的快捷键是Ctrl + Q。

7.为何使用手绘、贝赛尔等工具绘制的图形无法填充色彩

默认情况下，开放路径无法填充。绘制的图形无法填充色彩，主要是图形不闭合造成的。首先检查图形是否是一个对象。如果图形不是一个对象，则框选整个对象单击属性栏上"焊接"按钮 ，将其焊接为一个对象。然后使用"排列"菜单下的"闭合路径"命令将路径闭合。

绘制的图形无法填充色彩的另一个原因可能是文件当前显示模式是线框或者草稿线框模式。在视图菜单中将显示模式重新设置为正常模式即可。

# 3.7 习题与上机练习

1.选择题

(1) （　）工具是图形编辑功能最强大、应用最广泛的工具之一。

    A．矩形                B．贝塞尔

    C．手绘                D．形状

(2) （　）工具可以方便快捷的绘出任意图形，但所绘图形的轮廓是相当粗糙的，并且很难保证图形的封闭性。

    A．矩形                B．贝塞尔

    C．手绘                D．形状

(3) 只有（　）曲线才能填充颜色。

    A．闭合                B．贝塞尔

    C．手绘                D．分割

(4) 按（　）键可以结束贝塞尔工具的绘制。

    A．Alt                B．Ctrl

    C．任意                D．空格

(5) 在图形需要添加节点的地方（　）鼠标左键，即可添加一个节点。

    A．单击                B．双击

C．拖动　　　　　　　　　D．按住

(6)（　　）工具可以使一个对象分割成两个对象。

　　A．智能绘图　　　　　　B．分割

　　C．刻刀　　　　　　　　D．折线

(7) 按住（　　）不放，拖动鼠标可以使用擦除工具随意擦除对象。

　　A．鼠标右键　　　　　　B．空格键

　　C．Ctrl键　　　　　　　D．鼠标左键

2．问答题

(1) 怎样分割曲线？

(2) 怎样将喷罐笔触拆分成单独的对象？

(3) 怎样快速调整压力笔触的曲线粗细？

3．上机练习题

(1) 绘制图3-112所示的巴厘风情装饰画。

图3-112　巴厘风情装饰图案

(2) 绘制一棵百年大树，如图3-113所示。

图3-113　绘制树

(3)绘制花样装饰图案，如图3-114所示。

图3-114 绘制装饰图案

# 第四章
# 对象的组织和管理

4

本章内容

## 本章导读

一个合格的领导必须具备组织和管理能力。怎样组织和管理绘制的图形呢？本章知识就是讲解对象的组织和管理，包括群组、结合、对齐与分布、焊接、修剪等内容。让我们学好这章内容做CorelDRAW X4 的合格"领导"吧！

# 4.1 实例引入——绘制贺卡

自己绘制漂亮的贺卡送给朋友和亲人，更能显示出诚意。结合前面的学习内容和本章内容，你自己也可以绘制漂亮的贺卡，如图4-1所示。

图4-1　绘制贺卡

### 4.1.1　制作分析

这个贺卡的造形很简单，都是由前面学过的基本图形构成，水滴状的花瓣和心形图形都可用基本形状工具绘制，如图4-2所示。我们只要再运用本章要学习的造形命令，漂亮的贺卡就可以轻松"出炉"。

图4-2　贺卡分解图

**01** 新建文件填充底色。单击标准栏上"新
建"按钮⬚新建一个A4大小的空文档。
单击属性栏"横向"按钮⬚将纸张横放。
双击矩形工具绘制一个与页面大小相同
的矩形，右键单击调色板上色块将轮廓颜
色设为粉色。按下F11键在弹出的"渐变
填充"对话框中设置填充颜色，分别单击
"从"和"到"处的色块，设置"从"颜
色为（M40），"到"颜色为（Y9）。
其他设置如图4-3所示。
单击"确定"按钮，完成填充。我们要让
颜色淡一些，按住Ctrl键，使用鼠标左键
单击一次调色板中的白色，将两种颜色混
合，效果如图4-4所示。

图4-3　渐变填充对话框

图4-4　颜色混合效果

> 按住Ctrl键单击调色板上色块，则色块所代表的颜色会以每次10%的比例与
> 对象原有填充颜色进行混合。

**02** 制作云层。用椭圆形工具◯绘制大小不一
的圆（可以比较随意的绘制，不需要与笔
者一模一样），按图4-5所示排列。

图4-5　排列圆形

选中所有圆，填充为白色，单击属性栏中
的"焊接"按钮⬚将其焊接为一个对象。
右键单击调色板上⊠去除轮廓线，云层
就完成了。效果如图4-6所示。

**03** 精确裁剪云层。选择云层，选择"效
果"→"图框精确剪裁"→"放置在容器
中"命令，将云层裁剪到背景中。默认情
况下，被裁剪对象位于容器的中部。选中
背景，按住Ctrl键单击，进入容器编辑内
容，调整云层位置。把云层调整到合适位
置，然后再按住Ctrl键单击空白处退出容
器完成编辑。裁剪后效果如图4-7所示。

图4-6　云层效果

图4-7　精确裁剪云层

图4-8　变换/位置泊坞窗

图4-9　绘制心形背景

图4-10　再制心形背景

图4-11　心形背景

图4-12　前减后效果图

**04** 绘制心形。使用基本形状工具 绘制心形，填充白色，右键单击调色板中的⊠图标去除轮廓线。选择"窗口"→"泊坞窗"→"变换"→"位置"命令，打开"变换"泊坞窗中"位置"选卡，在"水平"文本框中输入20，勾选"相对位置"复选框和水平右侧方向，然后点击 应用到再制 按钮，如图4-8所示。

多次单击 应用到再制 按钮复制多个心形图形，将其向右水平排列在接近页面边框处，效果如图4-9所示。

**05** 再制心形背景。使用挑选工具圈选整排心形，在"位置"选卡的"水平"文本框中输入5，"垂直"文本框中输入−15，勾选"相对位置"复选框，然后点击 应用到再制 按钮，心形背景会向右下方进行再制。效果如图4-10所示。

选中第二排心形，在"水平"文本框中输入−5，"垂直"文本框中输入−15，勾选"相对位置"复选框，点击 应用到再制 按钮，心形背景会向左下方进行再制。这样可以使背景看起来有层次感。按照同样方法再制直至铺满整个页面。使用挑选工具框选所有心形，按Ctrl＋G组合键将它们群组。效果如图4-11所示。

**06** 绘制花心。按住Ctrl键，使用椭圆工具绘制一个圆形，单击"变换"泊坞窗中的"缩放和镜像"按钮 ，切换到"缩放和镜像"选卡，设置缩放的"水平"和"垂直"百分比为60%，然后单击 应用到再制 两次，得到三个同心圆。选中中间和外围的圆，单击属性栏中的"后减前"按钮 ，然后单击调色板中的洋红色色块填充得到的圆环，如图4-12所示。

**07** 填充花心。使用挑选工具框选圆环和最里的圆形，单击属性栏中的"焊接"按钮□将其焊接为一个对象。按下F11键，在弹出的"渐变填充"对话框中设置渐变"类型"为射线，设置"从"颜色为洋红，"到"颜色为白色，然后单击 确定 按钮进行填充。最后右键单击调色板中的□图标去除轮廓线。效果如图4-13所示。

图4-13 焊接后的填充效果

**08** 绘制花瓣。使用基本形状工具□绘制水滴形状花瓣，并使用挑选工具将其放在花心的下方。按下F11键，在弹出的"渐变填充"对话框中设置渐变"类型"为线性，设置"角度"为-90°，设置"从"颜色为洋红，"到"颜色为白色，然后单击 确定 按钮进行填充。最后右键单击调色板中的□图标去除轮廓线。如图4-14所示。

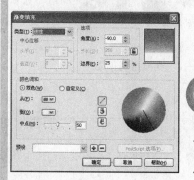

图4-14 绘制花瓣

**09** 再制花瓣。再次单击花瓣，出现旋转控制手柄，使用挑选工具将"旋转中心"移到花心的中心上，按住Ctrl键逆时针旋转花瓣到合适位置并单击右键进行复制，如图4-15所示。

多次按下Ctrl + R组合键重复再制花瓣图形，效果如图4-16所示。

图4-15 再制花瓣

图4-16 重复操作

**10** 创建花朵轮廓图形。使用挑选工具框选所有花朵，单击属性栏中的"创建围绕选定对象的新对象"按钮□创建新图形，将新图形移动到空白处，按Ctrl + G组合键群组对象，然后右键单击调色板中的洋红颜色，得到的效果如图4-17所示。

图4-17 创建围绕花瓣的新对象

图4-18　变换再制花朵

图4-19　放置花形

图4-20　精确裁剪效果

图4-21　输入文本

11 复制花朵图形。使用挑选工具框选花朵图形，按Ctrl + G组合键群组对象，然后按Ctrl + D组合键再制一朵花朵。缩小再制的花朵，并按Shift + PgDn组合键度将其置于原花朵的下方，调整其位置组成一朵更漂亮的花。选中两个花朵进行群组，效果如图4-18所示。

12 精确裁剪花朵。复制花朵和花朵轮廓图形，并放置到合适的位置，如图4-19所示。

选中所有的花，选择"效果"→"图框精确剪裁"→"放置在容器中"命令，单击背景图形，将花朵放置到背景图形中。按下Ctrl键单击图形，进入到容器中编辑花朵图形，调整位置。再次按下Ctrl键，单击空白处，完成编辑。精确裁剪后的效果如图4-20所示。

13 输入文本。用文本工具 字 分别输入"Happy"和"Everyday"字样，填充为洋红色。在属性栏中设置"字体"为Whisper Write，字体大小比例如图4-21所示。在文本后面加上礼物的小图案，贺卡就做好了。

## 4.2　基本术语

### 4.2.1　锁定对象

锁定对象命令可以把对象固定在指定的位置上，确保其不会被误操作。对象被锁定后就无法进行任何修改。

### 4.2.2　焊接

焊接命令可以将多个对象组合成单一曲线对象。至少需要两个对象，一个作为来源对象，一个作为目标对象。来源对象被焊接到目标对象上，生成的新对象的填充属性和轮廓属性同目标对象。

### 4.2.3　修剪

修剪命令将目标对象与来源对象相交的部分清除从而生成新的对象。新对象的填充和轮廓效果与目标对象一致。

### 4.2.4　相交

相交命令将目标对象和来源对象相交的部分创建为一个新的对象。新对象的填充和轮廓属性同目标对象。

### 4.2.5　反转顺序

反转顺序命令可以使选定的对象按相反的顺序排列。

### 4.2.6　造形

造形命令利用布尔运算编辑图形。造形泊坞窗包括焊接、修剪、相交、简化、前减后、后减前六个命令。

## 4.3　知 识 讲 解

### 4.3.1　复制对象

复制对象的方法有很多种，在前面章节中已经用到了一部分，下面我们全面了解一下。

1.右键复制

选中对象，拖动鼠标移动或者变换对象时，单击鼠标右键即可。

2.小键盘上“+”键复制

选中对象，按小键盘的“+”键即可，按多少次就复制多少个。复制的对象与原对象重叠在一起。

3.“复制”和“粘贴”命令

选中对象，首先按Ctrl + C组合键将对象复制到剪贴板上，然后按Ctrl + V组合键将对象粘贴到文件中。

“复制”和“粘贴”都位于“编辑”菜单中，也可以通过单击菜单命令来操作。

4.“再制”命令

选中对象，按Ctrl + D组合键即可。

再制命令复制的对象将与原对象错开一个距离。这个距离可以设置。确定当前工具为挑选工具，不选中任何对象，然后在属性栏再制距离栏  中输入X和Y轴方向的位移距离即可。

"再制"命令位于"编辑"菜单中，也可以通过单击菜单命令来操作。

5．"仿制"命令

"仿制"命令位于"编辑"菜单中。仿制命令采用再制距离克隆对象，克隆的对象与原对象形成父子关系。编辑父对象（原对象）的填充、轮廓、形状，子对象（克隆对象）将自动跟随变化。如果修改子对象的填充、轮廓、形状，则对应的父子关系将被取消。

6．"步长和重复"命令

选中对象，按Ctrl ＋ Shift ＋ D组合键打开"步长和重复"泊坞窗口，如图4-22所示。份数用于设置复制个数，水平和垂直设置用于设置复制对象与原对象的偏移距离或者间隔距离。设置完毕后，单击"应用"按钮即可。图4-23是水平间隔10mm，垂直偏移0mm，份数为3的效果。

图4-22　步长和重复设置　　图4-23 效果

### 4.3.2　变换对象

变换对象有两种方式。一种是选中对象后直接拖动手柄调整，可以实现缩放、旋转、倾斜、镜像调整效果。另外一种是利用"排列"菜单中的"变换"子菜单命令进行调整。"变换"子菜单包含了位置、旋转、缩放和镜像、大小、倾斜这5个命令，它们都集中在"变换"泊坞窗口中。第一章中我们已经学习了直接拖动手柄变换对象，下面学习利用"变换"泊坞窗进行变换。

1．位置

选择"排列"→"变换"→"位置"命令，出现"变换"泊坞窗"位置"选卡，如图4-24所示。

可以利用"位置"选卡精确移动对象的位置，也可以利用它精确地再制对象。勾选"相对位置"后，"水平"选项用于设置水平位移距离，"垂直"选项用于设置垂直位移距离。如果取消"相对位置"的勾选，则"水平"和"垂直"选项用于设置X、Y轴向的绝对坐标值。阵列方块用于指定以对象的那个位置为基准进行移动。单击"应用"只是位移当前选择对象，单击"应用到再制"则位移当前对象的复制对象。

图4-24 位置

### 2. 旋转

"旋转"选卡可以精确旋转对象。"角度"用于指定旋转角度，"中心"用于设置旋转中心的坐标值。勾选"相对中心"后，则"中心"处设置的是相对坐标，否则就是设置绝对坐标。单击下方的阵列块可以用对象自身的9个变换点之一作为旋转中心。"旋转"选卡如图4-25所示。

图4-25 旋转

### 3. 缩放和镜像

"缩放和镜像"选卡可以精确缩放对象和镜像对象。勾选"不按比例"后，可以随意设置"水平"和"垂直"方向的缩放比例。取消"不按比例"，则"水平"和"垂直"保持一致的缩放比例。按下 ▭ 可以水平镜像对象，按下 ▭ 可以垂直镜像对象，如果两者都按下，则可以对角镜像。阵列块用于设置缩放或者镜像的基点位置，也就是以对象的哪一点为基准进行缩放或者镜像。"缩放和镜像"选卡如图4-26所示。

图4-26 缩放和镜像

在对象属性栏中也有"水平镜像"和"垂直镜像",只要选择对象后单击即可,只是这种镜像不能应用到再制。

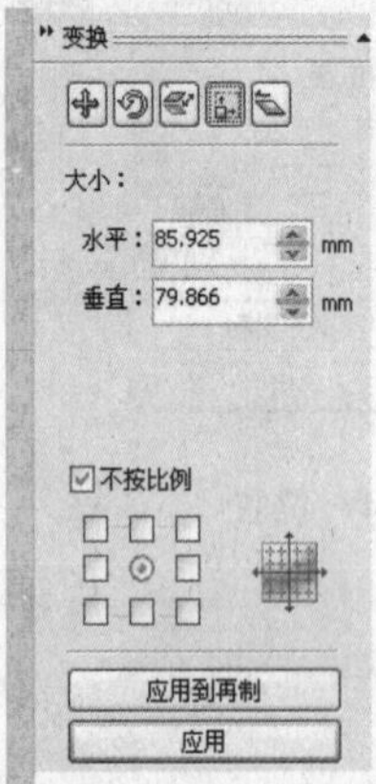

**4.大小**

"大小"选卡可以精确变换对象的大小,参数类似"缩放",只不过一个是比例值一个是确定的长宽值。"大小"选卡如图4-27。

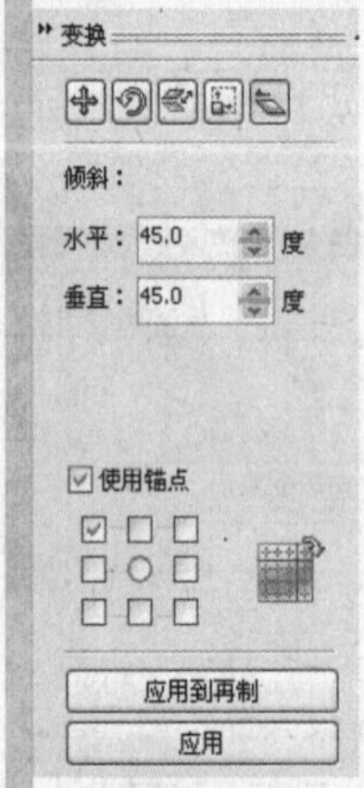

图4-27 大小

**5.倾斜**

"倾斜"选卡可以按设置度数倾斜对象。"水平"和"垂直"用于设置倾斜角度。勾选"使用锚点"后,可以在阵列块中选择倾斜的基点。取消"使用锚点",默认以中心为基点倾斜。"倾斜"选卡如图4-28所示。

图4-28 倾斜

### 4.3.3 锁定与解锁对象

为了避免操作失误毁掉我们辛苦绘制的图形,可以对暂时不需要修改的图形进行锁定。有些对象不能被锁定,如交互式工具生成的调和、轮廓图、立体化、阴影对象,嵌合于某个路径的文本和对象。

**1.锁定对象**

选中要锁定的对象,选择"排列"→"锁定对象"命令即可。也可以单击鼠标右键,在弹出的快捷菜单中选择"锁定对象"命令。对象被锁定后,它的锚点变为"锁"的样式,如图4-29所示。

图4-29 锁定对象

2. 解锁对象

选中要解除锁定的对象，选择“排列”→“解除锁定对象”命令即可。也可以单击鼠标右键，在弹出的快捷菜单中选择“解除锁定对象”命令。对象被解锁后，即可恢复到锁定之前的状态。

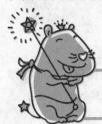

选择锁定的对象只能使用挑选工具单击选择。

### 4.3.4　对齐和分布对象

“对齐和分布对象”命令对版面排列来说很重要，可以在弹指一挥间让凌乱的图形听令排列。

选择“排列”→“对齐和分布”命令，出现图4-30所示的菜单。

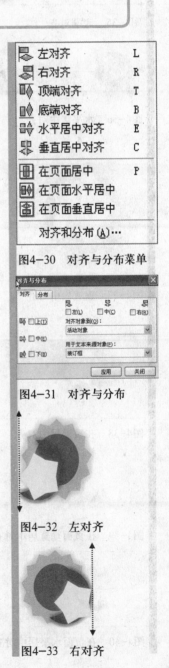

左对齐 L
右对齐 R
顶端对齐 T
底端对齐 B
水平居中对齐 E
垂直居中对齐 C
在页面居中 P
在页面水平居中
在页面垂直居中
对齐和分布(A)…

图4-30　对齐与分布菜单

该菜单中上部是对齐命令，中间是居中命令，底部是对齐和分布命令。选择底部的对齐和分布命令，将弹出图4-31所示的对话框。该对话框的功能包含了上诉的对齐和居中命令。

对齐与分布
对齐
分布
左(L)
中(C)
右(R)
上(T)
中(E)
下(B)
对齐对象到(O):
活动对象
用于文本来源对象(F):
装订框
应用
关闭

图4-31　对齐与分布

1. 对齐对象

(1) 左对齐（快捷键L）

选择多个对象后，按快捷键L键即可对齐选择对象的左边，如图4-32所示。

图4-32　左对齐

(2) 右对齐（快捷键R）

选择多个对象后，按快捷键R键即可对齐选择对象的右边，如图4-33所示。

图4-33　右对齐

图4-34　顶端对齐

**（3）顶端对齐（快捷键T）**

选择多个对象后，按快捷键T键即可对齐选择对象的顶端，如图4-34所示。

图4-35　底端对齐

**（4）底端对齐（快捷键"B"）**

选择多个对象后，按快捷键"B"键即可对齐选择对象的底端，如图4-35所示。

图4-36　水平居中对齐

**（5）水平居中对齐（快捷键E）**

选择多个对象后，按快捷键E键即可对齐选择对象的水平中心线，如图4-36所示。

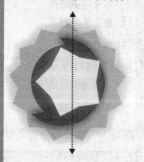

图4-37　垂直居中对齐

**（6）垂直居中对齐（快捷键C）**

选择多个对象后，按快捷键C键即可对齐选择对象的垂直中心线，如图4-37所示。

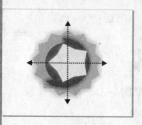

图4-38　在页面居中对齐

**（7）在页面居中对齐（快捷键P）**

选择一个或多个对象后，按快捷键P键即可对齐选择对象到页面中心线上，如图4-38所示。

图4-39　在页面垂直居中对齐

**（8）在页面垂直居中对齐**

选择一个或多个对象后，选择"排列"→"对齐和分布"→"页面垂直居中对齐"命令，即可对齐选择对象到页面垂直中心线上，如图4-39所示。

图4-40　在页面水平居中对齐

**（9）在页面水平居中对齐**

选择一个或多个对象后，选择"排列"→"对齐和分布"→"页面水平居中对齐"命令，即可对齐选择对象到页面水平中心线上，如图4-40所示。

2.分布对象

选中要分布的对象，选择"排列"→"对齐和分布"→"对齐和分布"命令，在弹出的对话框中选择"分布"选卡，如图4-41。"分布"选卡包含"垂直分布"和"水平分布"两种分布方式。"分布到"选项组用于设置分布范围。"选定的范围"指对象分布到由选择的多个对象之间共同确定的平面区域，"页面的范围"指对象分布到当前文件的页面区域。

在"选定的范围"分布，至少需要选择三个对象；在"页面的范围"分布，至少需要选择两个对象。

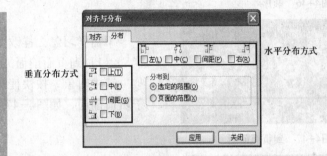

图4-41 对齐和分布对话框

（1）垂直分布方式

用于设定对象垂直方向的分布方式。

1）上

选择"上"复选框和"选定的范围"单选按钮，对象将在垂直方向上以其顶端为基准等间隔分布，如图4-42所示。

2）中

选择"中"复选框和"选定的范围"单选按钮，对象将在垂直方向上以其水平中心为基准等间隔分布，如图4-43所示。

3）间距

选择"间距"复选框和"选定的范围"单选按钮，对象将在垂直方向上以其垂直间距为基准等间隔分布，如图4-44所示。

4）下

选择"下"复选框和"选定的范围"单选按钮，对象将在垂直方向上以其底端为基准等间隔分布，如图4-45所示。

（2）水平分布方式

水平分布方式用于设定水平方向上以对象的左边缘、垂直中心、水平间距以及右边缘为基准的等间隔分布方式。操作方法与垂直分布方式相似。

图4-42 上分布

图4-43 中分布

图4-44 间距分布

图4-45 下分布

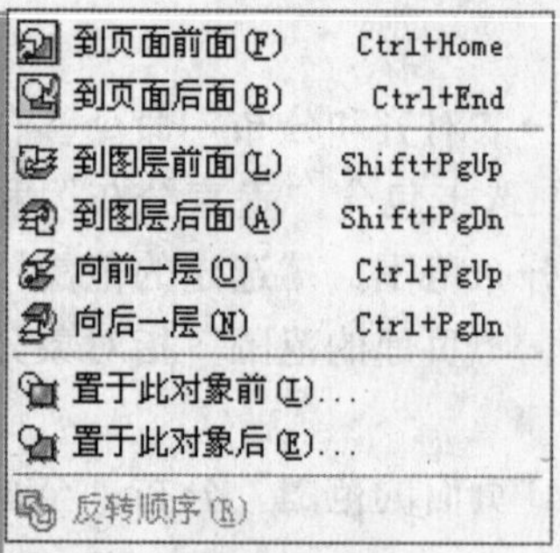

| | | |
|---|---|---|
| 到页面前面(F) | Ctrl+Home | |
| 到页面后面(B) | Ctrl+End | |
| 到图层前面(L) | Shift+PgUp | |
| 到图层后面(A) | Shift+PgDn | |
| 向前一层(O) | Ctrl+PgUp | |
| 向后一层(N) | Ctrl+PgDn | |
| 置于此对象前(I)... | | |
| 置于此对象后(E)... | | |
| 反转顺序(R) | | |

图4-46　顺序

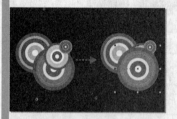

图4-47　到页面前面

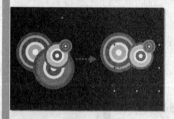

图4-48　到页面后面

图4-49　到图层前面

图4-50　到图层后面

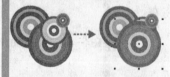

图4-51　向前一层

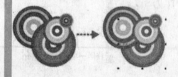

图4-52　向后一层

### 4.3.5　改变对象顺序

对图形来说，不同的叠放顺序可以产生不同的形态和美感。选择"排列"→"顺序"命令，出现顺序调整子菜单，如图4-46所示。

下面学习怎么样改变图形的叠放顺序。

（1）到页面前面（快捷键为Ctrl + Home）

选中对象，按快捷键Ctrl + Home，对象将置于页面前面，如图4-47所示。

（2）到页面后面（快捷键为Ctrl + End）

选中对象，按快捷键Ctrl + End，对象将置于页面后面，如图4-48所示。

（3）到图层前面（快捷键为Shift + PgUp）

选中对象，按快捷键Shift + PgUp，对象将置于最顶层，如图4-49所示。

（4）到图层后面（快捷键为Shift + PgDn）

选中对象，按快捷键Shift + PgDn，对象将置于最底层，如图4-50所示。

（5）向前一层（快捷键为Ctrl + PgUp）

选中对象，按快捷键Ctrl + PgUp，对象将向前移动一层，如图4-51所示。

（6）向后一层（快捷键为Ctrl + PgDn）

选中对象，按快捷键Ctrl + PgDn，对象将向后移动一层，如图4-52所示。

（7）置于此对象前

选中对象，选择"排列"→"顺序"→"置于此对象前"命令，然后用提示箭头单击要置于其上的对象即可，如图4-53所示。

（8）置于此对象后

选中对象，选择"排列"→"顺序"→"置于此对象后"命令，用提示箭头单击要置于其下的对象，如图4-54所示。

（9）反转顺序

选中多个对象，选择"排列"→"顺序"→"反转顺序"命令，对象将按照相反顺序排列，如图4-55所示。

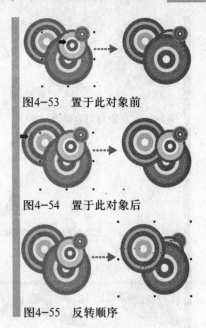

图4-53　置于此对象前

图4-54　置于此对象后

图4-55　反转顺序

### 4.3.6　群组对象

群组命令可以把多个对象组成一个整体，每个对象的填充、轮廓、形状等属性并不发生变化。如果将图形看做一个个学生的话，群组就相当于将它们归成了一个班级，这样它们就有组织有纪律多了，我们不仅可以指挥整个班级进行活动，也可以指挥其中的每个学生单独活动。

1.群组（快捷键为Ctrl + G）

选中要群组的对象，按快捷键Ctrl + G即可。也可以单击鼠标右键，在弹出的快捷菜单中选择"群组"命令。对象被群组后，我们可以将它们作为一个整体进行移动、变换等操作。

2.取消群组（快捷键为Ctrl + U）

选中要取消群组的对象，按快捷键Ctrl + U即可。也可以单击鼠标右键，在弹出的快捷菜单中选择"取消群组"命令。

3.取消全部群组

如果在群组中还包含有群组，要选择"排列"→"取消全部群组"命令，或单击鼠标右键，在弹出的快捷菜单中选择"取消全部群组"命令，才可以一次性解除所有的群组状态。

### 4.3.7　结合与拆分对象

利用结合与拆分命令，可以将多个图形结合成一个新的图形，也可以将一个图形拆分为多个图形，是不是很神奇呢？

1.结合（快捷键为Ctrl + L）

选中要结合的多个对象，可以按快捷键Ctrl + L，也可以单击属性栏上结合按钮。对象结合后，它们之间相交的部分将被清除。如图4-56所示。

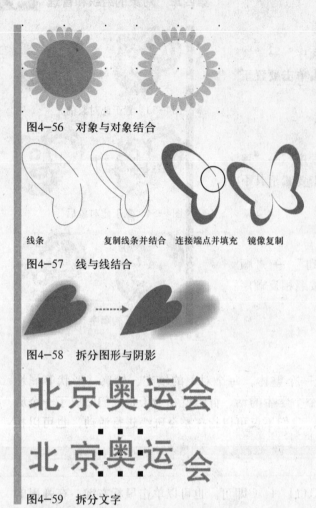

图4-56　对象与对象结合

图4-57　线与线结合

线条　　　　　　复制线条并结合　连接端点并填充　镜像复制

线与线也可以结合。在实际工作中通常我们复制一个线条，变换后再与原线条进行结合，最后用形状工具将它们的端点连接起来组成需要的封闭图案，如图4-57所示。

## 2.拆分（快捷键为Ctrl + K）

拆分命令可以分离具有多条子路径的图形，如结合对象、转曲的文字对象，也可以将交互式对象进行分解。文字和艺术笔对象也可以通过拆分命令进行打散操作。

选中要拆分的对象，按快捷键Ctrl + K即可。如图4-58所示，交互式阴影对象拆分后就成为两个独立对象。

又如图4-59所示，文字对象拆分后就成为单个的文字，可以独立的编辑。

图4-58　拆分图形与阴影

北京奥运会

北京奥运会

图4-59　拆分文字

### 4.3.8 造形

造形就是利用布尔运算的加、减、交等来编辑对象。要进行造形编辑，至少需要2个对象。我们可以选用造形子菜单命令或者造形泊坞窗进行造形编辑，也可以直接利用属性栏中的造形组按钮进行编辑。选择"排列"→"造形"命令，出现图4-60的造形子菜单。选择子菜单中"造形"命令，则出现图4-61的造形泊坞窗。当选择多个图形对象后，在属性栏上出现焊接、相交、修剪等造形按钮，如图4-62所示。

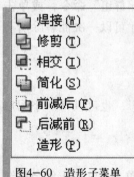

图4-60　造形子菜单　　图4-61　造形泊坞窗 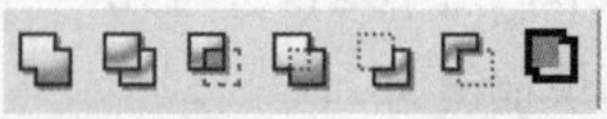　　4-62　造形按钮

在造形泊坞窗中，"来源对象"是指当前被选择的对象，"目标对象"是指单击焊接、修剪等按钮后拾取的对象。

造形按钮使用简便、快捷，因此日常工作中更常用。下面就讲解用造形按钮进行造形编辑。

必须选择2个及以上的对象才能出现造形按钮。

### 1. 焊接

焊接是把两个或多个图形连接起来创建成一个对象。具有相交部位的对象焊接后不能拆分还原。

选择多个对象，单击焊接按钮 ![按钮]。默认的焊接目标对象是选择对象中位于最下层的一个对象，如图4-63所示。

通过上面的例子我们发现，焊接后的新图形具有目标对象的填充和轮廓属性。

### 2. 修剪

修剪命令通过移除目标对象与其他对象相交部分创建新的图形。

选择多个对象，单击修剪按钮 ![按钮]。默认的修剪目标对象是选择对象中位于最下层的一个对象，如图4-64所示。

修剪后的新图形与目标对象的填充和轮廓属性完全一致。

### 3. 相交

相交命令是将两个或多个重叠对象的相交部分创建成新图形。

选择多个对象，单击修剪按钮 ![按钮]。默认的相交目标对象是选择对象中位于最下层的一个对象，如图4-65所示。

相交的新图形有目标对象的填充和轮廓属性。

### 4. 简化

简化效果类似修剪，它将所有位于下层的对象被其他对象遮盖的部分清除。

选择多个对象，单击简化按钮 ![按钮]。默认的简化对象是选择对象中所有位于下层的对象，如图4-66所示。

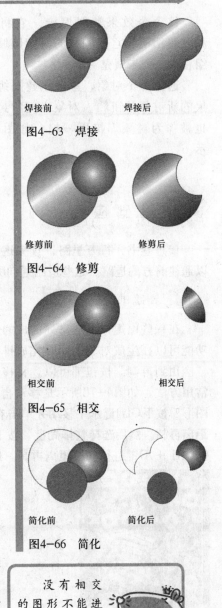

焊接前　　　　焊接后

图4-63　焊接

修剪前　　　　修剪后

图4-64　修剪

相交前　　　　相交后

图4-65　相交

简化前　　　　简化后

图4-66　简化

没有相交的图形不能进行相交操作，否则会操作失败的。

5.前减后

前减后命令是从前面的对象移除后面的对象，前减后效果如图4-67所示。

6.后减前

后减前命令是从后面的对象移除前面的对象。后减前效果如图4-68所示。

7.创建围绕选定对象的新对象

该命令效果类似焊接。它将多个对象，包括对象之间围成的封闭区域在内，组合成一个未填充对象。

选择多个对象，单击创建围绕选定对象的新对象按钮□。对象之间的封闭区域也被作为对象焊接再一起，如图4-69所示。

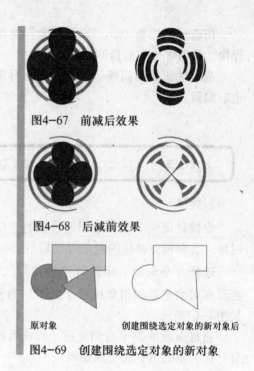

图4-67　前减后效果

图4-68　后减前效果

原对象　　　　　　　创建围绕选定对象的新对象后

图4-69　创建围绕选定对象的新对象

## 4.4 基础应用

读万卷书，行万里路，读完这一章的内容之后，我们仿佛看到眼下又延伸出了可以通往前方的道路。这些道路通向哪里呢？

### 4.4.1 精确排列图形

在一些由规律图形排列而成的背景中，往往需要排列图形的位置。利用"再制"功能可以在生成对象的同时完成排列，不论是"再制"菜单命令或者变换泊坞窗中的"应用到再制"按钮都可以。将移动和变换与再制结合起来操作是创建规律图形的最常用方法。如图4-70所示是移动再制的典型应用。首先将两个同心圆结合制作成光盘图形，按下Ctrl键水平移动并单击右键复制一个，接着按快捷键Ctrl + D键进行同等距离再制。然后选择整排光盘，按下Ctrl键垂直移动并单击右键复制一排，接着按快捷键Ctrl + D键进行同等距离再制。最后更改颜色即可。如图4-71所示。

图4-70　精确排列图形一

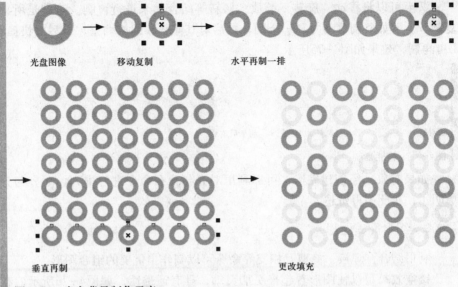

光盘图像　　　移动复制　　　水平再制一排

垂直再制　　　　　　　　　　更改填充

图4-71　光盘背景制作示意

　　图4-72是旋转再制的典型应用。图中的背景是将一个三角形图形旋转再制后焊接成一个对象，填充为白色得到的。旋转再制的方法：首先将旋转中心移动到需要位置，接着旋转对象并单击右键复制（如果需要精确角度，可以在旋转时观察属性栏中角度变化），然后按快捷键Ctrl + D键进行等角度旋转再制，如图4-73所示。

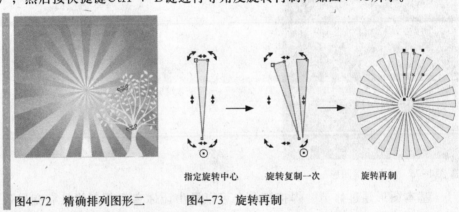

指定旋转中心　　　旋转复制一次　　　旋转再制

图4-72　精确排列图形二　　图4-73　旋转再制

　　图4-74是利用缩放再制进行创建的示意。

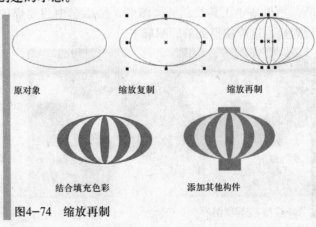

原对象　　　　　　缩放复制　　　　　　缩放再制

结合填充色彩　　　　　添加其他构件

图4-74　缩放再制

甚至可以将移动、旋转、缩放、倾斜等结合起来进行再制。这就是所谓的"智能复制"。譬如复制移动复制一个圆，然后对其倾斜和缩放调整，最后按快捷键Ctrl + D键再制，效果如图4-75所示。

原对象　　　　　　移动复制并倾斜缩放　　　再制后效果

图4-75　智能复制

如果对象已经创建完毕，可以利用对齐与分布命令进行排列。对齐与分布排列简单明了，在此不再赘述。

### 4.4.2　组合完美图形

利用结合、焊接、修剪、相交等命令可以制作出优美的组合图形。

镂空效果可以使图形看起来更加灵动，具有通透性。如图4-76所示，在仿制中国民间传统剪纸时，我们就可以利用结合或者造形工具的修剪、焊接、前减后、后减前等命令，将对象的重叠部分进行修剪，从而得到类似剪纸的镂空效果。

图4-76　组合完美图形一

基本图形通过修剪、焊接等命令可以做出让你意想不到的具有变异效果的新图形，就像为图形做了一次基因改造手术一样。如图4-77所示，用椭圆形工具绘制圆形，用贝塞尔工具绘制链接图形，然后选中想要焊接的图形执行焊接命令，将图形进行焊接，这样就得到新的图形了。

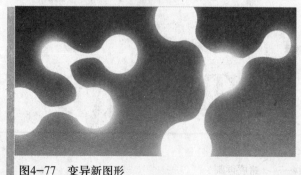

图4-77　变异新图形

## 4.5　案例表现——绘制日本艺妓

日本艺妓是日本艺术的一个缩影，它从来都隐藏在神秘面纱后向人们展示着影影绰绰的美。下面就让我们揭开她的神秘面纱，一睹她的风采吧！

**01** 绘制脸型。单击标准栏上"新建"按钮 🔲 新建一个A4大小的空文档。绘制一个正方形，选择"排列"→"变换"→"倾斜"命令，打开"变换"泊坞窗倾斜选卡，在水平倾斜文本框中输入"16"，单击 ▭ 应用 按钮，倾斜图形，如图4-78所示。

选中图形，在属性栏"旋转角度"文本框 ↻ 306.0 ° 中输入角度为306，按Enter键确认。在属性栏中的4个"边角圆滑度"文本框中分别输入100、92、100、100，其中最下方的角的边角圆滑度为92°。按Shift + F11组合键，在弹出的"均匀填充"对话框中设置颜色为（C1 M2 Y2），单击 ▭ 确定 按钮填充颜色，并将图形放置在如图4-79所示位置。

**02** 绘制眉形。绘制两个叠加的椭圆，选择两个椭圆，单击属性栏中的"后减前"按钮 🔲 得到图形，然后单击调色板中的颜色为其填充黑颜色，如图4-80所示。双击得到的眉形，旋转一定的角度。再次单击对象，然后在按住Ctrl键的同时向右水平拖动图形，单击右键复制对象，释放Ctrl键，单击属性栏中的水平镜像按钮 🔳，镜像对象。最后将眉形放置在如图4-81所示位置。

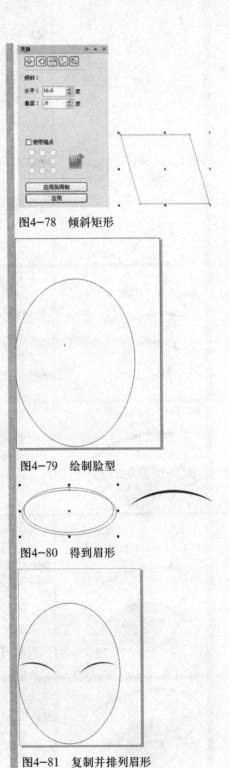

图4-78　倾斜矩形

图4-79　绘制脸型

图4-80　得到眉形

图4-81　复制并排列眉形

图4-82　调整眼睛轮廓

图4-83　制作眼球

图4-84　调整眼球填充

图4-85　调整眼睛细节

图4-86　绘制上眼睑投影

图4-87　绘制眼影

**03** 调整眉形制作眼睑。复制眉形，使用形状工具 ![icon] 单击节点，拖曳鼠标移动节点，将眉形调整成上眼睑轮廓。然后垂直镜像复制上眼睑轮廓作为下眼睑轮廓，多次复制眉形并缩小、旋转放置到眼睑的合适位置，充当眼睫毛，如图4-82所示。

**04** 绘制眼球。绘制两个叠加的椭圆，单击属性栏中的"相交"按钮 ![icon]，得到如图4-83所示的斜线部分图形。将相交得到的图形放置到眼睛的合适位置，按下F11键，在弹出的"渐变填充"对话框中设置渐变"类型"为射线，设置"从"为白色，"到"为粉蓝色，单击 确定 按钮进行填充。右键单击调色板上 ⊠ 图标去除图形轮廓线。然后使用交互式填充工具 ![icon] 单击渐变颜色，拖曳色块调整渐变角度，如图4-84所示。

**05** 绘制眼睛细节。绘制两个椭圆分别填充为黑色和80%黑，去除轮廓线，作为眼睛的晶状体和瞳孔放置到眼球的合适位置，使用Ctrl + PgDn组合键将其置于眼睛轮廓线的下方。

绘制三个由大到小递减的圆，分别填充为20%黑、40%黑和60%黑，去除轮廓线，放置到如下图4-85的位置处。绘制一个椭圆，填充为白色并去除轮廓线，作为眼睛的高光。

**06** 绘制上眼睑投影。使用挑选工具单击上眼睑图形，选择交互式阴影工具 ![icon]，在对象上从上往下拖动，创建阴影效果。按下Ctrl + K组合键拆分阴影，选中拆分出来的阴影图形，选择"排列"→"顺序"→"置于此对象前"命令，拾取眼球图形将其排列在眼球上一层。效果如图4-86所示。

**07** 绘制眼影。复制上眼睑的阴影图形，放置到上眼睑轮廓的上方作为眼影，单击调色板中的"金色"将其填色，效果如图4-87所示。

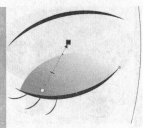

**08** 绘制另一边眼影。选择步骤4绘制的眼球图形，将其复制并旋转一定的角度后放置到另一边眼睑上方，然后填充为金色，选择交互式透明工具 🔲，在属性栏中选择"线性"透明，用鼠标拖动黑色方块和白色方块到下图所示位置，将眼影透明。效果如图4-88所示。

图4-88　将眼影透明

在第七章我们还会继续学习交互式透明工具，现在只是提前练习啦。

**09** 绘制腮红。按住Ctrl键运用椭圆形工具绘制一个圆形，填充洋红色，右键单击⊠图标去除轮廓线，选择交互式阴影工具 🔲，在属性栏的"预设列表"下拉菜单中选择Small Glow（小型辉光）阴影类型，设置"阴影颜色"为洋红色，"阴影的不透明度"为5，"阴影羽化"为28。然后按下Ctrl + K组合键拆分阴影，删除圆形对象保留阴影对象。将阴影复制并放置到如图4-89所示位置，作为腮红效果。

图4-89　绘制腮红

图4-90　上嘴唇效果

**10** 绘制嘴唇。使用贝塞尔工具绘制一个上嘴唇，并用形状工具进行调节。然后按F11进行渐变填充。设置从粉色到洋红色线性渐变填充，所得上嘴唇效果如图4-90所示。
使用贝塞尔工具绘制一个下嘴唇，并用形状工具进行调节。然后采用从粉色到洋红色线性渐变填充，如图4-91所示。绘制一个椭圆，填充为白色并旋转后放置到下嘴唇的合适位置，作为其高光，效果如图4-92所示。

图4-91　下嘴唇效果

图4-92　嘴唇整体效果

**11** 绘制刘海。绘制一个椭圆，打开工具箱填充工具组 🔲，选择"图样"填充，在弹出的对话框中选择"双色"单选按钮，在"图样类型"下拉菜单中选择合适的图样，"前部"颜色设置为80%黑，"后部"颜色设置为黑色，如图4-93所示。将填充好的刘海放置到如图4-94所示位置。

图4-93　图样填充对话框

图4-94 刘海效果

图4-95 排列效果

图4-96 头饰效果

图4-97 头饰效果

图4-98 绘制脖子

图4-99 变形长方形

12 绘制头饰。绘制3个圆，排列如图4-95所示（将中间的圆形排列在下方）。按照上一步的方法将3个圆填充并水平镜像后分别放置到刘海旁边的合适位置，如图4-96所示。

选中头饰两边最上方的圆，选择图样填充工具，打开"图样"填充对话框，在弹出的对话框中选择"双色"单选按钮，在"图样类型"下拉菜单中选择花型图样，在"前部"下拉菜单中选择紫色，"后部"选择金色。去除轮廓线后效果如图4-97所示。

13 绘制脖子。绘制一个长方形，颜色填充设置为（C1 M2 Y2），调整其大小后放置到女孩脸部下一层，效果如图4-98所示。

14 制作日本发饰。将长方形复制，选择工具箱中的交互式变形工具，在属性栏的"预设列表"下拉菜单中选择"Push-Pull6（推拉6）"，变形后的长方形效果如图4-99所示。

将其按照刘海图样进行填充，调整其大小后放置到刘海后一层的合适位置。这样日本风味的发饰就完成了。效果如图4-100所示。

图4-100　完成发饰

15 "犹抱琵琶半遮面"最能体现日本艺妓的美，我们就绘制几把具有透明效果的装饰折扇吧！

绘制扇形。绘制一个圆，在属性栏中单击"饼形"按钮，并将其"起始角度"设为15°，"结束角度"设为165°。绘制多边形，将其边数设为30，利用形状工具调整节点，产生锯齿状。选中饼形和多边形，按C和T键执行居中顶端对齐命令，效果如图4-101所示。

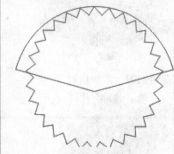

图4-101　绘制扇形

执行"相交"命令，将得到的扇形填充为洋红色并去除轮廓线。使用交互式透明工具线性渐变明度对象，如图4-102所示。

图4-102　调整扇形透明度

16 将绘制好的扇形缩小并复制，填充为黑色，将两个扇形框选，按键盘上的C和B键，执行垂直底部居中对齐命令。效果如图4-103所示。

图4-103　底部居中对齐

17 绘制扇骨。绘制矩形，单击右键选择"转换为曲线"命令，用形状工具将矩形底端的节点向内部调整，使其下端细一些，如图4-104所示。调整好后填充为黑色，将其旋转并放置到如图4-105所示位置。

图4-104　调整扇骨形状

图4-105　调整扇骨位置

图4-106 完成扇骨

图4-107 添加扇柄

图4-108 放置折扇

图4-109 调整渐变角度

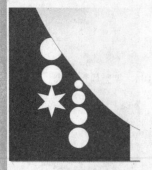

图4-110 绘制装饰耳环

**18** 再制扇骨。双击扇骨，出现旋转控制手柄，将其"中心"移到扇形的底端中心点。在"变换"泊坞窗中选择"旋转"选项，旋转"角度"设为12°，单击"应用到再制"按钮若干次。扇骨完成如图4-106所示。

**19** 绘制扇柄。使用椭圆工具绘制一个饼形，将其"起始角度"设为195°，"结束角度"设为345°。填充为黑色并放置到折扇底端的合适位置。如图4-107所示。
将完成的折扇全部框选，然后按Ctrl + G组合键进行群组。旋转复制两把折扇，放置到如图4-108所示位置。

**20** 绘制背景。双击矩形工具□创建矩形背景，按F11弹出渐变填充对话框，射线渐变填充从栗色到白色。确定对话框后单击交互式填充工具⬦调整渐变角度，如图4-109所示。

**21** 绘制装饰耳环。按住Ctrl键，用椭圆形工具◯和星形工具⬠绘制圆形和星形，填充为白色，大小及排列如图4-110所示。

22 精确裁剪图形。选中除背景以外的所有图形进行群组，选择"效果"→"图框精确剪裁"→"放置在容器中"命令，裁剪后的效果如图4-111所示。美丽的日本艺妓终于展示在我们面前了！

图4-111　最终效果

## 4.6　疑难及常见问题

这章学习完之后大家又遇到什么新问题了呢？看看我们经常会遇到的问题吧。

### 1．结合与焊接有何异同

首先说相同点：结合与焊接命令都是将多个对象组合成一个对象，生成的对象都是采用最下方对象的填充和轮廓属性。

其次说不同点。

（1）结合将对象相交的部分清除或挖空，对象路径没有变化；而焊接是将相交部分融合，对象路径发生了变化。如图4-112所示。

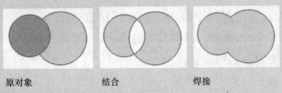

　　原对象　　　　　　结合　　　　　　焊接

图4-112　结合和焊接的区别

（2）结合后可以拆分，但焊接却只有没有相交部位的对象焊接后才能拆分。

### 2．如何确定修剪对象

如果使用造形泊坞窗进行修剪，这个问题根本不存在——因为单击窗口修剪按钮后拾取的对象就是要被修剪的对象。当我们选择多个对象利用属性栏修剪按钮进行修剪的时候，就需要注意修剪对象。这个时候默认的修剪对象是选择对象中位于最下层的一个对象。如果需要修剪的对象位置不在最下层，则需要提前修改其位置，将其放置到最下层，然后再执行修剪命令。

相交、焊接、结合命令存在同样问题。希望大家注意。

### 3．为何没有得到想要的对齐效果

当选择多个对象进行对齐时，但对象并没有以我们认为的某个对象为基准进行对齐。譬如图4-113所示，我们想把大矩形中的对象与蓝色圆进行顶对齐。选择三个对象，按T键后，对象却对齐到红色的矩形对象上了。这是为何呢？

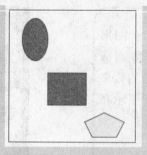 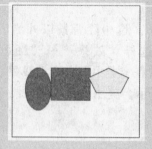

对齐前          对齐后

图4-113  对齐效果

很简单，这是对象的顺序不对造成的。对象对齐时，总是以最下层的对象为基准进行对齐。因此，遇到这种问题时，选中基准对象，按快捷键Shift + PgDn将其位置调整到最下层即可。调整顺序后，选择三个对象顶对齐效果如图4-114所示。

图4-114  顶对齐

4．为何有时无法使用焊接、修剪、相交、结合等命令

虽然我们选择了多个对象，但属性栏上焊接、修剪、相交、结合等按钮是灰色的，无法使用。这是为什么呢？

不是所有对象都可以焊接、修剪、相交、结合。交互式调和对象、交互式轮廓图对象、交互式阴影对象、交互式立体化对象、艺术笔对象、文本适合路径对象等无法进行焊接、修剪、相交、结合。如果必须要焊接、修剪、相交、结合，则首先要把这些对象拆分。

 习题与上机练习

1．选择题

⑴ 按住（　　）键单击要选择的对象，可以选择多个对象。

　　A．Alt                    B．Ctrl
　　C．空格                  D．Shift

⑵ Ctrl +（　　）组合键，可以选择全部对象。

　　A．A                     B．Z
　　C．V                     D．D

(3) 框选对象时，按（　　）键可以将与框相交的对象全部选中。

A．Alt

B．Ctrl

C．Shift

D．空格

(4) 按（　　）键可在当前工具与挑选工具之间切换。

A．Alt

B．Ctrl

C．Shift

D．空格

(5) 按住（　　）键可以让对象在水平线或垂直线上移动。

A．Shift

B．Alt

C．空格

D．Ctrl

(6) 水平居中对齐命令的快捷键为（　　）。

A．B

B．E

C．C

D．P

(7) 向前一层命令的快捷键为（　　）+（　　）。

A．Ctrl + Alt

B．Alt + PgUp

C．Shift + PgDn

D．Ctrl + PgUp

(8) 群组命令的快捷键为Ctrl +（　　）。

A．Z

B．A

C．G

D．U

2．问答题

(1) 怎样快速选择全部对象？

(2) 怎样取消选定对象？

(3) 如何选择群组中的一个对象？

3．上机练习题

(1) 绘制下面的图形，再使用均匀填充方式赋予图形色彩，如图4-115所示。

图4-115　绘制花草

(2)绘制下面的图形，再使用均匀填充方式赋予图形色彩，如图4-116所示。

图4-116 绘制图形

(3)绘制机械花，应用渐变填充工具填充图形，如图4-117所示。

图4-117 绘制机械花

# 第五章
# 填充和轮廓

**本章内容**

## 本章导读

通过前面的学习，我们掌握了绘制图形的方法。呵呵，若要为作品赋予生命，就得开始第二步——填充色彩。

对象的色彩填充实际分为两个部分：一部分是封闭区域的填充色；另一部分是轮廓色。填充色的样式非常丰富，包括均匀填充、渐变填充、图样填充、底纹填充等。而轮廓只能填充纯色。

对象的轮廓往往被忽视、去掉，但其实它也有丰富的一面。

下面，我们从绘制一幅荷花图开始进入CorelDRAW绚烂多彩的颜色世界。

# 5.1 实例引入——绘制荷花图

画家能在画纸上挥洒自如地运用各色颜料，呵呵，在CoreDRAW中我们也能如此，不比画师逊色。图5-1所示就是使用CoreDRAW绘制的荷花图效果。怎样，还不赖吧？下面我们立即行动把它实现。

### 5.1.1 制作分析

这幅荷花图，制作很简单，图中包括了三个内容：矩形背景、荷叶图形、荷花图形。荷叶和荷花图形都由不规则的图形叠加制作。绘制好形状后，分别填充合适的颜色，就可以得到完美的荷花图，如图5-2所示。

图5-1　荷花图

图5-2　荷花图的分解

### 5.1.2 制作步骤

*01* 绘制矩形背景。绘制一个宽度为78mm，高度为96mm的矩形。选择工具箱中的"渐变填充对话框"按钮，弹出"渐变填充"对话框，选中"双色"单选按

钮，设置"从"颜色为白色，"到"颜色为（C4 M1 Y17），如图5-3所示。单击 确定 按钮，渐变效果如图5-4所示。

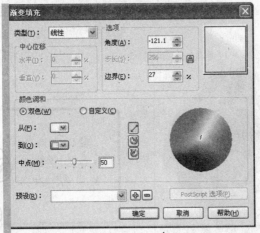

图5-3 渐变填充对话框          图5-4 渐变效果

**02** 绘制荷叶图形。使用贝塞尔工具 绘制荷叶图形，选择工具箱中的交互式填充工具 ，在荷叶图形上拖曳鼠标，图中出现两个色块。分别单击选中颜色控制方块，在属性栏中对应色块处设置颜色，具体色值如图5-5。右键单击属性栏中的 ⊠按钮，去除图形轮廓线。

> 交互式填充工具的使用，请参考本章知识讲解中的内容。绘制的荷叶和荷花图形填充颜色后，均需要去除轮廓线，下面就不再赘述。

**02** 绘制另一个荷叶图形。使用贝塞尔工具 绘制荷叶图形，选择交互式填充工具 ，在属性栏"填充类型"下拉列表中选择射线，设置渐变颜色数值如图5-6所示。

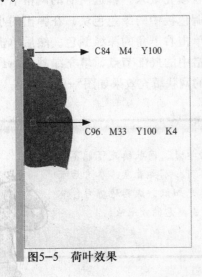

C84 M4 Y100

C96 M33 Y100 K4

图5-5 荷叶效果

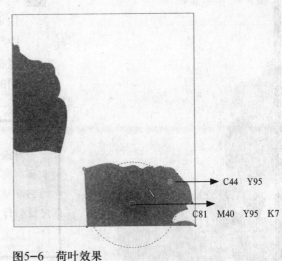

C44 Y95

C81 M40 Y95 K7

图5-6 荷叶效果

**04** 绘制叶脉。使用贝塞尔工具 ✎ 绘制叶脉轮廓线（不需要闭合），按下Shift + F12组合键，弹出"轮廓色"对话框，设置轮廓线颜色为（C93 M41 Y98 K9），单击 确定 按钮填充轮廓色。将轮廓线图形多次复制并旋转一定的角度，排列位置如图5-7所示。

按Shift + F11组合键打开"轮廓色"对话框。

图5-7 叶脉效果

图5-8 网格效果

**05** 绘制侧面荷叶。使用贝塞尔工具 ✎ 绘制小荷叶则面，使用交互式填充工具将其线性渐变填充从绿色到深绿色。同样绘制另一个侧面荷叶，然后选择工具箱中的交互式网状填充工具 ▦，单击图形，显示网格效果，如图5-8所示。

**06** 网状填充效果。框选所有的网格节点，按住调色板中的绿色色块，在弹出的小色板中单击右上角的深绿颜色。然后单击选择网格中的局部节点，填充绿颜色，最后得到的网状填充效果如图5-9所示。

对初学者，网状填充可能不好掌握。呵呵，不要着急，参考后面的网状填充知识，认真地练习，肯定能制作出满意的效果吆。

图5-9 网状填充效果

**07** 绘制叶脉。参考步骤4的方法，绘制侧面荷叶的叶脉，效果如图5-10所示。

图5-10 叶脉效果

**08** 绘制荷花图形。使用贝塞尔工具 绘制荷花图形，并将绘制的荷花填充白颜色，这样便于观察花瓣图形的层次关系，排列好顺序的荷花图形如图5-11所示。

图5-11 荷花图形

**09** 渐变填充荷花图形。选择交互式填充工具 ，在花瓣上拖拽，然后在属性栏"填充类型"下拉列表中选择线性，颜色设置如图5-12所示。

用同样方法为荷花其他花瓣和花蕊填充渐变颜色。荷花的花蕊是从黄色到橘黄色渐变，花瓣有的是从白色到粉红色渐变，有的是从淡黄色到洋红色渐变，根据自己的喜好，灵活填充，如图5-13所示。最后，使用文本工具 输入"荷花图"三字，得到荷花图的最终效果，如图5-14所示。

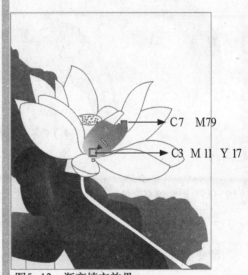

C7 M79

C3 M11 Y17

图5-12 渐变填充效果

图5-13　渐变填充　　　　　　　图5-14　最终效果

## 5.2　基本术语

在上面实例中，我们接触到了"渐变填充"、"网状填充"等术语。下面首先来了解一下各种与填充相关的术语。

### 5.2.1　渐变填充

渐变填充是将两种或多种颜色的过渡色填充到图形，如图5-15所示。渐变类型包括线性、射线、圆锥或方角。渐变填充默认是双色渐变，如果想更多颜色渐变，则需要自定义。

图5-15　渐变填充效果

### 5.2.2　渐变步长

渐变步长设置颜色过渡的色阶数量。步数值越大，颜色过渡就越平滑，如图5-16所示。

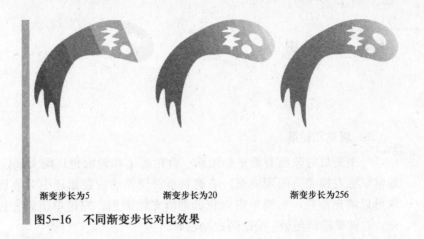

渐变步长为5　　　　渐变步长为20　　　　渐变步长为256

图5-16　不同渐变步长对比效果

### 5.2.3 网状填充

网状填充是一种特殊填充类型，它将对象划分成多个区域，通过控制不同区域的颜色，实现同一对象不同区域有不同的渐变颜色效果。网状填充只能应用于只有一条子路径的闭合对象。应用网状填充时，可以指定网格的列数和行数。网状填充效果如图5-17所示。

图5-17　网状填充

### 5.2.4 交叉点

交叉点就是两条线相交的点。譬如，网状填充的两条网格线相交的点称为交叉点，如图5-18所示。

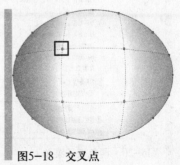

图5-18　交叉点

## 5.3 知 识 讲 解

### 5.3.1 色彩填充基础

**1. 填充和轮廓**

一个矢量对象具有填充和轮廓（含轮廓笔和轮廓色）两大属性，如图5-19所示。通常鼠标左键负责管理填充，右键负责管理轮廓。譬如选中对象后左键单击调色板色块可以填充纯色，右键单击调色板则填充轮廓色；左键单击调色板⊠按钮可以去除填充，右键单击调色板⊠按钮则去除轮廓。

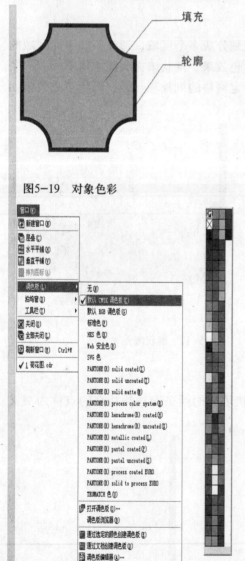

图5-19　对象色彩

图5-20　调色板子菜单

**2. 调色板**

CorelDRAW提供了多种调色板，最常用的调色板是"默认CMYK调色板"。如果需要调用其他调色板，选择"窗口"→"调色板"命令，在其子菜单中选中合适的调色板即可，如图5-20所示。

**3. 属性复制**

对象的属性可以复制。也就是说我们可以将一个对象的填充、轮廓属性相同的应用到其他对象上。

有三种方法，如下。

（1）使用"复制属性自"菜单命令

选中对象后，选择"编辑""复制属性自"命令，这时出现图5-21所示复制属性对话框，勾选需要复制的属性，单击"确定"按钮，出现一个大黑色箭头，拾取参照的对象即可。图5-22所示是复制轮廓属性的效果。

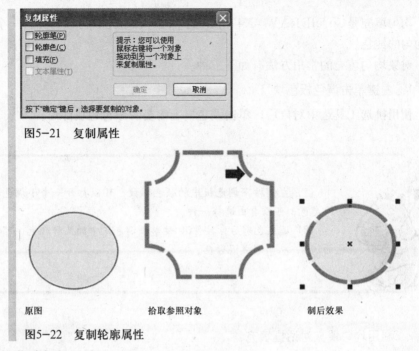

图5-21 复制属性

原图                拾取参照对象              制后效果

图5-22 复制轮廓属性

（2）右键移动复制

首先选中参照对象，按下鼠标右键拖动至目标对象上，鼠标显示为⊕，这时释放鼠标，弹出图5-23所示菜单，根据需要选择"复制填充"、"复制轮廓"、"复制所有属性"等命令即可。图5-24所示是复制填充属性的效果。

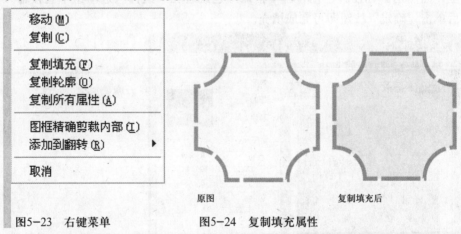

图5-23 右键菜单          图5-24 复制填充属性

### 4. 滴管和颜料桶工具

这两个工具是一对搭档，一个负责取样，一个负责应用到对象。滴管和颜料桶工具不仅能复制属性（填充和轮廓），还能够复制变换和效果。选择工具后，在属性栏上可以设置复制的内容。设置好以后，先使用滴管工具在参照对象上单击进行取样，然后使用颜料桶工具单击目标对象应用复制内容。

### 5.3.2 均匀填充

均匀填充是CorelDRAW X4 中最简单的一种填充,可以为任何一个封闭对象填充均匀的纯色。

对象均匀填充的常用方法有如下三种。

**1. 左键单击调色板色块**

使用挑选工具选中对象后,单击调色板上需要的颜色色块即可。

（1）左键按下调色板中的颜色不放,可以打开一个小调色板,都是一些同类色,可以自由选择一种。

（2）填充色彩后,按住Ctrl键单击调色板中的某种颜色,可以填充该颜色的10%,从而形成混合色。

**2. 利用均匀填充对话框填充**

如果想自己编辑色彩进行纯色填充,则需要使用均匀填充对话框。

选中对象,按Shift + F11组合键或者单击工具箱中的"填充对话框"按钮 ,打开如图5-25所示的"均匀填充"对话框。首先在"模型"下拉列表中选择一种颜色模型,然后用鼠标在颜色查看器中拾取颜色或者在"组件"选项组中直接输入色值,最后单击"确定"按钮即可完成填充。

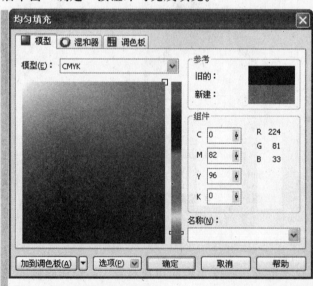

图5-25 均匀填充对话框

**3. 利用颜色泊坞窗填充**

选择"窗口"→"泊坞窗"→"颜色"菜单项,打开"颜色"泊坞窗。泊坞窗中有3种调整颜色的方式，"显示颜色滑块"▤、"显示颜色查看器"▣和"显示调色板"▦，如图5-26所示。一般都是切换到"显示颜色查看器"▣调整颜色，这样更为直观。

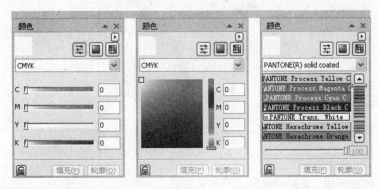

图5-26 颜色泊坞窗

单击"自动应用颜色"▣锁定按钮，当改变了颜色设置以后，颜色会自动应用到选择的对象上。

### 5.3.3 渐变填充

如果想为对象添加具有金属光泽和层次感的颜色，使用渐变填充是最佳选择。

渐变填充是将两种或多种颜色的过渡色填充到图形。对象渐变填充有两种方法，一种是使用交互式填充工具，另一种是使用"渐变填充对话框"。

1. 渐变填充类型

渐变填充有4种类型：线性渐变、射线渐变、圆锥渐变和方角渐变，如图5-27所示。

1) 线性渐变填充：色彩直线过渡。

2) 射线渐变填充：色彩从对象中心向外辐射。

3) 圆锥渐变填充：产生光线落在圆锥上的效果。

4) 方角渐变填充：色彩以方形的形式从对象中心向外扩散。

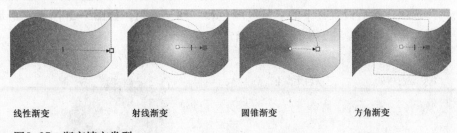

线性渐变　　　　射线渐变　　　　圆锥渐变　　　　方角渐变

图5-27 渐变填充类型

2. 渐变填充对话框

选中对象，按F11键，弹出渐变填充对话框，如图5-28所示。该对话框可以设置渐变的类型、角度、边界、颜色等，可以选用预设渐变、双色渐变、自定义渐变三种方式填充对象。

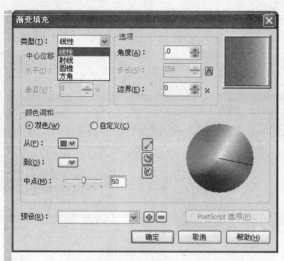

图5-28 渐变填充对话框

（1）预设渐变填充

在"渐变填充"对话框下方的"预设"项，单击 ∨ 弹出预设列表，从中选择一种填充，然后在对话框上方设置渐变类型、角度、边界等参数，最后单击"确定"按钮。图5-29所示是选择"测试图样"射线渐变的效果。

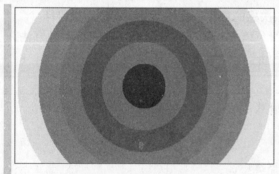

图5-29 应用预设渐变填充

（2）双色渐变填充

只能设置两种颜色进行渐变。首先在对话框中的"颜色调和"选项组单击"双色"选项，然后设置其下的"从"颜色和"到"颜色，如图5-30所示。最后设置渐变类型、角度等。设置完毕，单击"确定"。

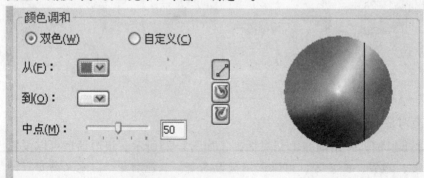

图5-30 应用双色渐变填充

（3）自定义渐变填充

如果需要两种以上的颜色进行填充，首先在"颜色调和"选项组中单击"自定义"单选按钮，如图5-31所示。然后在颜色编辑器上方双击，添加颜色编辑符号，并在右面色板中选择合适的颜色。"位置"参数可以精确设置选中的颜色位置。如果想删除一种颜色，双击对应的编辑符号即可。

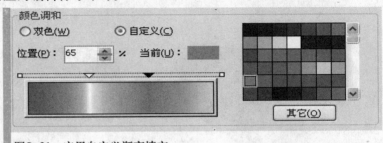

图5-31　应用自定义渐变填充

3．交互式填充工具渐变填充

交互式填充工具 可以完成所有类型的填充，包括均匀填充、渐变填充、图样填充等，但最常用的还是渐变填充。

（1）认识控制手柄

选中对象，选择工具箱中的交互式填充工具 ，在对象上拖动鼠标可以看到图形上出现了控制手柄，如图5-32所示。

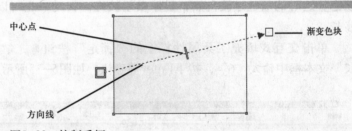

图5-32　控制手柄

移动中心点，可以改变颜色的过渡倾向。移动色块可以改变角度和渐变位置。

（2）设置颜色

单击选中色块，然后左键单击调色板上的颜色即可改变颜色。也可以按下左键将调色板中的颜色拖曳到色块上，释放鼠标即可，如图5-33所示。

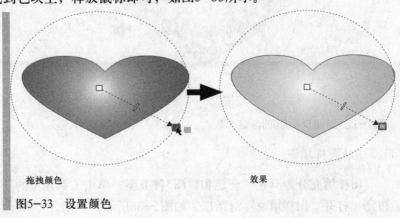

拖拽颜色　　　　　　　　　　　　效果

图5-33　设置颜色

（3）添加颜色

将调色板中的颜色拖曳到渐变方向线上，如图5-34所示。如果要删除颜色，直接双击方向线上色块或者右键单击色块。

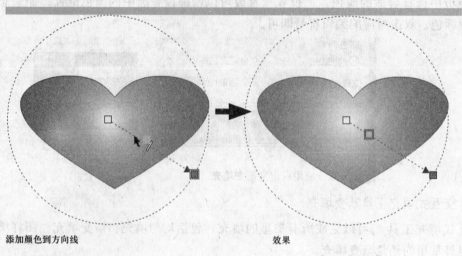

添加颜色到方向线                                    效果

图5-34　添加颜色

（4）设置渐变步长

指定步长值可以调整渐变填充的显示质量。默认情况下，渐变步长值处于锁定状态，这时的颜色过渡自然，显示质量较好。但是，也可以解除锁定，重新指定渐变步长。

单击交互式填充工具属性栏上的"锁定"按钮，解除锁定状态，在"渐变步长"文本框中输入"6"，按下Enter键确认，如图5-35所示。

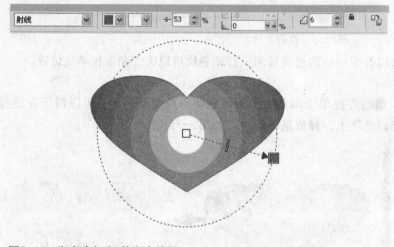

图5-35　渐变步长为6的渐变效果

### 5.3.4　图样填充

图样填充分为双色、全色和位图3种类型。单击工具箱中的"图样填充对话框"按钮，打开"图样填充"对话框，如图5-36所示。

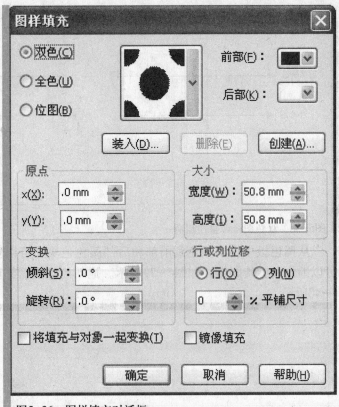

图5-36 图样填充对话框

### 1. 双色图样填充

双色图样填充只能填充由两种颜色组成的图案。

单击图样预览框可以选择需要的图案。然后在前部、后部处设置图案颜色。原点用于设置图案开始填充的坐标位置，大小用于设置图案大小，变换可以设置图案的倾斜和旋转。行数、列数、平铺尺寸可以设置填充后出现行列效果。双色图样填充如图5-37所示。

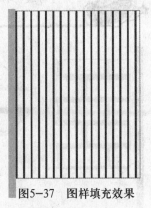

图5-37 图样填充效果

双色图样填充后，选择交互式填充工具单击对象，出现图5-38所示控制手柄。

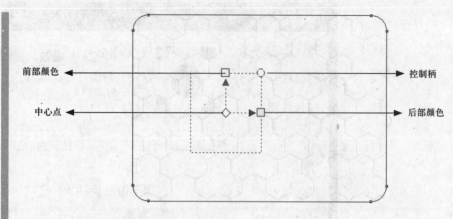

图5-38　双色图样调整控制柄

　　从调色板中拖动颜色到前部和后部颜色色块上可以更改图案颜色。拖动控制柄，可以缩放和旋转图案，如图5-39所示。拖动前部或后部颜色色块可以倾斜图案，如图5-40所示。

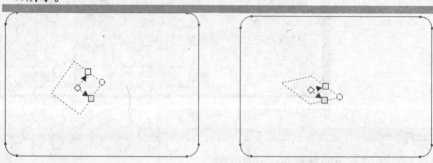

图5-39　缩放旋转图案　　　　　　　图5-40　倾斜图案

　　　　能够让填充图样和对象一同变换吗？呵呵，在"图样填充"对话框中勾选"将填充与对象一起变换"选项即可使图样与对象一起变换。图5-41所示为勾选"将填充与对象一起变换"与否的对比。

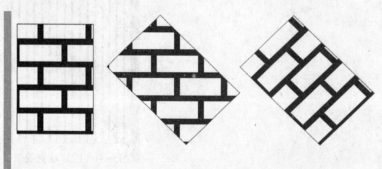

原图　　　　　　　　没有勾选效果　　　　　　　　勾选效果

图5-41　变换对比

### 2.全色图样填充

全色图样填充的是比较复杂的矢量图形，图样颜色无法更改。

选中对象，在"图样填充"对话框中选中"全色"单选按钮，然后在图样预览框中选择需要的图样，设置好大小、变换等，单击"确定"按钮。填充的全色图样效果如图5-42所示。

只要学会了使用交互式填充工具调整双色图样，就自然会调整全色图样填充、位图图样填充和下面将要学习的底纹图样填充。呵呵，因此不多赘述了。

图5-42 全色填充效果

### 3.位图图样填充

位图图样填充，顾名思义就是填充一种位图图像。

位图图案填充的方法与全色图案填充类似，不再赘述。

## 5.3.5 底纹填充

底纹填充，它是随机生成的填充，可赋予对象各种纹理。

### 1.使用底纹填充

选中图形，选择工具箱中的"底纹填充对话框"按钮，打开"底纹填充"对话框，在"底纹库"下拉列表中选择一个样本，在"底纹列表"中选择一个底纹，在预览窗口预览底纹，如图5-43所示。单击 确定 按钮，底纹填充效果如图5-44所示。

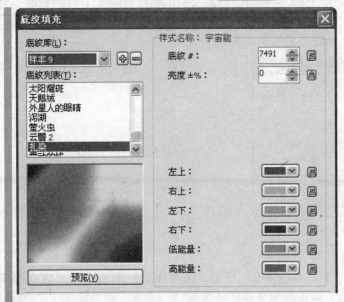

图5-43 底纹填充对话框

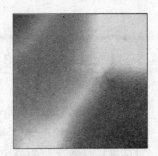

图5-44 底纹填充效果

## 2. 编辑底纹填充

CorelDRAW提供的预设底纹，在"底纹填充"对话框中均有可以设置的选项，用来更改底纹的颜色、密度、亮度等，如图5-45所示。不同的底纹具有不同选项。

单击对话框中的预览按钮，可以观察到随机变换的底纹效果。但是，底纹填充颜色的设置只包含RGB颜色。

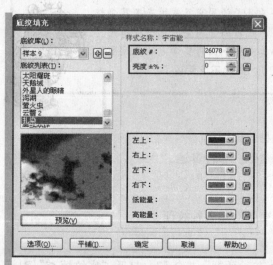

图5-45　更改底纹填充参数

（1）更改底纹填充的平铺大小

单击"底纹填充"对话框中的 平铺(T)... 按钮，弹出如图5-46所示的"平铺"对话框，可以设置底纹的原点、大小和变换等参数。此处的参数与图样填充对话框中的参数作用是一致的。

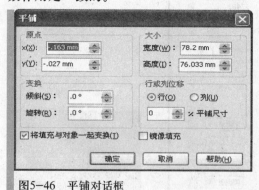

图5-46　平铺对话框

（2）设置底纹分辨率

单击"底纹填充"对话框中的 选项(O)... 按钮，弹出如图5-47所示的"底纹选项"对话框，设置底纹的分辨率，进而增加填充的精确度。

底纹填充功能强大，可以增强绘图的效果。但是，底纹填充会显著增加文件大小以及延长打印时间，因此建议适度使用。

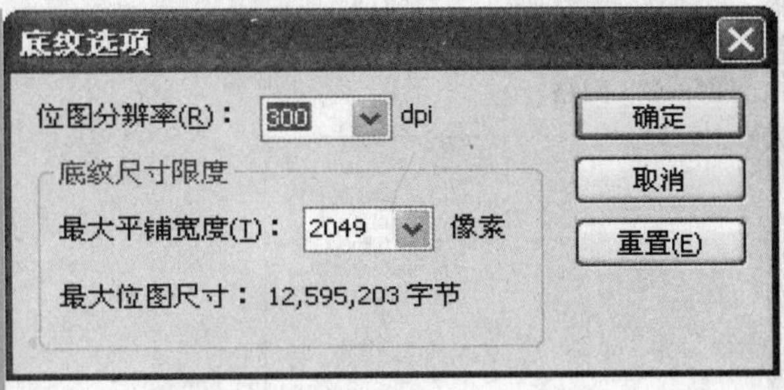

图5-47 底纹选项对话框

### 5.3.6 Postscript填充

PostScript填充是一种图案生成方法比较复杂的填充，不过使用起来还是挺简单的。单击工具箱中的"PostScript填充对话框"按钮，弹出如图5-48所示的"PostScript底纹"对话框，从中选择一种预设底纹，并设置底纹大小、线宽、底纹的前景和背景中出现的灰色量等参数（不同底纹，参数不同）。

填充PostScript底纹的效果如图5-49所示。

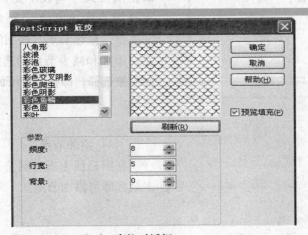

图5-48 PostScript底纹对话框

图5-49 PostScript底纹效果

### 5.3.7 交互式网状填充

使用交互式网状填充可以产生独特的填充效果，网格的形状将影响色彩的过渡。

1.网格设置与调整

选中对象后，选择单击交互式网状工具，对象上自动出现网格。默认网格行列数是3×3。

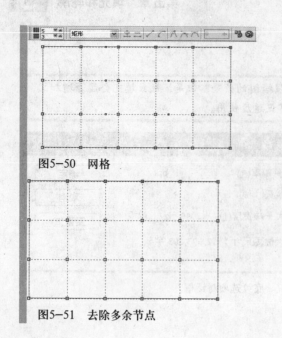

图5-50 网格

图5-51 去除多余节点

框选节点时按下"Alt"键可以在"矩形"和"手绘"选取范围模式之间切换。

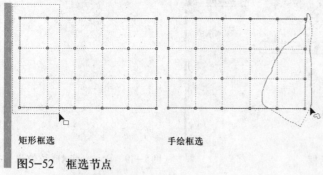

矩形框选　　　　　　手绘框选

图5-52 框选节点

（1）设置行列数

可以直接在属性栏的列数和行数处设置需要的数值。图5-50所示为列数为"5"、行数为"3"的网状效果。

（2）去除多余节点

只有交叉点能设置颜色，其他的节点是用来微调颜色，如果想去除多余节点，框选所有节点，然后在属性栏"曲线平滑度"设置一个较大数值或拖动滑块即可。去除多余节点的网状效果如图5-51所示。

（3）删除节点

选中节点，按Delete键即可删除节点。在节点上双击鼠标也可以删除节点。节点删除后，行列数相应被改变。在属性栏"选取范围模式"列表中提供了2种选择节点的方式，"矩形"和"手绘"框选节点，如图5-52所示。添加和减少节点的选择方式同对象选择，即按下Shift键进行选择。

（4）添加节点

在网格线上或者网格内部双击鼠标即可添加节点。

（5）网格形状编辑

通过移动、删除节点和调整节点的控制手柄可以编辑网格形状。具体的编辑方法类似形状工具，因此就不再详细讲解了。

2.取消网状填充

对象使用交互式网状填充后，图形将不能再使用交互式工具（交互式阴影工具除外）。如果要取消网状填充效果，单击属性栏中的"清除网状"按钮⊞即可。

### 3.给网状填色

对象中每个网格、节点都可以填充色彩。使用鼠标单击网格空白处或者节点将其选中，然后单击调色板上色块即可为填充色彩。也可以直接将色彩从调色板上拖动到节点或网格上，释放鼠标即完成填充。需要注意的是填充网格和填充节点的色彩填充效果不同，如图5-53所示。

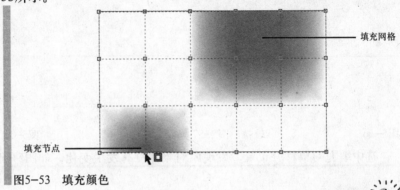

图5-53 填充颜色

按住Ctrl键单击调色板中的颜色，可以10%的比例进行填充，如图5-54所示。

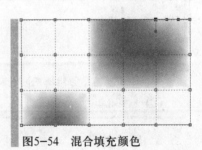

图5-54 混合填充颜色

### 5.3.8 智能填充

智能填充工具有什么"智能"之处呢？主要是它能自动探测并填充任何一个封闭区域，而与对象是否封闭没有必然联系。

"智能填充"工具对从事矢量绘画、动漫创作、服装设计或者VI设计的工作者来说，是一大福音。不仅填色方便，而且大大节省了时间，提高了工作效率。

"智能填充"工具检测区域边缘并自动创建闭合路径进行填充。如图5-55所示是几条线条，这些线条形成了3个区域：1和2是封闭区域，3是不封闭区域。根据前面的填充知识，这三个区域都是不可能填充的，因为它们都不是封闭对象。

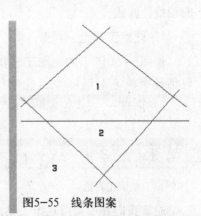

图5-55 线条图案

选择"智能填充"工具,单击区域1,填充效果如图5-56所示;如果单击区域2,填充效果如图5-57;如果单击区域3,填充效果如图5-58所示。

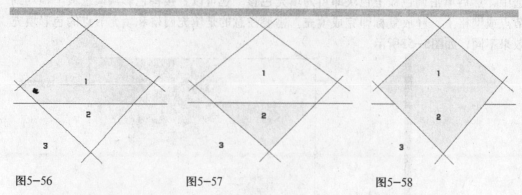

图5-56　　　　　　　　　　图5-57　　　　　　　　　　图5-58

选中填充对象移开位置,发现原对象并没有发生变化,如图5-59所示。

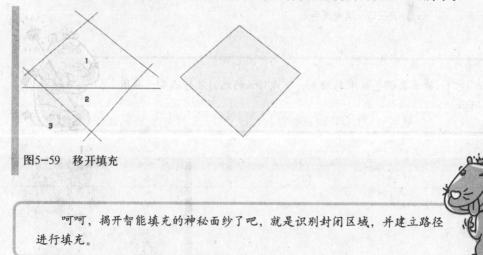

图5-59　移开填充

呵呵,揭开智能填充的神秘面纱了吧,就是识别封闭区域,并建立路径进行填充。

### 5.3.9　编辑轮廓

图形的轮廓线可以独立编辑,包括轮廓笔和轮廓色两部分。轮廓笔可以设置轮廓的粗线、样式。

1. 轮廓工具组

如图5-60所示的轮廓工具组,可以很方便地调整需要的轮廓线。轮廓工具组中包括轮廓画笔对话框、轮廓颜色对话框、无轮廓、细线轮廓、1/2点轮廓、1点轮廓、2点轮廓、8点轮廓、16点轮廓、24点轮廓和颜色泊坞窗。

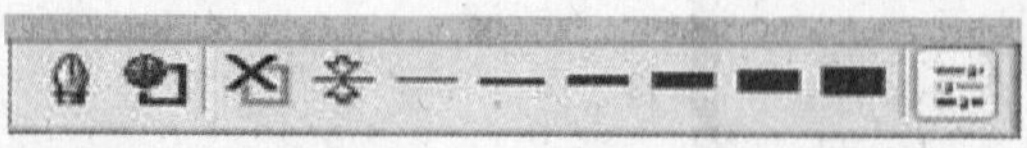

图5-60　轮廓工具组

通常我们并不使用这组工具。如轮廓粗细,在属性栏轮廓宽度 发丝 处设置,去除轮廓,则用右键单击调色板 按钮,填充轮廓色则用右键单击调色板色块。

曲线对象可以利用属性栏设置轮廓样式和粗细，基本图形和文字在属性栏中只能设置轮廓粗细。

#### 2．轮廓笔设置

选中对象后，单击"轮廓画笔对话框"工具或者按F12键弹出轮廓笔对话框，如图5-61所示。在该对话框中可以设置轮廓颜色、粗细、样式、箭头等。

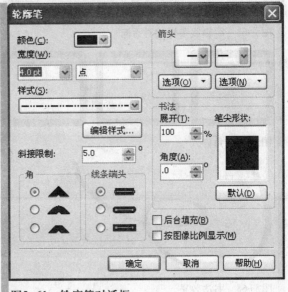

图5-61　轮廓笔对话框

#### （1）设置轮廓线粗细及样式

对话框中"宽度"项用于设置轮廓的粗细。首先从 点 选择合适的单位，然后从 4.0pt 下拉列表中选择宽度数值或直接输入宽度数值。

"样式"项用于设置轮廓的样式，如实线、虚线、点划线。图5-62分别是0.7mm宽的实线、虚线、点划线。

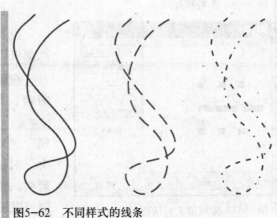

图5-62　不同样式的线条

可以自定义线条样式。单击 编辑样式... 按钮打开"编辑线条样式"对话框，如图5-63所示。拖动滑块，单击小方块编辑轮廓样式，黑色代表线条，白色代表间距。在预览框中可以看到自定义的线条样式，单击 添加(A) 按钮完成轮廓线样式的编辑。

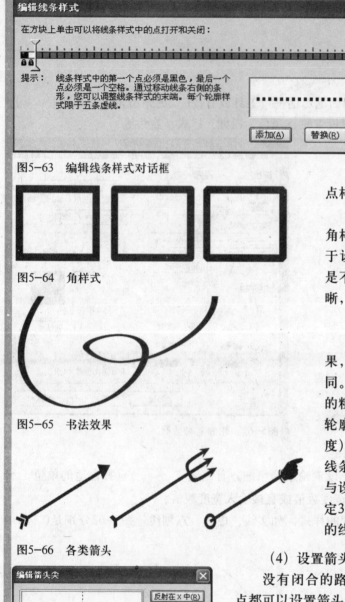

图5-63　编辑线条样式对话框

图5-64　角样式

图5-65　书法效果

图5-66　各类箭头

图5-67　编辑箭头对话框

（2）指定轮廓线拐角和端点样式

"角"选项组用于设置轮廓角样式，"线条端头"选项组用于设置线条端点样式。图5-64是不同的角样式效果（为了看清晰，采用了比较粗的轮廓）。

（3）设置书法效果

书法效果用来模拟书写效果，也就是不同角度线条粗细不同。"展开"用于设置最小轮廓的粗细比例。"角度"用于设置轮廓最粗时（也就是达到设定宽度）的角度，与这个角度垂直的线条宽度将最小，等于展开比例与设定宽度的乘积。图5-65是设定3mm宽，展开30%，角度90°的线条效果。

（4）设置箭头样式

没有闭合的路径可以设置箭头。起点和终点都可以设置箭头，如图5-66。

在箭头列表框中提供了各种预设箭头。呵呵，如果这些箭头不符合您的要求，单击 选项(N) ▼ 按钮，在弹出的快捷菜单中选择"编辑"选项，打开如图5-67所示的"编辑箭头尖"对话框，拖动箭头的节点或控制点，移动箭头，缩放箭头或镜像箭头（单击"反射"按钮可以镜像），可以得到满意的箭头形状。

### 3.填充轮廓线颜色

呵呵，设置了满意的轮廓线样式之后，就要为其填充颜色了。具体的填充方法如下所述。

（1）使用调色板

右键单击调色板中的颜色，可以快速地将颜色填充到轮廓线。

（2）使用"轮廓笔"对话框

在打开对话框中的"颜色"下拉列表中选择合适的颜色即可。

（3）使用"轮廓色"对话框

按Shift ＋ F12组合键打开"轮廓色"对话框，在对话框中直接拾取或者输入数值设置轮廓线颜色。

（4）使用"颜色"泊坞窗

选择"窗口"→"泊坞窗"→"颜色"命令，打开"颜色"泊坞窗，从中可以为轮廓线填充颜色。

## 5.4 基础应用

### 1.赋予图形色彩

在自然界中色彩丰富着我们的世界，譬如红花、绿叶、蓝天、碧水。画家可以使用颜料将这些美丽的风景绘制下来，我们在CorelDRAW中也能用颜色表现出看到的、想到的任何事物。使用贝塞尔工具、钢笔工具、形状工具等绘制出图形的轮廓，然后使用均匀填充、渐变填充和网状填充等为图形上色，得到满意的图形，如图5-68和图5-69所示。

### 2．赋予图形立体感

应用色彩的变化可以表现图形的立体感。例如，使用交互式填充工具为图形填充渐变颜色，表现出立体感如图5-70所示。使用交互式网状填充工具同样也可以制作出具有立体感的作品，如图5-71所示。

图5-68 为图形赋予色彩

图5-69 色彩界定图形轮廓

图5-70 渐变填充

图5-71 网状填充

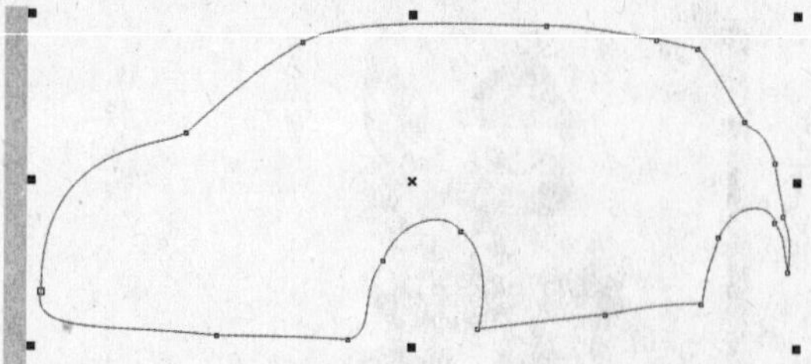

图5-72 绘制轮廓

C2　M93　Y86

M100　Y100

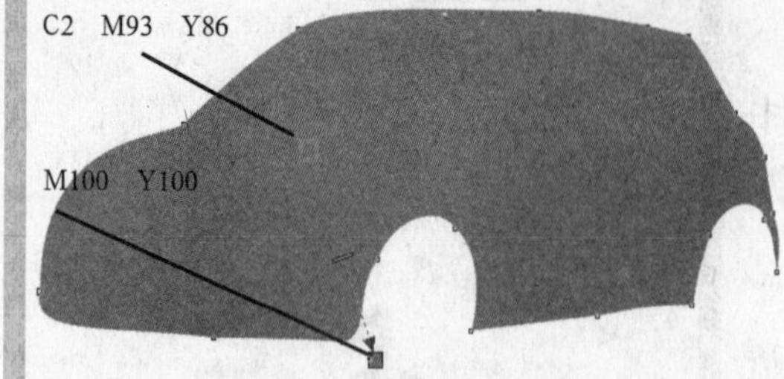

图5-73 渐变填充

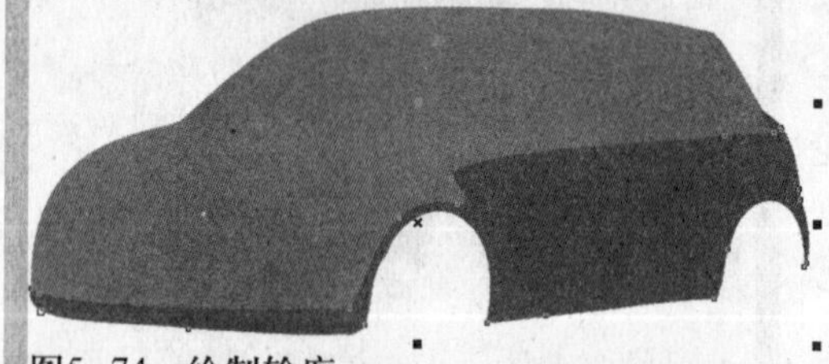

图5-74 绘制轮廓

图5-75 渐变填充

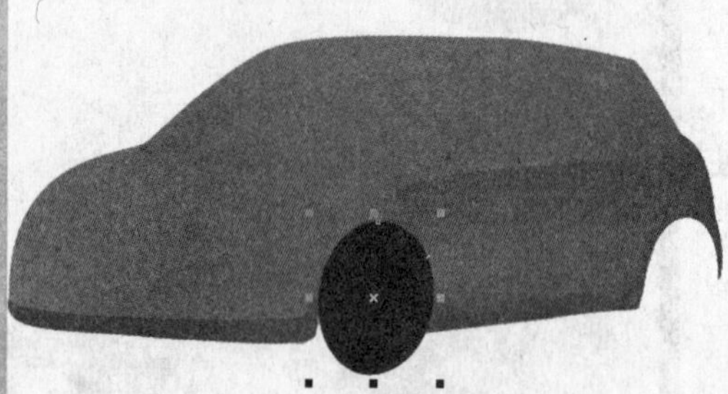

图5-76 绘制椭圆

图5-77 复制椭圆

## 5.5　案例表现——绘制轿车

**01** 新建文件并绘制车体。按Ctrl ＋ N组合键新建A4空白文档。使用贝塞尔工具绘制车体轮廓，使用形状工具进行调整，如图5-72所示。

选择交互式填充工具，在图形中拖曳鼠标，然后在属性栏设置如图5-73所示渐变颜色。填充后去除图形轮廓线。

**02** 绘制车体的暗部。使用贝塞尔工具绘制封闭曲线，将其填充（C32　M100　Y98　K2）颜色，如图5-74所示。选择交互式网状填充工具，单击暗部图形，编辑网格，将局部填充红颜色，如图5-75所示。

**03** 绘制车轮。使用椭圆工具绘制椭圆图形，填充黑颜色，如图5-76所示。按住Shift键，使用挑选工具向中心缩放复制一个同心圆，然后使用交互式填充工具将复制的椭圆线性渐变填充从黑色到浅灰，如图5-77所示。

复制轮胎图形。使用挑选工具框选轮胎图形，按Ctrl ＋ G组合键，群组图形。然后复制轮胎图形，将其排列在合适的位置，如图5-78所示。

**04** 绘制整体车窗。使用贝塞尔工具绘制车窗轮廓，使用形状工具调整修改，如图5-79所示。

图5-78 群组并复制图形

图5-79 绘制车体轮廓线

设置车窗轮廓。按F12键，打开"轮廓笔"对话框，设置"宽度"为2.0mm，"展开"为2%，"角度"为45°，如图5-80所示。单击 **确定** 按钮，完成轮廓设置。

渐变填充车窗。使用交互式填充工具 为图形线性渐变填充从浅灰到深灰颜色，如图5-81所示。

05 绘制分隔的车窗。使用贝塞尔工具 绘制出前车窗轮廓，然后右键拖动整体车窗到前车窗轮廓上，释放鼠标，在弹出的快捷菜单中选择"复制所有属性"选项，也就是将填充和轮廓属性复制到前车窗。然后使用交互式填充工具 单击前车窗图形，在属性栏调整渐变颜色从灰色到白色。

相同方法绘制侧面车窗图形，并排列在合适的位置，如图5-82所示。

06 绘制车灯图形。使用贝塞尔工具 绘制车灯轮廓线，应用步骤7的方法设置轮廓线样式，然后使用交互式网状填充工具 为图形填充灰白相间的渐变效果，如图5-83所示。

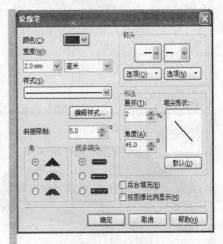

图5-80 轮廓笔对话框

图5-81 渐变填充

图5-82 绘制车窗

图5-83 绘制前车灯

图5-84　复制图形

图5-85　进入容器中

图5-86　绘制高光图形

图5-87　添加透明效果

图5-88　绘制侧面高光

图5-89　透明效果

选中车灯图形，按下数字键区的＋键复制图形，然后将其移动到合适的位置。使用"形状"工具修改形状，如图5-84所示。

选中左面的车灯，选择"效果"→"图框精确剪裁"→"放置在容器中"命令，鼠标指针变成■形状，单击车体图形。然后按住Ctrl键单击车体图形进入容器中，将车灯图形放置到合适的位置，如图5-85所示。再次按住Ctrl键单击页面空白处，退出容器。

07　绘制高光图形。使用贝塞尔工具绘制封闭曲线，然后使用交互式填充工具方角渐变填充，三个色块的颜色依次为红色、红色、白色，如图5-86所示。

去除图形轮廓线，选择工具箱中的交互式透明工具，从右上角向左下角拖曳鼠标，添加透明效果，如图5-87所示。

使用贝塞尔工具绘制侧面高光封闭曲线，然后使用交互式填充工具线性渐变填充从红色到白色，如图5-88所示。

选择工具箱中的交互式透明工具，从下向上拖曳鼠标，添加透明效果，如图5-89所示。

08 绘制反光图形。使用贝塞尔工具绘制封闭曲线，左键单击调色板中的红颜色，右键单击⊠按钮，去除图形轮廓线。选择交互式网状填充工具█单击图形，选择网格节点，将局部填充白颜色，如图5-90所示。

图5-90　绘制反光图形

09 绘制排气孔。使用矩形工具绘制矩形，按Ctrl + Q组合键，将图形转换为曲线，使用"形状"工具█调整曲线弯曲度，如图5-91所示。

选择工具箱中的"图样填充对话框"按钮█，打开"图样填充"对话框，选中"双色"单选按钮，在图样列表框中选择网状图样，设置"前部"颜色为浅灰色，"后部"颜色为黑颜色，其他参数设置如图5-92所示。

图5-91　绘制排气孔轮廓

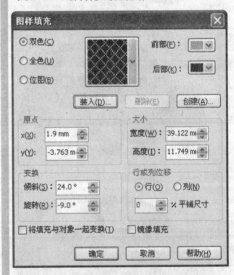

图5-92　图样填充对话框

绘制分割线。使用"贝塞尔"工具█绘制曲线段，设置轮廓色为黑色，宽度为0.8mm，放置在如图5-93上图所示的位置。然后按下Ctrl + D组合键再制曲线段，右键单击调色板中的60%黑颜色，设置轮廓宽度为0.5mm，如图5-93下图所示。

图5-93　绘制分割线

图5-94 绘制阴影

图5-95 绘制反光面

图5-96 绘制转折面

图5-97 绘制阴影

图5-98 图样填充对话框

**10** 绘制阴影部分。使用贝塞尔工具 绘制封闭曲线，使用交互式填充工具 线性渐变填充从深红到宝石红颜色，如图5-94所示。

**11** 绘制保险杠反光面。使用贝塞尔工具 绘制封闭曲线，使用交互式填充工具 线性渐变填充从红色到粉红色颜色，如图5-95所示。

**12** 绘制车门下沿反光面。使用贝塞尔工具 绘制封闭曲线，去除图形轮廓线，将其填充白颜色。选择工具箱中的交互式透明工具 ，从上向下拖曳鼠标，添加透明效果，如图5-96所示。

**13** 绘制汽车阴影。使用贝塞尔工具 绘制封闭曲线，将其射线渐变填充从深灰色到浅灰色颜色。按下Shift + PgDn组合键，将其排列在图层最下面，去除图形轮廓线，如图5-97所示。

**14** 绘制背景。使用矩形工具绘制矩形，选择工具箱中的"图样填充对话框"按钮 ，打开"图样填充"对话框，选中"双色"单选按钮，在图样列表框中选择斜线图样，设置"前部"颜色为浅灰色，"后部"颜色为白色，如图5-98所示。

15 最终效果。单击"图样填充"对话框中的 <u>确定</u> 按钮填充矩形。按下Shift + PgDn组合键，将其排列在图层下面，得到插画轿车的最终效果，如图5-99所示。

图5-99 最终效果

## 5.6 疑难及常见问题

### 1. 如何设置渐变填充的显示质量

选择"工具"→"选项"命令，打开如图5-100所示"选项"对话框。单击左侧框中"工作区"下"显示"项，然后在右侧下方"渐变步长预览"项输入数值设置显示质量。

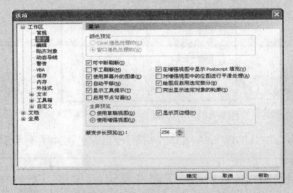

图5-100 设置渐变步长预览值

### 2. 为何看不到PostScript填充效果

PostScript 底纹填充是使用 PostScript 语言创建的，在"正常"显示模式下，只显示字母"PS"。将显示模式更改为"增强"或"使用叠印增强"即可看见其填充效果。

### 3. 不同显示模式有何特点

"视图"菜单有6种显示模式，不同模式特点如下。

1) 简单线框。矢量对象只显示轮廓，位图以单色显示。交互式调和、阴影、立体化、透明、轮廓图效果以及图框精确裁剪效果都不显示。

2) 线框。矢量对象只显示轮廓，位图以单色显示。相比简单线框模式，交互式调和、阴影、立体化效果能够以轮廓方式显示出来。

3) 草稿。矢量对象能显示轮廓和纯色填充，其他填充方式无法正确显示。位图以彩色马赛克方式显示。交互式调和、阴影、立体化、透明、轮廓图效果以及图框精确裁剪效果都能显示。

4）正常。除了不能显示PostScript填充、叠印填充外，其他都正常显示。

5）增强。除了不能显示叠印填充外，其他都能正常显示。

6）使用叠印增强。能显示所有图形及效果。采用这种模式可以检查叠印效果。

选择的查看模式会影响显示刷新时间。例如，同一文件在线框视图中显示刷新比增强视图中显示刷新快。

4．为何绘制出来的对象都自动填充同样的颜色

这是由CorelDraw中的默认新建对象属性被改变造成的。有如下两种方法可以恢复到默认的无填充色。

1）选择任意绘图工具，先不绘制图形，单击调色板中的⊠按钮，弹出"均匀填充"对话框，如图5-101所示，勾选图形，单击 确定 按钮。

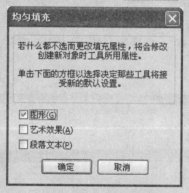

图5-101　均匀填充对话框

（2）重新启动CorelDraw X4 的同时按下F8恢复软件所有默认值。

5．为何绘制出来的线条都自动成了虚线

原因同上，可以采用以下两个方法恢复默认。

1）不选择任何对象，单击轮廓工具组中的细线轮廓工具，弹出图5-102轮廓笔对话框，直接确定对话框即可。

2）重新启动CorelDraw X4 的同时按下F8恢复软件所有默认值。

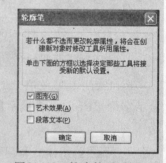

图5-102　轮廓笔对话框

6．如何在开放曲线中显示填充

选择"工具"→"选项"命令，在打开的"选项"对话框中，单击左侧框中"工作区"下"常规"项，然后在右侧选择"填充开放式曲线"复选框即可，如图5-103所示。

图5-103　设置如何在开放曲线中显示填充

**7．为何单击▨无法去除对象网状填充**

网状填充是一种很特别的填充，它实际包括了网格编辑和色彩填充两个部分，因此不能通过单击调色板中▨来去除。选中对象，选择交互式网状填充工具，单击属性栏上🔲按钮即可去除网状填充。

**8．轮廓能够渐变填充吗**

对象轮廓不能渐变填充。如果我们想利用轮廓为对象创建渐变填充边框，则首先将对象轮廓设置为一个需要的宽度，然后按Ctrl＋Shift＋Q组合键将轮廓转换为对象，最后使用交互式填充工具填充转换得到的对象。

**9．为何设置的虚线看起来象是实线**

这与轮廓宽度有关。当轮廓线宽度很小的时候，虚线的间距也非常小，因为虚线看起来就成了实线。更改轮廓宽度或者进入轮廓笔对话框单击"编辑样式"按钮增大虚线间距都可以解决这个问题。

**10．如何快速查看、更改对象的填充和轮廓属性**

选中对象，在状态栏上就显示出其填充和轮廓属性。双击其后的填充或者轮廓方块，将弹出相应的填充或轮廓笔对话框，在对话框中可以修改填充或轮廓属性。

 **习题与上机练习**

1．选择题

⑴ 渐变填充有（　　）种类型。

　A．2　　　　　　　　B．3　　　　　　　　C．4　　　　　　　　D．5

⑵ 图样填充分为（　　）、全色和位图3种填充方式。

　A．单色　　　　　　B．双色　　　　　　C．多色　　　　　　D．混合色

⑶ 按住（　　）键，再用左键单击调色板中的某种颜色，可以将颜色与原来的颜

色混合填充。

A．Shift B．Alt C．Ctrl D．Tab

⑷框选网状填充的节点时，按下（ ）键可以在"矩形"和"手绘"选取范围模式之间切换。

A．Alt B．Shift C．Tab D．Ctrl

⑸底纹填充颜色的设置只包含（ ）颜色。

A．CMYK B．RGB C．标准色 D．Web安全色

⑹CorelDRAW X4 中的图样填充共有（ ）种类型

A．2 B．3 C．4 D．5

⑺单击属性栏中的（ ）按钮即可移除网状填充。

A．清除网状 B．复制网状 C．删除节点

2．问答题

⑴智能填充的原理是什么？

⑵怎样为网状填充添加和删除节点？

⑶如何设置轮廓线？

3．上机练习题

⑴绘制草莓图形，使用均匀填充方式赋予草莓图形色彩，如图5-104所示。

图5-104 绘制草莓图形

⑵绘制皇冠图形，应用渐变颜色填充图形，如图5-105所示。

图5-105 绘制皇冠图形

⑶绘制卧室布局图，应用底纹填充，双色图样和位图图样填充图形，如图5-106所示。

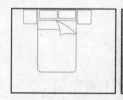

图5-106 绘制卧室布置图

# 第六章
# 文本的创建和编辑

**本章内容**

实例引入——绘制宣传册

基本术语

知识讲解

基础应用

案例表现

疑难及常见问题

## 本章导读

　　图形和文字从来都是"青梅竹马"的好朋友，我们在前面的章节中已经学习了很多关于图形的内容，下面就来学习文本的内容吧。

　　在CorelDRAW X4 中，文本主要分为美术字和段落文本两部分。美术字的性质类似于基本图形，可以添加各种特殊效果；段落文本长于大段落的文字排版，在特殊效果编辑上受到限制。

## 6.1 实例引入——绘制宣传册

　　《漫友》杂志是国内最大的动漫图文杂志，可以说笔者是看它长大的。现在的《漫友》已经有许多系列书目了，比如《Story100》、《Story101》等。这些书目都有自己的特点，相信有不少读者会有同感。虽然《漫友》已经很有名气了，但基于对它的喜爱，我们就为《漫友》书目绘制一个邮购用的宣传册吧，如图6-1所示。

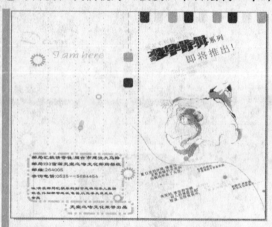

图6-1　绘制宣传册

### 6.1.1　制作分析

　　我们要制作的宣传册基本上是由美术文本和小段的段落文本组合而成的，宣传册分正反两面，封面和封底为一页，内容为一页。我们的主要任务是将文本进行排列组合，让它们看起来更加引人注目，如图6-2所示。

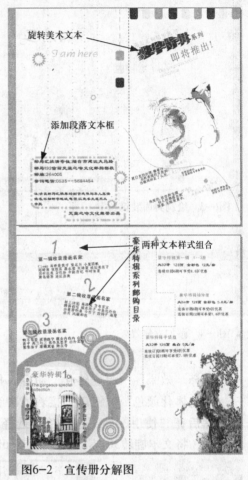

图6-2　宣传册分解图

### 6.1.2　制作步骤

*01* 新建文档并绘制封面装饰图案。新建一个文件，在属性栏上设置纸张宽160mm高150mm。双击矩形工具，创建一个与页面等大的矩形。

　　从垂直标尺上拖出一条辅助线，放置到文档中间位置（标尺上80mm处）。文档右侧为封面部分，左侧为封底部分。绘制一个圆角矩形，按下Ctrl键水平移动并复制一个，然后按Ctrl + D组合键再制多个。将对象依次填充为蓝色、浅黄色和粉色并去除轮廓线。框选所有圆角矩形，按快捷键Ctrl + G将其群组，选择"效果"→"精确裁剪"→"放置在容器中"命令，用鼠标拾取矩形。按住Ctrl键单击矩形进入容器，选中圆角矩形移动到合适位置。再按住Ctrl键单击空白处退出容器完成裁剪。打开光盘\素材库\第六章\装饰图案.cdr文件，复制装饰图案粘贴到当前文件并移动到合适位置。效果如图6-3所示。

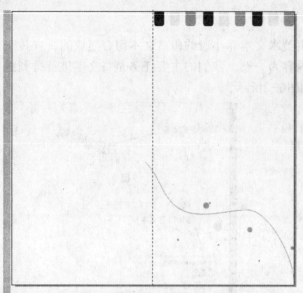

图6-3　绘制封面装饰图案

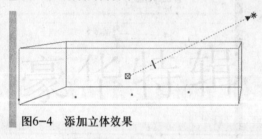

图6-4　添加立体效果

**02** 输入封面标题文字。用文本工具单击页面，输入"豪华特辑"，设置其"字体"为宋体，"字号"为25pt，填充为黄色。选择工具箱中的交互式立体化工具，单击文本并按住鼠标左键向右上方拖动，出现立体化效果，释放鼠标。效果如图6-4所示。

选择"效果"→"立体化"命令，打开"立体化"泊坞窗，如图6-5所示。单击"立体化颜色"按钮 ，接着依次单击"编辑"按钮、"纯色填充"单选按钮，然后在"使用"处下拉菜单中选择蓝色，最后单击"应用"按钮修改立体化颜色。将文本旋转30°，效果如图6-6所示。

图6-5　立体化泊坞窗　　图6-6　文本效果

**03** 输入其它文本。用文本工具分别输入"漫友系列精华丛书"、"系列"、"即将推出！"和"The gorgeous special collection"文字，"字体"设为宋体。依次填充为深黄色、蓝色、红色和深黄色，都旋转30°。大小比例和位置如图6-7所示。

图6-7　放置位置

04　输入段落文本。用文本工具在文档中拖动创建一个文本框，然后随意输入自己喜欢的文字，拖动鼠标分别选择不同文字将其填充为蓝色和深黄色，设置不同字体和字号。最后把所有文本都旋转30°，排列位置如图6-8所示。

图6-8　排列段落文本

05　放置图片。导入光盘\素材库\第六章\漫画人物.jpg文件，效果如图6-9所示。

06　绘制封底。打开光盘\素材库\第六章\花.cdr文件，将其中的装饰图案复制粘贴到封底中，如图6-10所示。

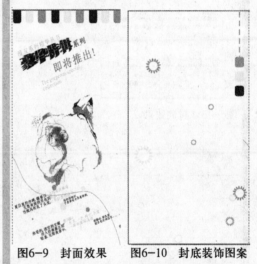

图6-9　封面效果　　图6-10　封底装饰图案

07　创建美术文本。选择文本工具，在页面空白处单击，输入文字"Dear"，设置其"字体"为Arabian，"字号"为52pt，按Shift + F11组合键弹出均匀填充对话框，设置颜色为（M40 Y20）。输入美术文本"I am here"设置其"字体"为hakuyocaoshu7000，"字号"为20pt，颜色为粉色。放置效果如图6-11所示。

图6-11　封底美术文本

图6-12 封底段落文本

图6-13 封底效果

图6-14 内容图案

08 输入段落文本。用文本工具在文档中拖动创建一个文本框，然后输入地址和联系电话等内容，设置其"字体"为方正隶书简体，"字号"为12pt，颜色为蓝色。绘制24°的圆角矩形，填充为浅黄色。按F12弹出轮廓笔对话框，设置"颜色"为深黄色，"宽度"为4pt，从"样式"列表下拉菜单中选择一种喜欢的虚线或点划线样式，然后确定对话框。将圆角矩形放置到段落文本的下一层。

选择文字工具单击页面输入"漫友文化荣誉出品"文字，颜色为蓝色。复制圆角矩形，调整大小，放置到文字下方。效果如图6-12所示。

09 绘制装饰线段。使用手绘工具绘制与封底等高的线段，设置其"宽度"为发丝，"颜色"为粉色，"样式"为虚线。将绘制好的装饰线段再　制多次，在封底中不规律排列。效果如图6-13所示。

10 新建页面绘制内容图案。按PageDown键，弹出插入页面对话框，直接确定对话框新建一个页面。双击矩形工具，绘制一个与页面同大的矩形。

绘制黄色和粉色相间的同心圆，再制多次。选中所有的同心圆，选择"效果"→"图框精确剪裁"→"放置在容器中"命令，拾取矩形。按住Ctrl键单击矩形进入容器，编辑同心圆的大小和位置，如图6-14所示。编辑完成后，再次按住Ctrl键单击空白处退出容器。

**11** 添加图书样本。打开光盘\素材库\第六章\豪华特辑.cdr文件，将图书样本放置到同心圆上，如图6-15所示。

豪华特辑1
The gorgeous special collection

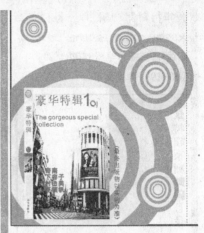

图6-15　添加图书样本

**12** 输入文本。选择文本工具单击页面，输入美术文本“1”，设置其“字体”为Arial Narrow，“字号”为36pt，颜色为橘红色，将其顺时针旋转15°。输入美术文本“第一辑收录漫画名家”，设置其“字体”为黑体，“字号”为9pt，颜色为蓝色，将其逆时针旋转15°。选择文本工具在页面上拖动创建一个文本框，输入一些漫画家姓名的段落文本，逆时针旋转15°。组合后如图6-16所示。

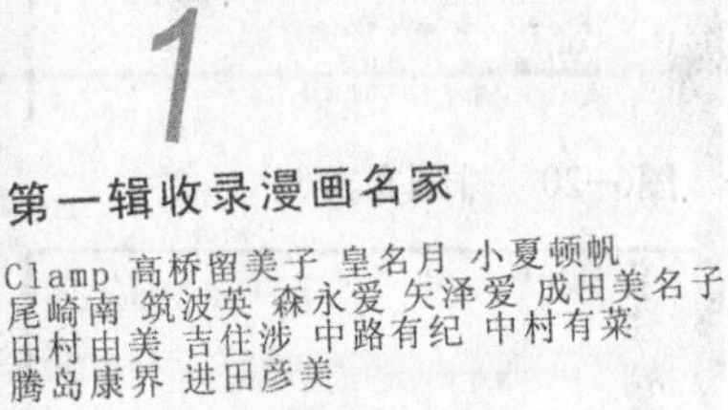
1
第一辑收录漫画名家
Clamp 高桥留美子 皇名月 小夏顿帆
尾崎南 筑波英 森永爱 矢泽爱 成田美名子
田村由美 吉住涉 中路有纪 中村有菜
腾岛康界 进田彦美

图6-16　组合文本

按照相同方法输入第二辑和第三辑的文本内容。排列如图6-17所示。

1
2
3

图6-17　排列文本

**13** 输入垂直文本。输入美术文本“豪华特辑系列邮购目录”，设置其“字体”为方正毡笔黑简体，“字号”为16pt，颜色为蓝色。单击属性栏中的“将文本更改为垂直方向”按钮，将文本变为垂直文本。如图6-18所示。

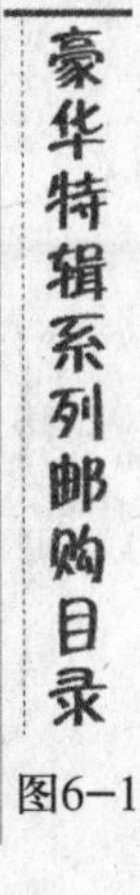
豪华特辑系列邮购目录

图6-18　垂直文本

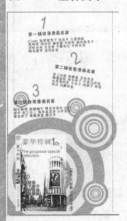

豪华特辑第一辑 1--3册

大32开 128页 全彩色 12元/册

连续订阅6期可享受8.5折优惠

图6-19 排列文本

图6-20 排列文本

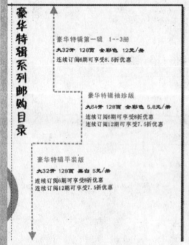

图6-21 绘制装饰线段

图6-22 插入图片

**14** 输入其他文本。输入其他文本，颜色为橘红色和蓝色，"字体"分别为黑体、方正隶书简体和宋体，"字号"分别为9pt、8pt和7pt。排列效果如图6-19所示。

按照相同方法输入第二辑和第三辑的文本内容。排列如图6-20所示。

**15** 绘制装饰线段。根据文本走势绘制装饰线段，设置"宽度"为1.7pt，"颜色"为粉色，"样式"为虚线，带有开始和结束箭头。效果如图6-21所示。

**16** 插入图片。导入光盘\素材库\第六章\女孩.jpg文件到宣传册中，效果如图6-22所示。

如果大家没有上述字体，可以购买字体光盘或到网上下载字体文件，将其复制到字体文件夹（Fonts）中即可。

## 6.2 基本术语

"平生不识陈近南，纵是英雄也枉然。"快来认识这一章英雄好汉的"名字"吧！

### 6.2.1 文本框

文本框是用于输入段落文本的虚线框。默认的文本框是矩形的，但也可以将任何一个封闭的矢量对象创建为文本框。选择文字工具，移动鼠标到矢量对象的轮廓附近，当光标显示为 I 时，单击鼠标即可，如图6-23所示。

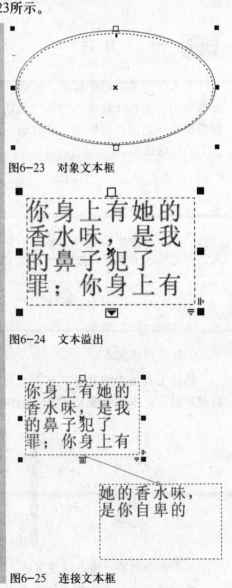

图6-23　对象文本框

当文本框中的文本内容超出文本框容量时，文本框下方出现一个黑色三角形的溢出图标，如图6-24。

图6-24　文本溢出

多个文本框之间可以建立连接，这样，文本可以在各文本框中流动，压缩或删除一个文本框时，文字自动流向与其连接的文本框。文本框的连接如图6-25所示。

图6-25　连接文本框

### 6.2.2 美术字

美术字是用文本工具直接单击页面创建的一种文本。美术文本不能自动换行，但

161

与基本图形类似可以添加各种效果,适用于输入变化多端的短文本行(如标题)。

### 6.2.3 段落文本

段落文本是利用文本框输入的文本。段落文本具有流动性,可以自动换行,可以制作绕排效果,适合于编辑大段落的文本。

### 6.2.4 使文本适合路径

使文本适合路径命令可以使文本沿路径排列。美术字可以适合开放路径和闭合路径而段落文本只能适合开放路径。使文本适合路径后,可以调整文本相对路径的位置。

## 6.3 知识讲解

美术字大多应用于标题、短语、简单说明等需要编辑特殊效果的文本;段落文本大多应用于内容比较多的广告、说明等文本,便于整体编辑。大多数情况下,美术字和段落文本之间是可以相互转化的。通过修改段落、字符属性可以增强美术字和段落文本的视觉效果。

### 6.3.1 输入文本

**1.输入美术字**

选择工具箱中的文本工具字,在绘图页面单击,出现插入点光标后,选择一种输入法即可输入文本了,如图6-26所示。

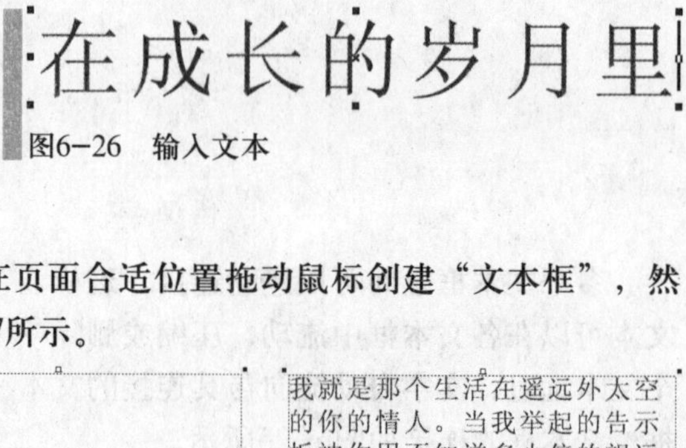

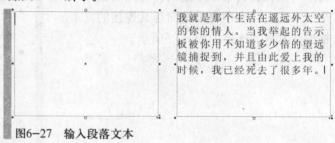

在成长的岁月里

图6-26 输入文本

**2.输入段落文本**

选择工具箱中的文本工具字,首先在页面合适位置拖动鼠标创建"文本框",然后就可以在文本框中输入文字,如图6-27所示。

我就是那个生活在遥远外太空的你的情人。当我举起的告示板被你用不知道多少倍的望远镜捕捉到,并且由此爱上我的时候,我已经死去了很多年。

图6-27 输入段落文本

**3.在图形对象中输入段落文本**

我们不仅可以在中规中矩的文本框中输入文本,也可以在形态各异的图形对象中输入文本呢。方法很简单,先创建一个图形对象,选择文本工具字,将光标移到图形对象轮廓内部,当光标变为I时,单击鼠标左键,依据图形对象形状创建文本框,此时就可以输入文本了。如图6–28所示。

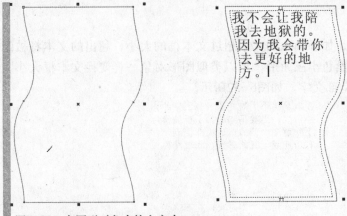

我不会让我陪
我去地狱的。
因为我会带你
去更好的地
方。

图6–28　在图形对象中输入文本

我每想你一次，天上就掉下一粒沙，从此便有了撒哈拉。
风会改变沙丘，可是沙漠永远都不会变，就像我的爱！
我给你的爱写在西元前，深埋在美索不达米亚平原。
狼牙月，伊人憔悴，我举杯，饮尽了风雪。
四叶草的第一片叶子，代表祈求；第二片叶子，代表希望；第三片
叶子，代表爱情；第四片叶子，代表幸福。很稀少的四叶三叶草，
天知道它生长在什么地方，也就是说，你祈求了，希望了，爱了，
却并不一定会幸福。

图6–29　复制文本

导入/粘贴文本
您正在导入或粘贴包含格式的文本。
保持字体和格式(M)
仅保持格式(F)
摒弃字体和格式(D)
强制 CMYK 黑色(B)
导入表格为：
表格
请设置分列数据分隔符号：
逗号(A)
制表位(T)
段落(P)
自定义(U)：
不再显示该警告(S)
确定(O)
取消(C)
帮助(H)

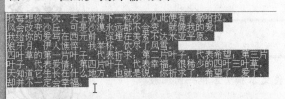

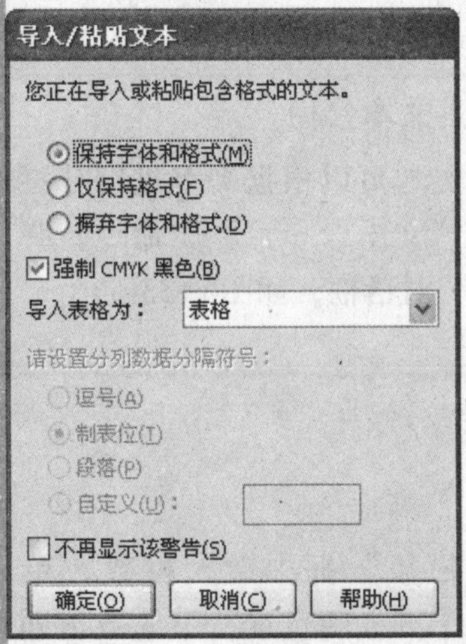

图6–30　导入、粘贴文本对话框

我每想你一次，天上就掉下一粒沙，从此
便有了撒哈拉。
风会改变沙丘，可是沙漠永远都不会变，
就像我的爱！
我给你的爱写在西元前，深埋在美索不达
米亚平原。
狼牙月，伊人憔悴，我举杯，饮尽了风
雪。
四叶草的第一片叶子，代表祈求；第二片
叶子，代表希望；第三片叶子，代表爱
情；第四片叶子，代表幸福。很稀少的四
叶三叶草，天知道它生长在什么地方，也
就是说，你祈求了，希望了，爱了，却并
不一定会幸福。

图6–31　粘贴后文本

4.复制、粘贴文本

如果已经在其他文字处理软件中录入了文字，只要复制、粘贴到CorelDRAW中就可以了。选择需要的文字内容，按Ctrl ＋ C组合键进行复制，如图6–29所示。

打开CorelDRAW，单击文本工具字，单击或拖动鼠标，在出现输入光标后按Ctrl ＋ V组合键粘贴文本，系统会弹出一个对话框，如图6–30所示。

选择“保持字体和格式”单选按钮，可以确保文本保留原有字体类型和格式信息；选择“摒弃字体和格式”单选按钮，文本将删除原有字体类型和格式转而采用选定的文本对象属性（如果未选定对象，则采用CorelDRAW默认的字体和格式）。

单击“确定”按钮，文字即被粘贴，如图6–31所示。

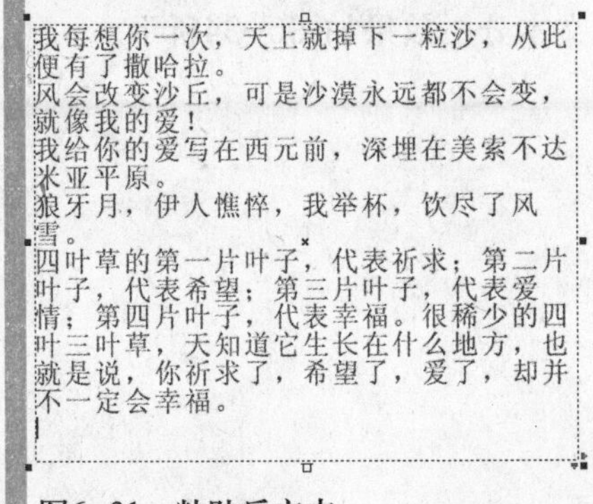

### 6.3.2 编辑文本

**1.调整段落文本框大小**

段落文本是自动换行的。如果输入的文本超过文本框的大小，超出的文本将被隐藏，文本框下方图标中出现黑色小三角形。可以类似图形对象一样变换文本框大小，拖动手柄放大文本框来显示全部文字。如图6-32所示。

| 我就是那个生活在遥远外太空的你的情人。当我举起的告示板被你用不知道多少倍的望远镜捕捉到，并且由此爱上我的时候，我已经死去了很多年。我的左手和你的右手，它们说要在一起。从此不问过去，不提将来，从 | 我就是那个生活在遥远外太空的你的情人。当我举起的告示板被你用不知道多少倍的望远镜捕捉到，并且由此爱上我的时候，我已经死去了很多年。我的左手和你的右手，它们说要在一起。从此不问过去，不提将来，从此痛苦或幸福，生不带来，死不带去。 |

图6-32　调整段落文本框大小

按住Alt键拖动手柄可以使文本和文本框一同缩放。

**2.段落文本分栏**

段落文本可以根据需要进行分栏排列。选择"文本"→"栏"命令，弹出"栏设置"对话框，如图6-33所示。

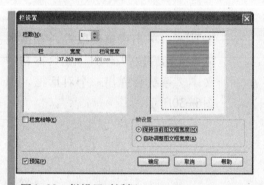

图6-33　栏设置对话框

在"栏数"框中键入栏数，单击"宽度"、"栏间宽度"下的数值即可设置栏宽、栏间距。单击"确定"按钮，文本分栏效果如图6-34所示。

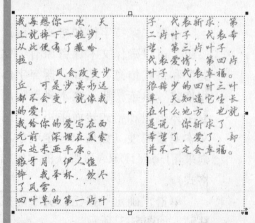

图6-34　分栏效果

### 3.段落文本首字下沉

选择"文本"→"首字下沉"命令，弹出"首字下沉"对话框，如图6-35所示。

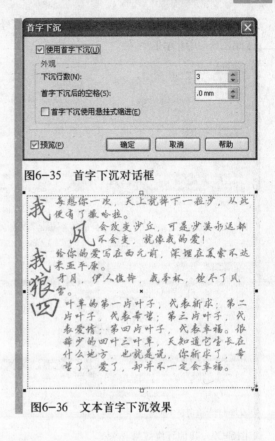

图6-35　首字下沉对话框

选择"使用首字下沉"复选框，设置"下沉行数"和"首字下沉后的空格"数值，单击"确定"按钮，文本首字下沉效果如图6-36所示。

图6-36　文本首字下沉效果

### 4.美术文本与段落文本的转换

如果想将美术文本转换为段落文本，只需选中美术文本，单击鼠标右键，在弹出的快捷菜单中选择"转换到段落文本"命令即可，如图6-37所示。

图6-37　美术文本转换为段落文本

如果想将段落文本转换为美术文本，用同样方法，选择"转换到美术字"命令即可。

### 5.段落文本环绕图形对象

图6-38　跨式文本

我们经常在期刊、杂志上看到图文混排的排版格式。下面就来破解图文混排的方法。

选择需要环绕的图形，单击鼠标右键，在弹出的快捷菜单中选择"属性"命令，打开"对象属性"泊坞窗。选择"常规"选卡，在"段落文本换行"下拉菜单中选择"轮廓图——跨式文本"，设置一个合适的换行偏移距离，单击"应用"按钮。将图形移动到段落文本中，文本会自动沿图形对象的轮廓移动，并保留一定的空白区域，如图6-38所示。

段落文本环绕对象有多种方式，除了上面常用的"轮廓图——跨式文本"外，还有如图6-39所示的几种。

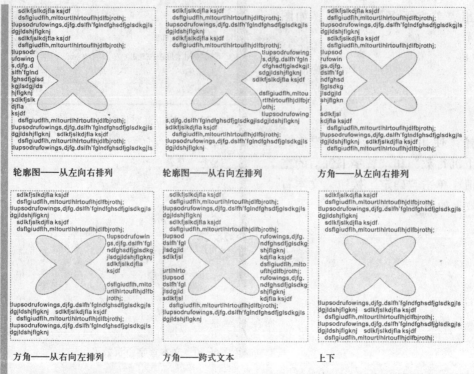

轮廓图——从左向右排列　　轮廓图——从右向左排列　　方角——从左向右排列

方角——从右向左排列　　方角——跨式文本　　上下

图6-39　其他环绕效果

### 7.改变文本框形状

是不是觉得一成不变的文本框太过"古板"了呢？我们来给它改装一下吧，让它"灵活、时尚"。

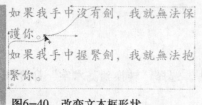

图6-40　改变文本框形状

**（1）编辑封套节点**

选中段落文本，选择工具箱中的交互式封套工具，这时拖动节点、调整手柄可以更改文本框的形状，如图6-40所示。

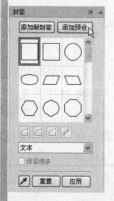

图6-41　封套泊坞窗

**（2）使用预设封套**

选中段落文本，选择"窗口"→"泊坞窗"→"封套"命令，打开封套泊坞窗，如图6-41所示。单击"添加预设"按钮，选择一种预设模式，单击"应用"按钮，为文本框添加封套。

（3）使用图形对象作为封套

也可以使用其他图形对象作为段落文本的封套。选择文本，单击"封套"泊坞窗中的"创建自"按钮 ，将提示光标移到图形对象上单击，此时在文本框上会出现蓝色框架，单击"封套"泊坞窗中的"应用"按钮，文本框将变为图形形状，文字内容自动流动以适合框架。过程如图6-42所示。

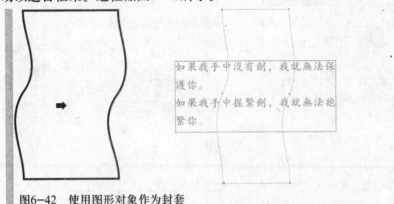

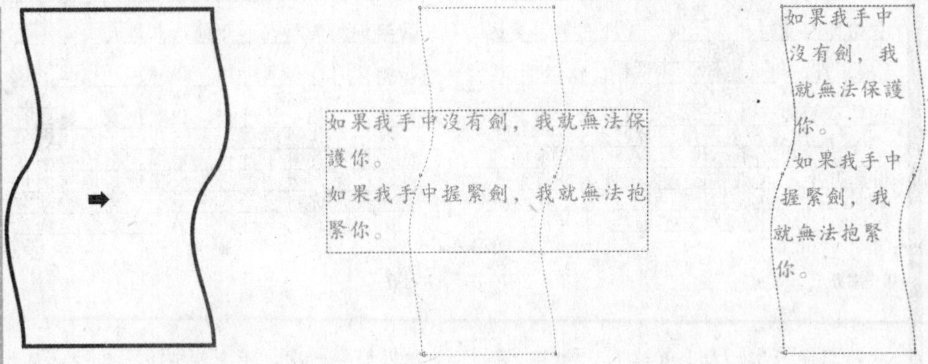

图6-42　使用图形对象作为封套

### 6.3.3　字符格式化

1. 设置文本基本属性

美术文本和段落文本都可以在"字符格式化"泊坞窗中设置文本基本属性。

选择"文本"→"字符格式化"命令，或按Ctrl ＋ T组合键，打开"字符格式化"泊坞窗，如图6-43所示。

图6-43　字符格式化泊坞窗

在这里可以设置文本的基本属性，如字体、字号、下划线、大小写等。拿上面的文本举例来说吧。将文本字体设为方正黄草简体，字号设为12pt，下划线设为双细字，效果如图6-44所示。

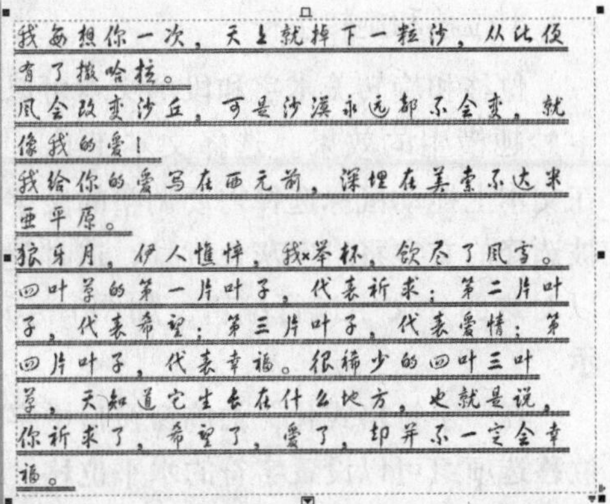

图6-44　范例文本效果

## 2．设置文本对齐方式

单击"字符格式化"泊坞窗的"水平对齐"按钮▤·，选择理想的对齐方式。居中对齐、右对齐、全部对齐和强制调整效果分别如图6-45所示。

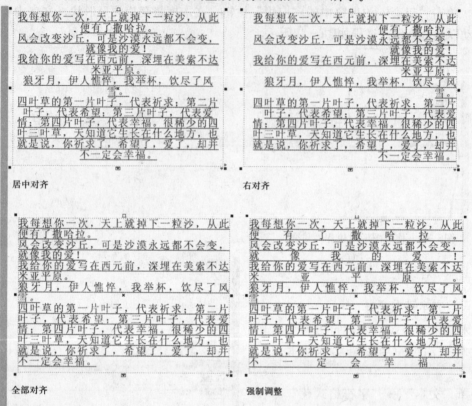

图6-45　对齐方式

在文本属性栏中也可以设置文本的基本属性和对齐方式，大家应该都会吧，我们就不赘述了。

## 3．位移和旋转字符

位移和旋转美术字和段落文本可以产生妙趣横生的效果。选择文本工具字，在文本上拖动鼠标选择需要调整的文字，被选择的文字将出现灰色背景，这时就可以对这部分文字进行编辑。如图6-46所示。

在"字符格式化"泊坞窗窗口中字符位移选项组可以设置字符的水平位移、垂直位移、旋转角度，如图6-47所示。

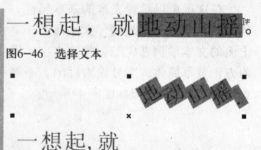

图6-46　选择文本

图6-47　字符位移

也可以使用形状工具调整。当用形状工具选择字符时，属性栏如图6-48所示。

宋体
30.125 pt
-6 %
19 %
30.0 °

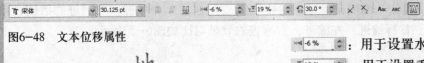

图6-48　文本位移属性

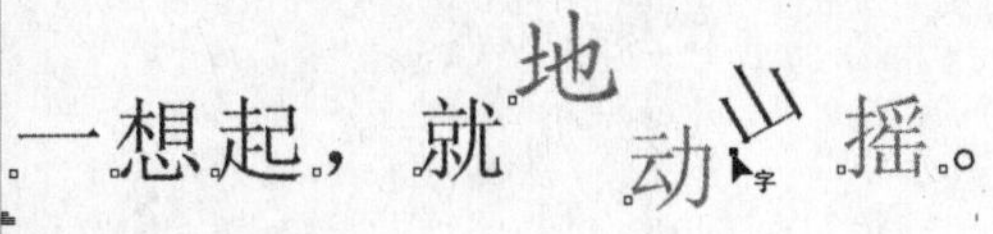
一想起，就地动山摇。

图6-49　偏移效果

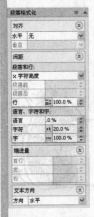

段落格式化
对齐
水平 无
垂直
间距
段落和行:
% 字符高度
段落前
段落后
行 100.0 %
语言、字符和字:
语言 .0 %
字符 20.0 %
字 100.0 %
缩进量
首行
左
右
文本方向
方向 水平

图6-50　段落格式化泊坞窗

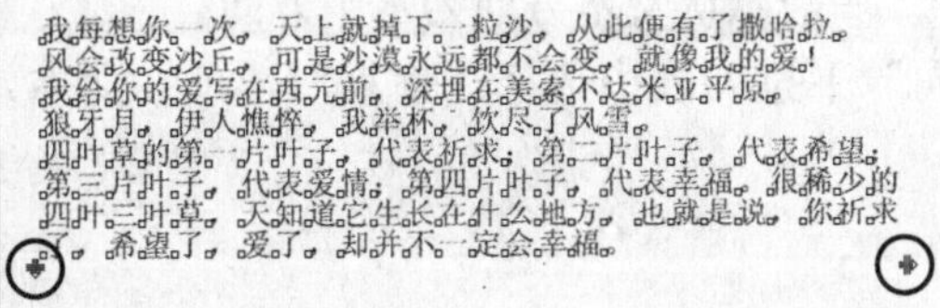
我每想你一次，天上就掉下一粒沙，从此便有了撒哈拉。
风会改变沙丘，可是沙漠永远都不会变，就像我的爱！
我给你的爱写在西元前，深埋在美索不达米亚平原。
狼牙月，伊人憔悴，我举杯，饮尽了风雪。
四叶草的第一片叶子，代表祈求；第二片叶子，代表希望；
第三片叶子，代表爱情；第四片叶子，代表幸福。很稀少的
四叶三叶草，天知道它生长在什么地方，也就是说，你祈求
了，希望了，爱了，却并不一定会幸福。

图6-51　示例文本

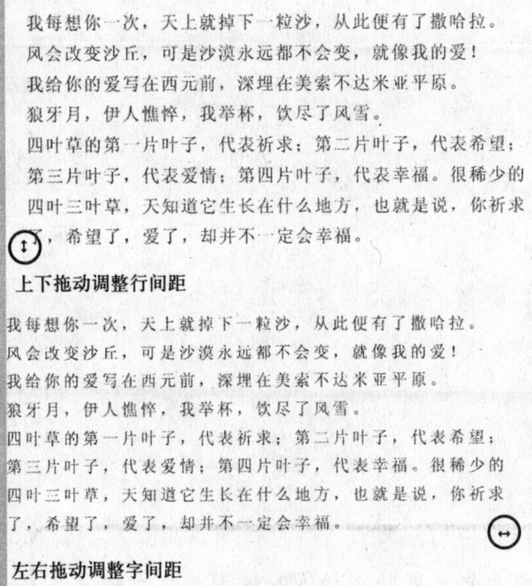
我每想你一次，天上就掉下一粒沙，从此便有了撒哈拉。
风会改变沙丘，可是沙漠永远都不会变，就像我的爱！
我给你的爱写在西元前，深埋在美索不达米亚平原。
狼牙月，伊人憔悴，我举杯，饮尽了风雪。
四叶草的第一片叶子，代表祈求；第二片叶子，代表希望；
第三片叶子，代表爱情；第四片叶子，代表幸福。很稀少的
四叶三叶草，天知道它生长在什么地方，也就是说，你祈求
了，希望了，爱了，却并不一定会幸福。
上下拖动调整行间距
我每想你一次，天上就掉下一粒沙，从此便有了撒哈拉。
风会改变沙丘，可是沙漠永远都不会变，就像我的爱！
我给你的爱写在西元前，深埋在美索不达米亚平原。
狼牙月，伊人憔悴，我举杯，饮尽了风雪。
四叶草的第一片叶子，代表祈求；第二片叶子，代表希望；
第三片叶子，代表爱情；第四片叶子，代表幸福。很稀少的
四叶三叶草，天知道它生长在什么地方，也就是说，你祈求
了，希望了，爱了，却并不一定会幸福。
左右拖动调整字间距

图6-52　形状工具调整间距

-6 %：用于设置水平移位比例。

19 %：用于设置垂直移位比例。

30.0 °：用于设置旋转角度。

$x^2$：用于设置上标。

$x_2$：用于设置下标。

如果不需要精确定位，可以直接使用形状工具选择文字，在文字左下角小方块上按下鼠标拖动即可进行位移。拖动“地”字和“动”字，并将“山”字旋转30°，效果如图6-49所示。

## 6.3.4　段落格式化

编辑段落文本的某一段时，只需将光标置于该段的任何一处，或双击该段都可选择整段文本。

选择“文本”→“段落格式化”命令，打开“段落格式化”泊坞窗，如图6-50　所示。

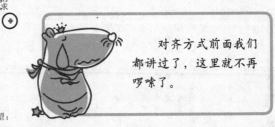

对齐方式前面我们都讲过了，这里就不再啰嗦了。

### 1.调整文本字间距、行间距

如果要精确调整，可以使用“段落格式化”泊坞窗中的“间距”选项组进行调整。简易调整可以使用形状工具进行。选中文本，选择形状工具，文本变为如图6-51所示状态。注意用圆圈住的控制点。

上下移动文本左下角的控制点，可以改变文本行间距；左右移动文本右下角的控制点，可以改变文本字间距。如图6-52所示。

### 2.缩进量

在"段落格式化"泊坞窗的缩进量中输入首行缩进、左缩进、右缩进的数值，单击Enter键确认。首行缩进、左缩进、右缩进的效果对比如图6-53所示。

首行缩放　　　　　　　左缩进　　　　　　　　右缩进

图6-53　首行缩进、左缩进、右缩进效果

将光标置于想要更改的段落中，标尺上会出现控制按钮，利用它们也可以方便地完成各项缩进操作。

### 3.文本方向

文本方向分为水平方向和垂直方向两种。一般默认文本方向为水平方向。

在"段落格式化"泊坞窗的"文本方向"下拉列表中选择"垂直"选项，文本效果如图6-54所示。

图6-54　垂直文本方向

是不是觉得垂直方向的文本看起来挺特别的呢？选用垂直方向文本，别有一番韵味在其中。

### 6.3.5　路径文本

沿路径添加文本可以使文本形式更多变，外形更美观。

1.沿路径添加文本

绘制图形，可以是封闭图形，也可以是线段。选择文本工具，将光标移到图形边缘，当光标变为 时，单击鼠标就可以沿路径输入文字了，如图6-55所示。

输入的文本会自动沿选定的图形轮廓分布，填充颜色后的效果如图6-56所示。

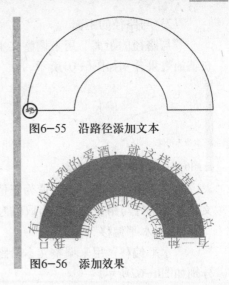

图6-55　沿路径添加文本

图6-56　添加效果

2.使文本适合路径

如果已经有现成的文本，难道要沿路径重新输入吗？NO，NO，只需要让文本适合路径就可以了。

选择文本，选择"文本"→"使文本适合路径"命令，出现提示箭头，将提示箭头移到路径边缘，可以直观地看到文本沿路径分布的效果，可以移动光标控制其位置，如图6-57所示。

调整满意后单击鼠标左键确定下来，效果如图6-58所示。

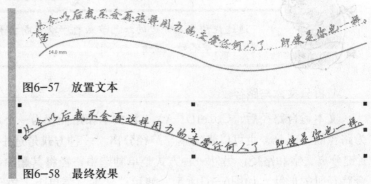

图6-57　放置文本

图6-58　最终效果

3.调整路径文本

文本适合路径以后，可以在属性栏中更改文字方向、文字与路径的距离、水平偏移等参数。路径文本属性栏如图6-59所示。

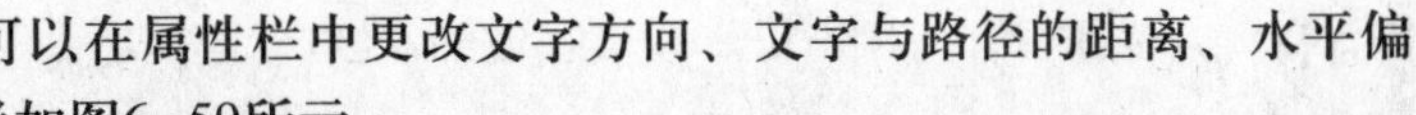

图6-59　路径文本属性栏

（1）文字方向

"文字方向"下拉列表中为我们提供了5种模式，将鼠标放置到模式上即可预览效果，大家可以选择自己喜欢的一种模式。5种模式效果依照顺序分别如图6-60所示。

图6-60　5种模式效果

（2）与路径的距离

"与路径的距离"用来调整文本与其适合路径之间的垂直距离。取值为正值、0、负值的效果分别如图6-61所示。

取值为正值　　　　　　　取值为0　　　　　　　取值为负值

图6-61　文字与路径的距离

这回看出来了吧，当取值为正值时，文字将向路径外部进行偏移；当取值为0时，文字底部正好与路径对齐；当取值为负值时，文字将向路径内部进行偏移。

（3）水平偏移

"水平偏移"用来调整文本沿路径的水平偏移距离。取值为正值、0、负值的效果分别如图6-62所示。

取值为正值　　　　　　　取值为0　　　　　　　取值为负值

图6-62　文字与路径的水平偏移

通过拖动文本旁边的红色节点也可以完成水平偏移和调节文本位置的功能。大家不妨试试看。

4.拆分文本与路径

文本适合路径后，CorelDRAW 将文本和路径视为一个对象。如果不想让文本成为路径的一部分，也可以将文本与路径分离。一种方式是选中对象，按快捷键Ctrl ＋ K键分离文字和路径；另外一种方式是单独选中路径将其删除。分离后的文本将保留适合路径时的形状，如图6-63所示。使用"文本"菜单下"矫正文本"命令可以将文本还原为原始外观。

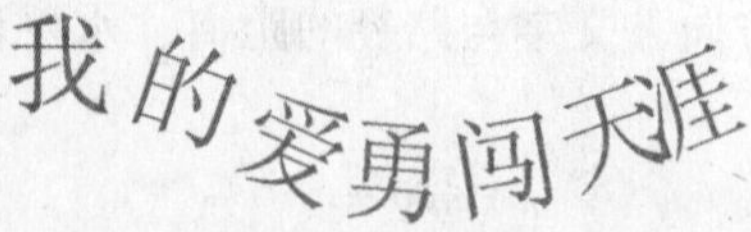

我 的 爱勇闯天涯

图6-63　拆分文本与路径

如果只是不想看见路径，则可以单独选中路径去除其轮廓即可。

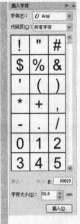

## 6.3.6  插入字符

可以在段落文本和美术文本中添加任意符号。嵌入文本中的符号将被看做是文本字符，可以如同文本一样编辑。

1.插入字符

选择"文本"→"插入符号字符"命令，打开"插入字符"泊坞窗，如图6-64所示。

图6-64  插入字符泊坞窗

在"字体"下拉列表中选择合适的字体，在"代码页"中选择符号集，在预览框中选择适合的符号，单击"插入"按钮，可以将该符号添加到文本中。如图6-65所示。

## *爱到--可以*不爱*

图6-65  插入字符

将选中的符号从预览框拖动到页面中，符号就成为图形对象。

2.创建字符

如果符号库中没有自己想要的符号该怎么办呢？不要紧，可以"自己动手，丰衣足食"。

绘制好需要的图形，选择"工具"→"创建"→"字符"命令，弹出"插入字符"对话框，如图6-66所示。

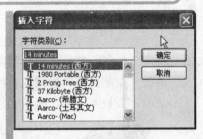

图6-66  插入字符对话框

在"字符类别"文本框中键入新符号的名称，或从列表框中选择现有的类型，单击"确认"按钮，新符号就添加到符号库中了。这时打开"插入字符"泊坞窗，在字体下拉列表就能找到刚刚新建的符号了。

并不是所有的对象都可以添加到符号库中的。这就如同考飞行员，必须符合一定的条件才行，这些条件包括：必须是封闭路径；必须使用True Type字体创建；如果包含多个对象，必须群组。通过以上条件，对象就可以创建为符号了。

### 6.3.7 查找和替换文本

使用查找和替换功能可以搜索需要的文本并用指定的文本替换搜索到的文本。

1.查找文本

选择"编辑"→"查找和替换"→"查找文本"命令，弹出"查找下一个"对话框。如图6-67所示。

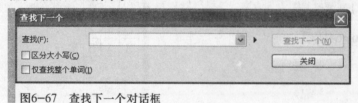

图6-67 查找下一个对话框

在"查找"文本框中键入要查找的文本，单击"查找下一个"按钮，即可找出第一个包含指定文本的文本框。

2.替换文本

选择"编辑"→"查找和替换"→"替换文本"命令，弹出"替换文本"对话框。如图6-68所示。

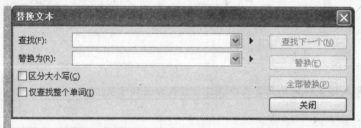

图6-68 替换文本对话框

在"查找"文本框中键入要查找的文本，在"替换"文本框中键入替换文本，单击"替换"按钮，替换出现的第一个与指定文本相同的文本。

单击"全部替换"按钮，替换所有与"查找"文本框中文本相同的文本。

单击"查找下一个"按钮，查找出下一个与"查找"文本框中文本相同的文本。

在查找和替换命令中，启用"区分大小写"复选框，将把大小写单词区分开来，否则会被视为同一文本。

### 6.3.8 文字转曲线

文字转换为曲线后就成为图形对象了，可以用形状工具进行编辑，使之看起来更独特、更美观。

大家都喜欢可口可乐吧？那还记得它的商标CocaCola吗？像柔软的带子将所有的字母串联起来而成，我们姑且称它彩带文字，那这种文字怎么做出来的吗？嘿嘿，学完文字转曲内容，大家都可以做出来。

### 1.美术文本转换为曲线

选中美术文本，单击鼠标右键，在弹出的快捷菜单中选择"转换为曲线"命令或直接按Ctrl + Q组合键，文本即转换为曲线。如果想把分开的笔画变成独立对象，则还需要拆分。选中对象，单击右键，在弹出的快捷菜单中选择"拆分曲线于图层1"命令或直接按快捷键Ctrl + K即可拆分对象，这时每个笔画都可以单独编辑了。如图6-69所示。

图6-69　美术文本转换为曲线

> 注意包围文字和含有包围形状的文字。拆分后，包围部分变成两个填充对象，如图6-70所示，不再具备文字形状。如果想回到文字形状，框选对象，单击结合按钮即可。

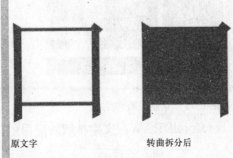

原文字　　　　　转曲拆分后

图6-70　包围文字拆分

### 2.段落文本转换为曲线

选中段落文本后单击右键，在弹出的快捷菜单中选择"转换为曲线"命令，或按Ctrl + Q组合键将段落文本转换为曲线，再执行"取消全部群组"命令即可单独编辑字符，如图6-71所示。

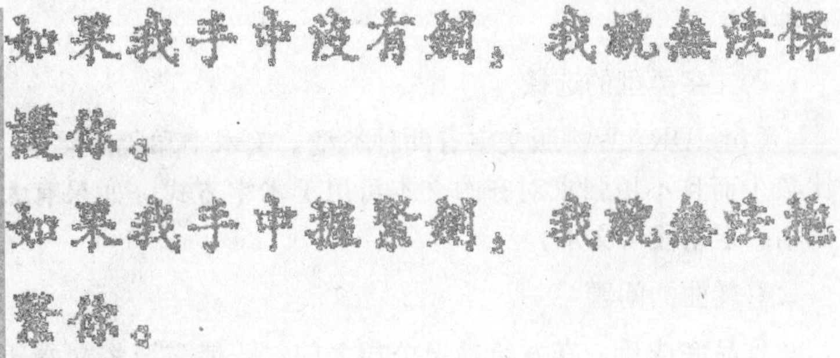

如果我手中没有翻，我就鑫法保护你。
如果我手中握紧翻，我就鑫法抱紧你。

图6-71　段落文本转换为曲线

## 6.4 基 础 应 用

我们在这一章中重点讲述了文本方面的知识，那么这些知识都可以应用在哪些方面呢？下面就来看看。

### 6.4.1 实现专业排版

CorelDRAW是一款在排版方面功能十分强大的软件，它可以轻松的完成宣传单、画册、书刊、四开报纸专业排版，如图6-72所示。

设计师王奥飞的画册设计　　　　　　　　　Matthew poor平面设计作品

图6-72　专业排版作品

CorelDRAW在文字排版的应用中，有很多技巧和要领哟。下面列出常见的技巧。

1.文本输入的技巧

不要小瞧文本的输入，也是有技巧的。一般情况下，文本的来源有两种方法，一是在CorelDRAW中直接输入，二是从记事本、Word文档、其他排版软件中拷贝过来。这里需要注意的是，从Word文档中拷贝的文本一般不好编辑，需要在拷贝前做技术处理。首先在Word文档中选中文本，然后在格式栏"样式"下拉列表中选中"清除格式"选项将格式清除。这样处理后，再复制、粘贴文本到CoreDRAW中，就可以随意编辑了。

2.文字类型的选择

CorelDRAW排版文字有两种类型：美术字和段落文本，一般情况下，标题和文字比较少而且不用强求对齐的文本可用美术字方式。如果有大段文字而且要分栏及对齐的请一定用段落文本。

3.转曲的问题

作品完成后，在发给输出公司之前，一般需要将文本转曲，主要目的是防止输出公司因为缺少作品中使用的字体而无法正确识别文字。文字转曲保存后，文字将不能再编辑。如果后期还需要修改文本，最好的方法就是养成好习惯，保存两个文件：一个文字型，一个曲线型，以备后用。如果输出PDF文件格式则可省去这一麻烦。

4.跨页连接段落文本

使用CorelDRAW排版多页的画册时，是一个页面一个页面地显示，这样有些不方便，特别是有较长的文章一个页面排不完，需要排列到下一个页面，这时就要使用"段落文本连接"功能了。具体的操作方法是：单击段落文本框下部中间的小方框，出现圖图标时，切换到下页面直接拉出一个文本框，上页排不完的文字就自动移到下一页了。如果缩小上一页的文本框，里面的文字会自动转移到下一页，如图6-73所示。

 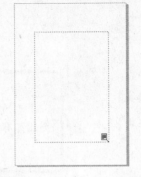 

图6-73 跨页排版段落文本

### 6.4.2 可以制作艺术字

突出文字个性，创造独具特色的艺术字，可以给人以耳目一新的视觉感受，如图6-74所示。在CorelDRAW中，我们可以利用Ctrl + Q组合键，将美术文本转换为曲线，并用形状工具调整其各个节点，以达到理想中的艺术字效果。自己也会制作艺术字之后，再去商场时看到促销条幅上的艺术字，就会产生亲切感呢。

图6-74 制作艺术字

## 6.5 案例表现——封面设计

下面的案例让我们一起追忆似水流年。

**01** 绘制背景。新建一个A4大小的空文档。双击矩形工具□绘制一个与页面大小相同的矩形，填充为黑色，去除轮廓线。

**02** 放置人物图形。打开光盘\素材库\第六章\似水流年.cdr文件，将文件中的人物图形复制到背景中。效果如图6-75所示。

**03** 绘制装饰图形路径。用手绘工具 绘制随意的线段，大致形状保持在圆形。如图6-76所示。

图6-75 放置图形

别看它现在像一团乱麻，一会儿可有大家赞美的时候！

图6-76　绘制路径

**04** 调和两个圆。绘制一个圆，填充为白色并去除轮廓线，然后按住Ctrl键水平移动并复制一个。选择工具箱中的交互式调和工具，从一个圆形拖向另一个圆形，如图6-77所示。

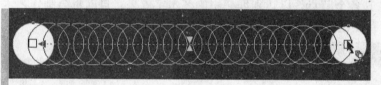

图6-77　调和两个圆

　　释放鼠标后两个圆将自动进行调和。如果大家不明白，可以参考第七章关于交互式调和工具的讲解。

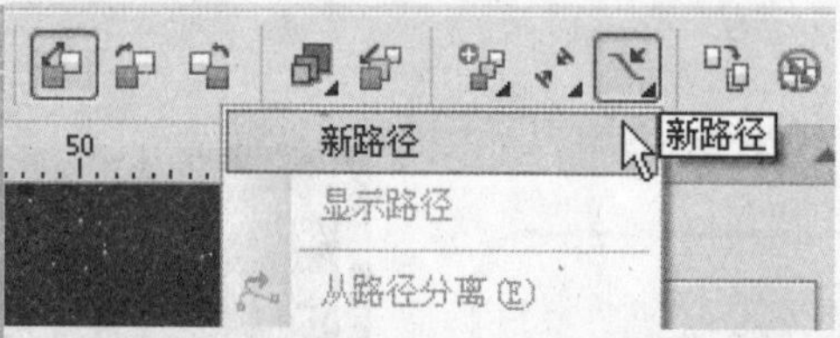

图6-78　调和属性栏

**05** 沿路径分布调和对象。选择调和对象，单击属性栏上的"路径属性"按钮，选择"新路径"命令，如图6-78所示。

用提示箭头单击绘制好的杂乱线段。单击属性栏中的"杂项调和选项"按钮，选择"沿全路径调和"复选框。大家会看到调和对象沿乱麻一样的线段不规则地分布，如图6-79所示。

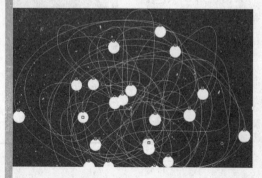

图6-79　沿全路径调和

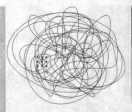
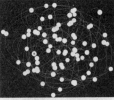

**06** 调整调和对象。选择"视图"→"简单线框"命令，视图变为简单线框显示模式，找到进行调和的两个圆形。将两个圆形稍微调整得小一些，如图6-80所示。切换回原来的增强模式，将调和步长值设置为80。效果如图6-81所示。

图6-80 调整调和对象　图6-81 增大步长值

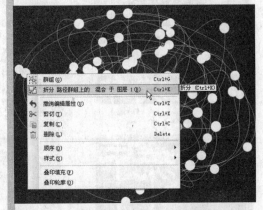

**07** 拆分路径和调和对象。选择调和对象，单击右键，在弹出的快捷菜单中选择"拆分路径群组上的混合于图层1"命令，如图6-82所示。将路径删除，然后选择所有圆进行群组。

图6-82 调和属性栏

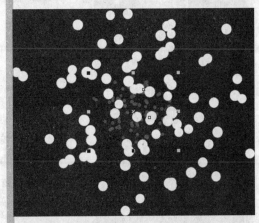

**08** 复制对象。选择群组的圆，缩小复制一个，填充为60%黑，按Ctrl＋PgDn组合键将其放置到原群组对象的下一层，如图6-83所示。

图6-83 再制调和对象

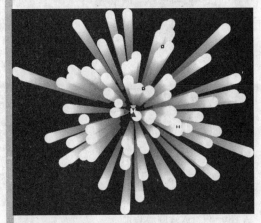

**09** 调和两个群组对象。将两个群组对象用交互式调和工具进行直线调和，产生了爆炸式烟花效果，如图6-84所示。

图6-84 调和两个对象

图6-85　放置对象

图6-86　输入文本

图6-87　编辑艺术字

10　再制调和对象。将爆炸式烟花效果调和对象进行再制，调整大小后放置到如图6-85所示位置。

11　输入书籍名称。输入文本"似水流年"，填充为白色。在属性栏中设置其"字体"为方正隶二简体，"字号"为115pt，如图6-86所示。按Ctrl + Q组合键，将其转换为曲线。

12　编辑文本曲线。用形状工具调整文本曲线的节点，将其调整为如图6-87所示效果。

图6-88　放置艺术字

13　再制艺术字。为艺术字添加宽度为0.75pt的轮廓线。再制艺术字，填充为金色，放置到艺术字的下一层并稍微向下移动一些距离，使艺术字看起来有立体感。将两组艺术字按快捷键Ctrl + G群组后放置到如图6-88所示位置。

14　为了使艺术字看起来不那么单薄，我们为其添加一些装饰。绘制圆形，填充为金色并去除轮廓线。调整大小和位置，然后群组并放置到艺术字的下一层，如图6-89所示。

图6-89　放置圆形装饰

**15** 输入其他文字。绘制圆角为20°的圆角矩形。在圆角矩形中输入垂直文本"李瑜小宝","字体"设置为方正姚体,"字号"为24pt。将文本与圆角矩形群组后放置到如图6-90所示位置。

我们的封面设计完成了,一起来看一下最终效果吧,如图6-91所示。

图6-90 放置位置

图6-91 最终效果

## 6.6 疑难及常见问题

大家有疑问吗?有疑问到"疑难及常见问题"来,我们帮你解决。

### 1. 如何安装字体

不管什么字体一定要安装到系统的字体目录,这样才会被软件所识别并调用。字体目录位于\windows\fonts文件夹(通常是安装在C盘)。有一种方法可以避免C盘空间浪费和字体过多,就是先把字体安装到其他分区的一个独立文件夹中,然后创建字体的快捷方式到系统目录的fonts文件夹中。这样既可以调用字体,又可以避免重装系统带来的字体丢失问题。

### 2. 为何将文字转换为曲线

要印刷输出或拿到其他电脑上打开同一文件的话,文字需要转曲,否则容易因为字体缺失而无法正确识别。另外还要注意,文字转曲保存后,文字将不能再编辑,所以最好保存两个文件,一个文字型,一个曲线型,以备后用。

3．如何取消首句字母大写功能

选择"文本"→"书写工具"→"快速更正"命令，弹出"快速更正"对话框，如图6-92所示。

图6-92　快速更正对话框

在这里取消"句首字母大写"复选框的选中状态，单击"确定"按钮。

4．如何矫正文本

选中文本，选择"文本"→"矫正文本"命令，文本矫正前后的对比如图6-93所示。

一想起，就地动山摇。　　一想起，就地动山摇。

图6-93　文本矫正前后的对比

5．如何从连接的文本框中删除某个文本框及内容

文本在连接的文本框中具有流动性，删除一个文本框，框中的文本其实没有被删除，而是流向了其他连接的文本框中。如果想文本框和文本一同删除，则首先需要从最末一个连接框开始依次拆分，拆分后就可以删除文本框和文本了。注意是从尾到首的拆分。

6．为何段落文本有时无法转换为美术字

这是由文本框建立连接造成的。连接的段落文本无法转换为美术字。这个时候，拆分连接即可。

7．为何多个段落的文本其行距不一致

CorelDRAW中段落文本的行距分成了"段落前"、"段落后"、"行"三个值。如果文本框中有多个段落，则只有这三个值相等的时候，所有文本的行距才一致。

8．为何文字缩小后原有填充色彩不见了

如果创建了一个大字号的文字并设置了较宽的轮廓，当缩小文字到一定程度时，文字就被自身轮廓覆盖而看不见填充色彩了。这时，只需要将轮廓宽度改小即可。为了防止出现这种情况，不论是为图形还是文字设置较宽的轮廓时，一定要在"轮廓笔"对话框中勾选"按图像比例显示"复选框。

# 6.7 习题与上机练习

1．选择题

(1) 对象设置文本环绕属性，需要打开"对象属性"泊坞窗后选择（　）选卡。

    A．细节　　　　　　　　　　B．文本

    C．常规　　　　　　　　　　D．轮廓

(2) （　）工具可以改变文本框形状。

    A．形状　　　　　　　　　　B．交互式封套

    C．文本　　　　　　　　　　D．挑选

(3) 单击"封套"泊坞窗中的（　）按钮，可以使用其他图形对象作为段落文本的封套。

    A．添加新封套　　　　　　　B．添加预设

    C．创建自　　　　　　　　　D．重置

(4) 如果输入的文本超出文本框的容量，用（　）工具调整段落文本框大小。

    A．文本　　　　　　　　　　B．形状

    C．交互式封套　　　　　　　D．挑选

(5) "转换为曲线"命令的快捷键是（　）。

    A．Ctrl + Q　　　　　　　　B．Ctrl + O

    C．Ctrl + D　　　　　　　　D．Ctrl + M

(6) 可以使用（　）工具调整文本字间距、行间距。

    A．形状　　　　　　　　　　B．交互式封套

    C．文本　　　　　　　　　　D．挑选

(7) 按住（　）键可以使文本与文本框一同缩放。

    A．Ctrl　　　　　　　　　　B．Alt

    C．Shift　　　　　　　　　　D．Ctrl + Shift

2．问答题

(1) 怎样改变文本方向？

(2) 怎样在图形对象中输入文本？

(3) 创建新符号的条件有哪些？

3．上机练习题

(1) 创建图6-94所示的文字。

提示：字体设置为创意简粗黑，然后转曲调节形状。

图6-94 创意字体

(2)制作个性段落文本，如图6-95所示。

提示：使用贝塞尔工具绘制图形对象，然后在图形对象中输入文本。

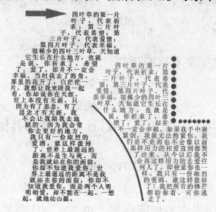

图6-95 制作个性段落文本

(3) 使用自己的照片或喜欢的图片为素材，制作一个杂志封面。

# 第七章
# 交互式工具

Digital Dream Utopia

**本章内容**

## 本章导读

啊哈，终于轮到交互式工具上场了。要知道，交互式工具可是属于重量级的呢。在这一章你将再一次对CorelDRAW软件赞不绝口，因为它强大、便利的功能可以使普通图形脱胎换骨。那我们还等什么呢？快快扬帆起航吧！

# 7.1 实例引入——印章文字

2008年北京奥运会是每一个中国人的骄傲。奥运会的会徽采用了中国印这一传统元素，正所谓只有民族的，才是世界的。我国的传统印章文化源远流长，在这里我们只是模仿一点皮毛制作出最普通的印章，如图7-1所示。如果大家有兴趣的话，不妨为印章添加雕刻花纹和兽形图案。

图7-1　制作印章文字

### 7.1.1　制作分析

印章利用交互式立体化工具制作，为了强化真实感利用交互式阴影工具为印章添加阴影，背景利用图框精确裁剪命令制作。这些制作都很简单，大家瞧好了，如图7-2所示。

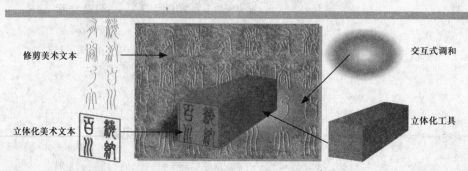

修剪美术文本　　　　　　　　交互式调和

立体化美术文本　　　　　　　立体化工具

图7-2　图形分解图

### 7.1.2　制作步骤

**01** 新建文件并绘制平行四边形。按下 Ctrl + N组合键，新建一个A4大小的空文档，单击"横向"按钮将页面横放。用矩形工具▢绘制正方形，填充为红色并去除轮廓线，变换倾斜矩形，形成一个平行四边形，如图7-3所示。

**02** 立体化平行四边形。选择工具箱中的交互式立体化工具🔲，从图形中心向右上角拖曳鼠标，在属性栏"深度"文本框中输入30，将平行四边形立体化。单击属性栏中的"颜色"按钮🔳，在弹出的面板中单击"使用递减的颜色"按钮并设置"从"颜色为红色，"到"颜色为（C20 M100 Y100）。再单击属性栏中的"照明"按钮💡，将1号光源设置为80，2号光源设置为25，光源位置如图7-4所示。到这里印章的主体形状就制作好了，效果如图7-5所示。

**03** 创建立体化文字。中国民族英雄林则徐曾写下"海纳百川，有容乃大。壁立千仞，无欲则刚"这样一副对联，告诫人们要豁达大度、胸怀宽阔，做一个有修养的人。我们的印章就取诗的第一句，用文本工具输入"海纳百川"字样。设置其"字体"为方正小篆体，填充颜色为（C40 M100 Y100），将水平文本变为垂直文本。使用交互式立体化工具🔲将文本立体化，在属性栏设置其立体化"深度"为1。效果如图7-6所示。

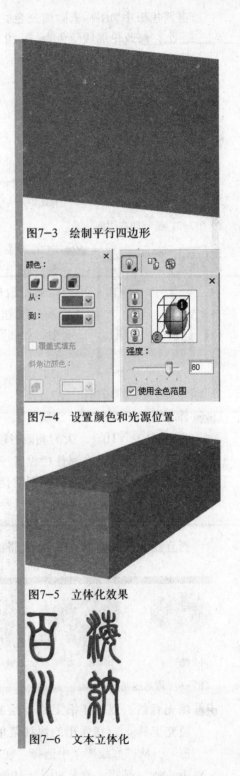

图7-3　绘制平行四边形

图7-4　设置颜色和光源位置

图7-5　立体化效果

图7-6　文本立体化

**04** 绘制印章边框。再制平行四边形（注意不要选择整个立体对象再制），在属性栏设置"轮廓线宽度"为3pt，按下Shift + F12组合键在弹出的"轮廓色"对话框中设置颜色为（C40 M100 Y100），单击 确定 按钮为图形填充轮廓色，左键单击调色板中⊠图标去除填充色。此图形作为印章边框。将绘制好的印章边框再制一个，修改轮廓线颜色为（C50 M100 Y100），放置到边框下一层并错开少许位置产生立体效果。如图7-7所示。

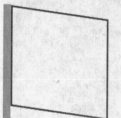 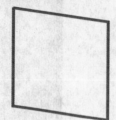

印章边框　　　　　　　　立体效果

图7-7　绘制印章边框

**05** 为文本添加封套。选中文本，选择"效果"→"封套"命令，弹出"封套"泊坞窗，从中单击"创建自"按钮✎，然后拾取印章边框作为封套形状，单击"封套"泊坞窗的▢应用▢按钮，为文本添加封套效果。将文本移动到印章边框中，如图7-8所示。

图7-8　为文本添加封套

**06** 添加背景照明效果。绘制一大一小两个椭圆形并去除轮廓线，将小的椭圆形填充为（M10 Y10），大的椭圆形填充为红色。使用交互式阴影工具▢为大的椭圆形添加阴影效果，在属性栏设置"阴影颜色"为红色，"阴影角度"为90，"阴影的不透明度"为65，"阴影羽化"为70。用交互式透明工具▢单击大的椭圆，在属性栏"透明度类型"下拉列表中选择标准，并设置"开始透明度"为100。选择交互式调和工具▢，从小的椭圆拖曳鼠标到大的椭圆，将一大一小两个椭圆形进行直线调和。如图7-9所示，将绘制好的背景照明效果放置到印章后一层。

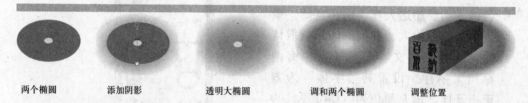

两个椭圆　　　　添加阴影　　　　透明大椭圆　　　　调和两个椭圆　　　　调整位置

图7-9　背景照明效果

**07** 填充背景。双击矩形工具▢绘制一个与页面大小相同的矩形，单击工具箱中的填充工具▢，在弹出的快捷菜单中单击"底纹"按钮▨，打开"底纹填充对话框"，从"底纹库"中选择"样本8"，在"底纹列表"中选择"月球表面"，单击▢确定▢按钮。效果如图7-10所示。

图7-10 填充背景

**08** 绘制背景文字。输入"海纳百川 有容乃大"字样，设置其"字体"为方正小篆体，按下Ctrl + Q组合键将文本转换为曲线。按下数字键盘区的+键复制文本，在水平方向上将复制的文本向右移动少许，如图7-11所示。选中两个文本，单击属性栏中的"修剪"按钮，将得到的字样填充为白色，作为高光部位。再复制一个文本，在水平方向向左移动少许，选中两个文本，单击属性栏中的"修剪"按钮，将得到的字样填充为黑色，作为暗调部位。删除文本，将高光和暗调拼合到一起，去除轮廓线并进行群组，然后放置到背景图形中，效果如图7-12所示。

图7-11 错开文字位置　　　　图7-12 修剪文字效果

**09** 为背景文字添加透明效果。将修剪后的文字多次复制并群组。用交互式透明工具单击文字，在属性栏设置"透明度类型"为标准，"开始透明度"为20。选中文字，选择"效果"→"图框精确裁剪"→"放置到容器中"命令，拾取背景，将文本放置到背景中。最终效果如图7-13所示。

图7-13 精确裁剪背景文字

## 7.2 基本术语

### 7.2.1 调和

调和是指在两个矢量对象之间建立多个中间对象达到形状和颜色的平滑过渡。使用交互式调和工具可以快速的创建调和效果，通过形状和颜色的渐变使一个对象逐渐变成另一对象。

### 7.2.2 灭点

灭点是指立体对象的透视消失点。使用交互式立体化工具时，灭点显示为✕。

### 7.2.3 封套

封套是指将一个外部形状嵌套在对象上强制调整其形状。通过编辑封套的形状就可以改变对象的形状。

## 7.3 知识讲解

在这一章，我们将更多地领略CorelDRAW的魅力所在。交互式工具组就如同电影中的特效镜头一样出彩，利用这些工具能轻松地完成各种特殊效果。可以应用它们实现堪比3D制作的生动画面，是不是觉得手指欲动了呢？Let's Go!

### 7.3.1 交互式调和工具

交互式调和工具就像一个记录员，它可以清晰地记录两个或多个对象之间的演化过程，所以交互式调和工具可谓最聪明的工具了。

#### 1．沿直线调和

选择工具箱中的交互式调和工具，当光标变为时，在第一个对象上按住鼠标拖向第二个对象。释放鼠标后，完成调和，如图7-14所示。

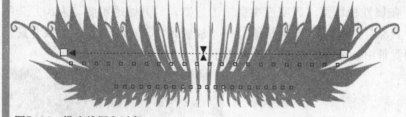

图7-14　沿直线调和过程

#### 2．复合调和

复合调和是由两个或两个以上相互连接的调和组成的，方法跟直线调和基本相同。也就是说一个对象可以与多个对象之间建立调和。图7-15所示为4个对象互相调和的效果。

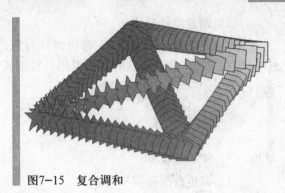

图7-15 复合调和

### 3.沿路径调和

沿路径调和的方法有两种，一种是将已经创建的调和对象适合路径，一种是在创建调和的同时手绘路径让调和按路径进行。

（1）使调和适合路径

创建好路径后，选择调和对象，单击属性栏上的"路径属性"按钮，选择"新路径"命令，如图7-16所示。

图7-16 调和属性栏

使用曲线箭头，单击路径，如图7-17所示。适合路径后效果如图7-18所示。

图7-17 调和适合路径　　　图7-18 调和效果

（2）在整个路径上延展调和

从上图看出，调和对象并没有布满整个路径，单击属性栏中的"杂项调和选项"按钮，选择"沿全路径调和"复选框，调和对象就会铺满整个路径了。效果如图7-19所示。

图7-19 沿全路径调和

　　我们还可以手动调整调和对象的移动哦！用挑选工具单击起始或结束对象并拖动到合适位置即可。

（3）调整路径形状

该怎么调整路径形状呢？选择调和对象，单击属性栏上的"路径属性"按钮，选择"显示路径"命令。这时就可以用形状工具调整路径了。如图7-20所示。

图7-20　调整路径形状

（4）沿手绘路径调和对象

选择工具箱中的交互式调和工具，按住Alt键，在第一个对象上按下鼠标绘制路径到第二个对象，释放鼠标，松开Alt键后自动生成调和效果。过程如图7-21所示。

图7-21　沿手绘路径调和对象过程

4.拆分一个中间对象

选择调和对象，单击属性栏上的"杂项调和选项"按钮，单击"拆分"按钮，出现黑色箭头，单击任意中间对象。单击的对象会被拆分出来，并处于选择状态，可以拖动此对象。如图7-22所示。

图7-22　拆分调和

不难发现，其实拆分调和相当于创建了一个复合调和。拆分的中间对象可以使用形状工具修改实现更好的调和控制，也可以与其他对象继续建立调和。

还有其他拆分调和的方法吗？有的！用鼠标对准要拆分的对象双击，对象被拆分，这时控制方向线中会出现白色滑块，拖动此滑块可以调整调和位置。双击白色滑块，滑块被删除，拆分被取消，调和回到最初状态。

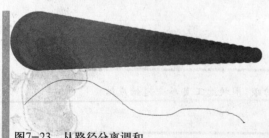

图7-23　从路径分离调和

5.从路径分离调和

选择调和对象，单击属性栏上的"路径属性"按钮，选择"从路径分离"命令。分离后的调和与路径就相当于陌生人了，它们之间不再有任何关联，如图7-23所示。

6.映射调和的节点

默认情况下调和对象都是从彼此的起点开始调和的，修改节点的对应关系，调和形状将发生变化。利用"映射节点"按钮可以修改节点对应关系。

选择调和对象，单击属性栏上的"杂项调和选项"按钮，单击"映射节点"按钮，出现黑色箭头，单击结束对象上的一个节点，然后单击起始对象上的一个节点，如图7-24所示。改变映射节点后的效果如图7-25所示。

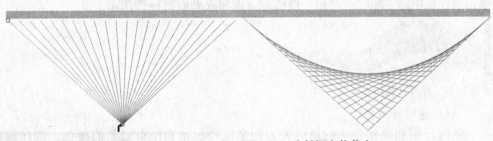

图7-24　映射调和的节点　　　　图7-25　映射调和的节点

7.改变调和数量

调和的数量不同，调和的效果也会不尽相同。改变调和数量的方法很简单，只要在属性栏的"步长或调和形状之间的偏移量"文本框中输入数值即可。不同调和步长的效果如图7-26所示。

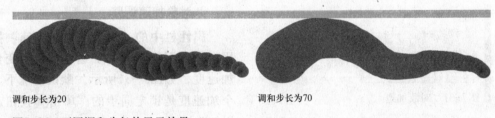

调和步长为20　　　　　　　　　　调和步长为70

图7-26　不同调和步长的显示效果

8.改变色彩调和顺序

从一种颜色渐变到另一种颜色有三种方式：直接、顺时针、逆时针。这三种方式在色轮上最为明白。如图7-27是从青色到红色的三种渐变方式。

直接　　　　　　　　　　顺时针　　　　　　　　　　逆时针

图7-27　调和方式

在默认状态下，色彩调和顺序为直接调和，可以在属性栏中修改色彩调和顺序。

图7-28　直接调和

（2）顺时针调和

顺时针调和是按色轮的顺时针方向调和起始和结束对象的颜色。选择调和对象，单击属性栏中的"顺时针调和"按钮，调和效果如图7-29所示。

图7-29　顺时针调和

（3）逆时针调和

逆时针调和是按色轮的逆时针方向来调和起始和结束对象的颜色。选择调和对象，单击属性栏中的"逆时针调和"按钮。调和效果如图7-30所示。

图7-30　逆时针调和

图7-31　对象加速

9. 对象加速调整

属性栏中的"对象和颜色加速"按钮用来控制图形变化的加速度和色彩变化的加速度，如图7-31所示。默认情况下，两个加速度是锁定同步的。单击按钮，可以解除锁定。

在默认状态下，中间对象的距离与颜色变化都是均匀的。如图7-32所示。

图7-32　均匀调和

（1）图形变化加速

对象滑块向哪边加速，中间对象就越靠近哪边。对象滑块向左滑动和向右滑动的不同效果如图7-33所示。

滑块靠左　　　　　　滑块靠右

图7-33　图形加速

（2）色彩变化加速度

颜色滑块向哪边加速，颜色就越远离哪边。颜色滑块向左滑动和向右滑动的不同效果如图7-34所示。

滑块靠左　　　　　　　　　　　　　　滑块靠右

图7-34　颜色加速

10.复制调和属性

我们可以将某个调和对象的效果复制给另一个调和对象。选中调和对象，单击属性栏中的"复制调和属性"按钮，出现黑色箭头，在需要的调和对象上单击即可。如图7-35所示。复制后的效果如图7-36所示。

图7-35　复制调和属性　　　　图7-36　复制后的效果

也可以将调和效果复制给还没有进行调和的两个矢量对象。首先选择两个矢量对象，然后选择交互式调和工具，单击属性栏"复制调和属性"按钮，出现黑色箭头，在需要的调和对象上单击即可。

11.清除调和效果

选择调和对象，单击属性栏上清除按钮。

### 7.3.2　交互式轮廓图工具

交互式轮廓图工具可以创建与交互式调和相似的渐变效果，区别在于交互式轮廓图只需要一个矢量对象而交互式调和需要两个矢量对象。

1.创建交互式轮廓图

交互式轮廓图创建分为"到中心"、"向内"和"向外"3种形态，下面我们来看看它们的区别在哪。

3种轮廓形态对比如图7-37所示。

到中心　　　　　　向内　　　　　　向外

图7-37　3种轮廓形态对比

怎样创建这样的轮廓效果呢？超Easy！单击工具箱中的"交互式轮廓图"工具 ▣，按住鼠标左键，由图形的中心向外拖动鼠标，创建"向外"的轮廓图。创建过程如图7-38所示。

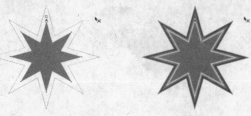

图7-38　向外创建轮廓

按照上述方法，由图形的边缘向内拖动鼠标，创建"向内"的轮廓图。创建过程如图7-39所示。如果鼠标拖动到中心点位置，则创建"到中心"的轮廓图。

图7-39　向内创建轮廓

大家发现属性栏中的"预设"下拉菜单了吗？呵呵，没错，我们还可以在"预设"下拉菜单中选择自己喜欢的轮廓方式。

### 2.更改轮廓步数与偏移量

只要在属性栏中的"轮廓图步长"和"轮廓图偏移量"文本框中输入需要的数值，就可以改变轮廓的步数和偏移量。如图7-40所示。

图7-40　交互式轮廓图属性栏

轮廓图步长控制着轮廓的数量，相同图形不同的轮廓步数会产生不同的效果。对比如图7-41所示。

轮廓步数为3　　　　　　　　轮廓步数为9

图7-41　不同轮廓图步长的对比

轮廓图偏移控制轮廓的间隔，间隔越小，渐变越平滑。它们的对比如图7-42所示。

轮廓图偏移为0.5mm　　　　　　　　轮廓图偏移为2.54mm

图7-42　不同轮廓图偏移的对比

> 调整方向线上的滑块，也可以设置轮廓之间的间隔和数量。大家不妨试试看！

### 3.更改轮廓图颜色顺序

与改变调和顺序的方法相似，只要单击交互式轮廓图属性栏中的"线性轮廓图颜色"、"顺时针的轮廓图颜色"和"逆时针的轮廓图颜色"按钮，就可以方便地更改轮廓图的颜色顺序。3种颜色顺序的效果对比如图7-43所示。

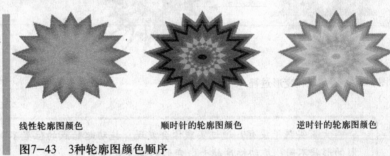

线性轮廓图颜色　　　　　　顺时针的轮廓图颜色　　　　　　逆时针的轮廓图颜色

图7-43　3种轮廓图颜色顺序

### 4.轮廓的加速

轮廓的加速用法与调和加速基本相同，它可以用来调整图形加速、颜色加速。默认情况下，两个加速度是锁定同步的。单击🔒按钮，可以解除加速对象和颜色间的锁定。

### 5.清除轮廓图效果

选择轮廓图对象，单击属性栏上清除按钮🔘即可。

## 7.3.3　交互式变形工具

大家应该都知道《变形金刚》吧？交互式变形工具可以让图形像变形金刚一样，任意变换多种形态，创作出奇异效果，真的是相当了不起呢。快来看看它是怎么让图形变形的吧！

### 1.推拉变形

推拉变形是将对象进行两个方向的放射，将光标在对象上单击并左右拖动，可以推出或拉出变形对象。

（1）产生内缩变形

选择工具箱中的交互式变形工具 ，从图形中心向左拖动鼠标，对象边角向内缩，产生边缘光滑的放射物。过程如图7-44所示。

图7-44 内缩变形过程

（2）产生边角锐化变形

用相同方法，从图形中心向右拖动鼠标，对象边角变尖锐，产生边缘尖锐的放射物。过程如图7-45所示。

图7-45 边角锐化变形过程

大家实践了没有？通过实践你会发现，拖动起始点的位置不同，变形的形状不同；拖动幅度越大，变形的幅度就越大。

2. 拉链变形

拉链变形可以沿着图形的边缘产生锯齿状的变形效果。是不是觉得有些熟悉呢？拉链变形和粗糙笔刷产生的效果相似，但它比粗糙笔刷更专业。

在交互式变形属性栏中单击"拉链变形"按钮 ，从图形中心向外拖动鼠标。过程如图7-46所示。

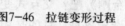

图7-46 拉链变形过程

不同的失真振幅和失真频率可以让图形产生不同的效果。我们先看看不同的失真振幅对图形的影响，如图7-47所示。

失真振幅为28　　　　　　　失真振幅为8

图7-47　失真振幅对图形的影响

再来看看不同的失真频率对图形的影响，如图7-48所示。

失真频率为5　　　　　　　失真频率为15

图7-48　失真频率对图形的影响

　　大家发现属性栏中"随机变形"、"圆滑变形"和"局部变形"按钮了吗？在拉链变形时，若按下"随机变形"按钮，锯齿的变化幅度将变得没有规律；"圆滑变形"按钮可以将锯齿进行平滑处理，使其过渡自然；"局部变形"按钮则可以使靠近变形方向起点的部分变形幅度大，远离的部分变化幅度小。

**3.扭曲变形**

　　扭曲变形可以将对象任意扭曲，创建出旋转的漩涡效果。

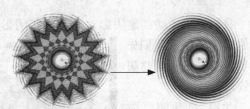

　　在交互式变形属性栏中单击"扭　　图7-49　扭曲变形过程
曲变形"按钮，从图形中心向外拖动鼠标。过程如图7-49所示。

　　是不是已经折服在交互式变形工具的魅力之下了呢？哈哈，交互式变形工具还有很多前景等着你去发掘呢！在交互式变形工具属性栏的"预设"下拉菜单中，准备了许多可以变形的效果，大家可以看看。

**4.复制变形属性**

　　我们可以将变形效果复制给其他图形。选中对象，选择交互式变形工具，单击属性栏中的"复制变形属性"按钮，出现黑色箭头，在要复制的交互式变形对象上单击。如图7-50所示。

原对象　　　　　　　　变形对象

图7-50　复制变形属性

复制后的效果如图7-51所示。

图7-51　复制后的效果

**5.清除变形效果**

选择变形对象，单击属性栏上清除按钮▣即可。

### 7.3.4　交互式阴影工具

交互式阴影工具可以给对象添加投影，增强对象的立体化效果。另外我们可以利用交互式阴影工具制作发光、烟雾、透明气泡等多种效果。添加阴影时，可以更改阴影的透视点并调整属性，如颜色、不透明度、淡出与延展、角度以及羽化值。

**1.创建阴影**

我们可以手动创建阴影，也可以在阴影属性栏的"预设"列表下拉菜单中选择需要的阴影类型。我们先来学习怎样手动创建阴影效果。

（1）创建阴影效果

选择交互式阴影工具▣，将光标在对象上单击并向外拖动，即可

图7-52　创建阴影过程

创建相应的阴影效果，过程如图7-52所示。

（2）改变阴影方向

阴影方向线上的控制块（圆圈中）可以控制阴影的方向和类型。拖动黑色块更改阴影方向，拖动白色块更改阴影类型。如果白色块在中心，则创建平面阴影；如果在外沿，则创建透视阴影。如图7-53所示。

图7-53　改变阴影方向

（3）改变阴影颜色

阴影颜色可以在属性栏的"阴影颜色"中设置，也可以将调色板中的色块直接拖动到末端色块上，如图7-54所示。

2.阴影的不透明度

阴影属性栏的"阴影的不透明度"滑块可以控制阴影不透明度的大小，如图7-55所示。

图7-54　改变阴影颜色

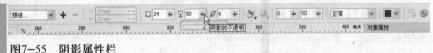

图7-55　阴影属性栏

阴影的清晰度随不透明度的增大而增大。阴影不透明度大小对比如图7-56所示。

阴影不透明度为20　　　　　　　　　　阴影不透明度为90

图7-56　不同阴影不透明度对比

大家还可以通过拖动方向线上的白色长条滑块来改变阴影不透明度哦。

3.阴影的羽化效果

阴影羽化用来控制阴影边沿的模糊程度。羽化值越大，阴影边沿越模糊；羽化值越小，阴影边沿越清晰。

（1）阴影羽化值

阴影属性栏的"阴影羽化"滑块可以控制阴影羽化的大小。羽化值大小对比如图7-57所示。

阴影羽化值为4

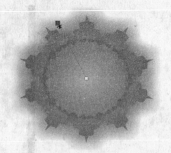

阴影羽化值为25

图7-57　阴影羽化值大小对比

（2）阴影羽化方向

阴影羽化方向分为向内、中间、向外、平均4种，其效果对比如图7-58所示。

通过上图我们可以看到，向内阴影的阴影面积比图形小；中间阴影的阴影面积与图形相等；向外阴影的阴影面积最大也最浓；平均阴影的阴影面积与图形相等且中间过渡较柔和。

向内　　　　　　　　　中间

向外　　　　　　　　　平均

图7-58　阴影羽化方向效果对比

4.阴影的淡出与延展

（1）阴影的淡出效果

属性栏中的"淡出"控制滑块用来控制透视类阴影的淡化程度。值越大，远处的阴影越淡，如图7-59所示。

阴影淡出值为0

阴影淡出值为90

图7-59　阴影淡出值大小对比

（2）阴影的延展效果

属性栏中的"延展"控制滑块用来控制透视类阴影的拉伸长度。值越大，阴影拉伸越长，如图7-60所示。

阴影延展值小　　　　　　　　　阴影延展值大

图7-60　阴影延展值大小对比

5.阴影的复制与清除

（1）复制阴影属性

与其他交互式工具相同，阴影也有复制功能。选择一个新图形，单击阴影属性栏中的"复制阴影属性"按钮，用黑色提示箭头单击要复制的交互式阴影对象即可。如图7-61所示。

复制后的效果如图7-62所示。

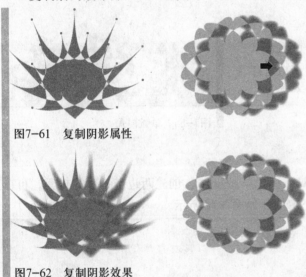

图7-61　复制阴影属性

图7-62　复制阴影效果

复制阴影属性时，提示箭头要单击图形的阴影才行，不能单击图形本身，否则会操作失败。

（2）清除阴影效果

选择阴影效果的图形，单击属性栏上的"清除阴影"按钮。也可以选择"效果"→"清除阴影"命令清除阴影。

## 7.3.5　交互式封套工具

交互式封套工具通过封套变形对象。封套就是一个可以随时调整形状的容器，将对象置入容器中，就可以通过改变容器的形状来改变其中的对象形状了。学习文本工具时，我们已经接触到交互式封套工具了，下面就来系统地了解一下交互式封套工具的其他功能吧。

### 1.封套模式

选择工具箱中的交互式封套工具 为对象添加封套效果，如图7-63所示。交互式封套工具分为4种模式，不同的封套模式具有不同的效果。

图7-63　添加封套效果

### （1）直线模式

单击交互式封套属性栏中的"直线模式"按钮 ，可以水平或垂直拖动封套节点，更改封套形状，如图7-64所示。

图7-64　直线模式

### （2）单弧模式

单击交互式封套属性栏中的"单弧模式"按钮 ，创建一边带弧形的封套。可以水平或垂直拖动封套节点，但只能产生一个弯曲，如图7-65所示。

图7-65　单弧模式

### （3）双弧模式

单击交互式封套属性栏中的"双弧模式"按钮 ，创建两边带弧形的封套，可以水平或垂直拖动封套节点，产生两个弯曲，如图7-66所示。

图7-66　双弧模式

### （4）非强制模式

单击交互式封套属性栏中的"非强制模式"按钮 ，可以任意拖动封套节点，使封套具有任意形状。它允许改变节点的属性以及添加、删除节点，如图7-67所示。

图7-67　非强制模式

2.创建封套

大家还记得在编辑段落文本时，是怎样创建封套的吗？为图形创建封套也可使用相同方法。

选择图形，打开封套泊坞窗，单击"创建自"按钮，出现黑色提示箭头，用提示箭头单击绘制好的图形，如图7-68所示。

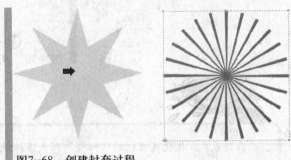

图7-68 创建封套过程

我们会发现此时已经为图形创建好封套了，单击泊坞窗中的"应用"按钮，完成创建封套，效果如图7-69所示。

图7-69 创建封套

也可以使用属性栏中的"创建封套自"按钮来创建。选中对象后，选择交互式封套工具，在属性栏上单击"创建封套自"按钮，出现黑色箭头，然后拾取对象即可。

> 为图形添加预设封套的方法与为段落文本添加封套的方法相同，我们就不再赘述了。如果你忘记了，可以翻翻上一章编辑文本中改变文本框形状的相关内容。

### 7.3.6 交互式立体化工具

交互式立体化工具是利用拉伸和光源照射功能，为对象添加深度和阴影，从而制作出逼真的三维立体效果。使用工具箱中的交互式立体化工具，可以轻松地为对象添加上具有专业水准的立体化效果。

1.创建立体化效果

选择对象，选择工具箱中的交互式立体化工具，单击图形对象并拖动鼠标左键，到适合位置后释放鼠标即可。绘制过程如图7-70所示。

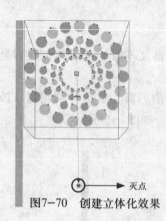
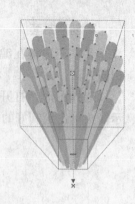

➤ 灭点

图7-70 创建立体化效果

在交互式立体化属性栏的"预设"列表下拉菜单中，有许多立体化模式供我们选择。在属性栏的"立体化类型"中，可以更改立体化的类型。这些选项都有其特殊效果，大家不妨都试一遍。

## 2.立体化属性栏

立体化属性栏中的众多按钮提供了更加专业的立体化选项，下面我们来学习立体化的方向控制、颜色改变、斜角修饰以及照明等选项。

### （1）立体化方向

选择立体化对象，单击属性栏中的"立体化方向"按钮 ，出现如图7-71所示泊坞窗。用"手形"控制光标任意旋转面板中的图形，结束旋转后，立体化对象将得到相应改变。

图7-71 立体化方向泊坞窗

在立体化编辑状态下，再次单击立体化对象，进入旋转状态，也可旋转立体化对象。

### （2）立体化颜色

选择立体化对象，单击属性栏中的"立体化颜色"按钮 ，出现如图7-72所示泊坞窗。在默认情况下，立体化颜色与原对象颜色是统一的。

图7-72 立体化颜色泊坞窗

选择"使用对象填充"按钮，采用图形原有的填充作为立体化颜色，如图7-73

所示。

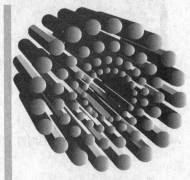

图7-73 使用对象填充

选择"使用纯色"按钮，原始图形保持原有的填充方式，立体化部分采用指定的纯色填充，如图7-74所示。

图7-74 使用纯色填充

选择"使用递减的颜色"按钮，原始图形保持原有的填充方式，立体化部分采用指定颜色渐变填充，如图7-75所示。

图7-75 使用递减的颜色填充

（3）立体化斜角修饰边

立体化斜角修饰边功能可以使对象在立体化的基础上产生立体倒角效果。

选择立体化对象，单击属性栏中的"斜角修饰边"按钮，出现如图7-76所示泊坞窗。选择"使用斜角修饰边"复选框，拖动"斜角交互式显示"框内的小方块，来调整斜角边的深度和角度。

图7-76　斜角修饰边泊坞窗

使用斜角修饰边后的立体化效果如图7-77所示。

图7-77　斜角修饰边效果

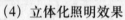

大家可别忘了，立体化斜角修饰边的颜色是在立体化颜色泊坞窗中设置的。

（4）立体化照明效果

为立体化对象添加照明效果，可以使立体化对象看起来立体感更强，效果更加逼真。

选择立体化对象，单击属性栏中的"照明"按钮，出现如图7-78所示泊坞窗。选择"光源1"按钮，预览窗口中出现光源1标识，拖动该标识可以改变光源的照射位置。"强度"滑块控制照明的亮度。

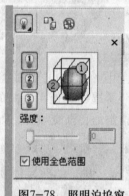

图7-78　照明泊坞窗

使用立体化照明前后的立体化效果对比如图7-79所示。

使用立体化照明前

使用立体化照明后

图7-79　照明前后对比

### 7.3.7 交互式透明工具

使用交互式透明工具有助于丰富层次感，带给人一种轻盈的感觉。在绘制卡通桌面壁纸时，我们曾用交互式透明工具绘制光线，现在它又会给我们带来什么惊喜呢？

#### 1.标准透明

标准透明是指均匀透明效果。选择图形，选择工具箱中的交互式透明工具 🖳，在属性栏的"透明度类型"下拉菜单中选择"标准"透明，用"开始透明度"控制滑块调整透明度。使用标准透明前后的效果对比如图7-80所示。

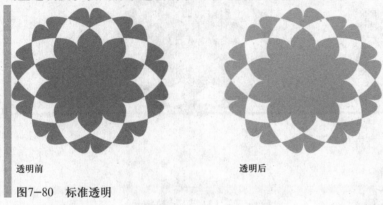

透明前        透明后

图7-80 标准透明

#### 2.渐变透明

渐变透明是指对象从一种不透明度渐变到另一种不透明度。与渐变填充的4种填充模式相同，渐变透明也分为"线性"透明、"射线"透明、"圆锥"透明，"方角"透明这4种类型。4种渐变透明类型的效果如图7-81所示。

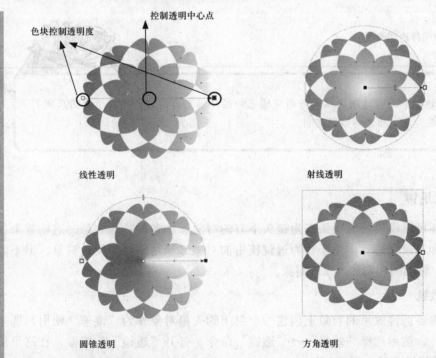

线性透明        射线透明

圆锥透明        方角透明

图7-81 4种渐变透明类型

色块用于控制透明度。黑色表示100%透明，白色表示100%不透明。灰色则根据灰度的不同代表不同的透明度，如80%黑则表示透明度为80%。

3.图样透明

图样透明分为"双色图样"、"全色图样"、"位图图样"、"底纹"4种类型。在属性栏"透明度类型"下拉菜单中选择图样透明类型，在"第一种透明度挑选器"下拉菜单中选择适合的图样，完成图样透明。4种图样透明类型的效果如图7-82所示。

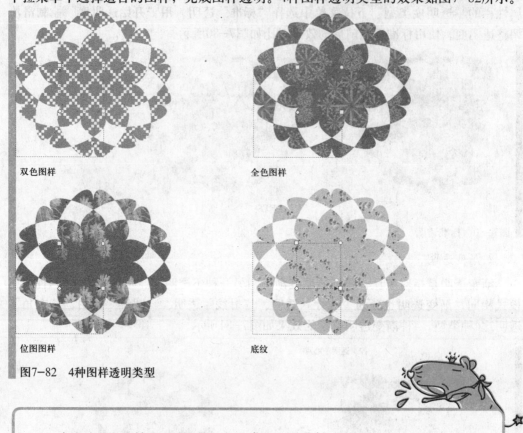

双色图样 全色图样

位图图样 底纹

图7-82 4种图样透明类型

> 渐变透明和图样透明的编辑与渐变填充和图样填充类似，区别在于透明只使用色彩的灰度信息，颜色越暗越透明。

### 7.3.8 使用透镜

透镜功能可以模拟特殊镜头来为镜头下方的对象添加多种特殊效果，这些效果包括颜色变更和对象变形等。用于作为透镜使用的对象必须是闭合的矢量对象，但不能是有立体化、轮廓图和调和效果的对象。

1.创建透镜

首先在需要透镜效果的对象上创建一个封闭的矢量对象作为"镜子"使用，选择这个"镜子"，然后选择"效果"→"透镜"命令，打开"透镜"泊坞窗，在这里可以选择不同的透镜效果应用于对象。

（1）"使明亮"

"使明亮"调整透镜下面的
对象的亮度。

在"比率"文本框中输入从
−100~100的百分比值，指定透
镜变亮或变暗。负数变暗，正数
变亮，如图7−83所示。

（2）"颜色添加"

"颜色添加"是将指定颜色
与透镜下方对象颜色色值相加。

图7−83　使明亮效果　　图7−84　"颜色添加"效果

在"比率"文本框中输入百分比值为50，在"颜色"下拉菜单中选择橘红色，效
果如图7−84所示。

（3）"色彩限度"

"色彩限度"透镜很像偏色镜，只允许黑色和透镜本身的颜色透过，透镜下面对
象中的白色和其他浅色被转换为透镜颜色。

在"比率"文本框中输入百分比值为50，在"颜色"下拉菜单中选择橘红色。效
果如图7−85所示。

（4）"自定义彩色图"

"自定义彩色图"透镜
将透镜下所有颜色都根据明度
映射为所设置的两种颜色范
围之内的颜色。黑色被映射为
"从"处设置的颜色，白色被
映射为"到"处设置的颜色。
我们还可以选择"向前的彩
虹"或"反转的彩虹"选项来
创建妙趣横生的效果。

图7−85　色彩限度效果　　图7−86　自定义彩色图效果

设置从橘红色到白色，选择"反转的彩虹"选项，效果如图7−86所示。

（5）"鱼眼"

"鱼眼"透镜将透镜后面的
对象变形、放大或缩小。

在"比率"文本框中输入百
分比值为1000，效果如图7−87所
示。

（6）"热图"

"热图"透镜创建红外图像的

图7−87　鱼眼效果　　图7−88　热图效果

效果。通过调整"调色板旋转"文本框中的值，可以控制冷暖色。

在"调色板旋转"文本框中输入百分比值为70，效果如图7−88所示。

(7) "反显"

"反显"透镜使透镜下的所有颜色都呈现为颜色的互补色。它可以模拟出相片底片的效果，如图7-89所示。

图7-89　反显效果　　　图7-90　放大效果

(8) "放大"

"放大"透镜的效果类似放大镜。"放大"透镜的"数量"文本框可以指定从0.1~100的放大倍数，效果如图7-90所示。

(9) "灰度浓淡"

"灰度浓淡"透镜将透镜下面的颜色改变为单色调图。我们可以通过它将彩色相片变为黑白相片。效果如图7-91所示。

图7-91　灰度浓淡效果　　图7-92　透明度效果

(10) "透明度"

"透明度"透镜可以使对象呈现透过有色玻璃看到的效果。如图7-92所示。

(11) "线框"

"线框"透镜后面的对象用所选的轮廓色和填充色来显示。例如选择轮廓色为红色，填充色为黄色，"线框"透镜效果如图7-93所示。

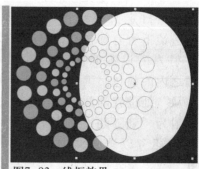

图7-93　线框效果

### 2.冻结透镜

使用透镜泊坞窗中的"冻结"选项，可以将透镜效果冻结到透镜上。这个时候透镜失去透镜功能，不论移动到任何位置，都将显示冻结时的效果。如图7-94所示。

图7-94　冻结透镜

### 3.视点

默认情况下透镜只改变自身下方对应区域的对象，编辑视点我们可以将透镜效果作用到指定的地方。单击泊坞窗"锁"按钮解除锁定，然后勾选视点复选框，单击旁边的"编辑"按钮，这个时候透镜上出现✕图标（与立体化的灭点一样），移动该图标到需要应用透镜效果的地方，然后单击"应用按钮"。这个时候，无论将透镜移动到什么地方，看到的效果都是✕图标所指定的地方。

## 7.4　基础应用

交互式工具的应用就像魔法师为灰姑娘施展魔法一样，可以为原本平凡无奇的作品添加艺术感和特效，使它立刻变得不再平凡，彰显出不同的特色。

### 7.4.1　实现各种特殊效果

商品宣传海报为了吸引人们的眼球，大多会使用一些特殊效果来达到目的。如图7-95所示，这幅DTC钻戒海报就是利用了交互式调和工具来完成星星点点的亮点效果，以增加宣传海报的美观效果。

图7-96所示的作品，透明的矩形利用交互式透明工具处理而成，所有对象的阴影利用交互式阴影工具制作。

图7-95　DTC海报（来源于中华平面设计论坛）

### 7.4.2　得到更多的变形图

巧妙地利用变形工具，可以让我们得到更多的变形图，将这些变形图重新排列组合，就可以得到意想不到的效果图。如图7-97所示，绘制圆形，然后利用交互式变形工具进行推拉变形使其具有墨迹效果。将所得图形缩小并再制，作为图形的背景。

图7-96　Alexandre Efimov平面作品（来源于中国设计秀网站）

图7-97　变形图

## 7.5 案例表现——绘制七夕招贴

　　"迢迢牵牛星，皎皎河汉女。纤纤擢素手，札札弄机杼。终日不成章，泣涕零如雨。河汉清且浅，相去复几许？盈盈一水间，脉脉不得语。"这是高中时学过的一首关于牛郎星和织女星感人的爱情千古名诗。牛郎织女的感人故事为七夕增添了一份浓郁的神秘色彩。七夕是我们中国人自己的情人节，下面就动手为情人节做一份招贴吧。

图7-98　绘制背景

图7-99　绘制杂乱线段

**01** 新建文件并绘制背景。按下 Ctrl + N组合键新建一个A4 大小的空文档，单击属性栏中的"横向"按钮 □ 设置页面为横向。双击矩形工具 □ 绘制一个与页面大小相同的矩形，为图形射线渐变填充从（C50 M40 K60）颜色到（C20）颜色，使用交互式填充工具 圖 调整效果如图 7-98所示。

**02** 绘制杂乱线段。大家想象得到吗？调和对象的路径也可以是这样杂乱的线段。为了满天繁星的分布，将线段绘制的越长越杂乱越好。哪里分布对象多，哪里就多画几笔。使用手绘工具绘制的线段如图7-99所示。

**03** 调和对象。绘制两个圆形，填充为青色并去除轮廓线，将两个圆用交互式调和工具进行直线调和，如图7-100所示。

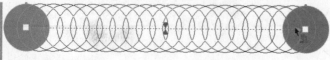

图7-100　调和对象

**04** 分布对象。单击属性栏中的"路径属性"按钮，选择"新路径"选项。鼠标指针变成形状，单击绘制好的杂乱线段。单击"杂项调和选项"按钮，选择"沿全路径调和"和"旋转全部对象"复选框。效果如图7-101所示。

**05** 调整满天繁星。选择"视图"→"简单线框"命令，发现视图模式发生变化。我们可以轻松地找到进行调和的两个圆形，将两个圆形缩小到合适大小后，视图切换回原来的增强模式。是不是觉得满天繁星的颜色有点单调呢？首先修改调和步长值，增大步长值，增多星星数量。然后单击"杂项调和选项"按钮，选择"拆分"选项，用提示箭头单击中心地带的任意一颗星星，更改其色彩为白色。你会发现满天繁星立马鲜活起来了！效果如图7-102所示。

**06** 删除杂乱线段。满天繁星绘制好了，杂乱的线段就显得有点碍眼了，我们可以删除它了。选中调和对象，直接按Ctrl + K组合键将其拆分，然后选择杂乱线段并删除它，如图7-103所示。

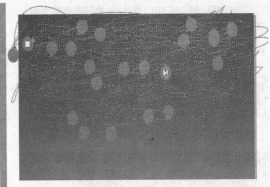

图7-101　分布对象

图7-102　调整满天繁星

图7-103　删除杂乱线段

**07** 绘制恒星光晕。拥有满天繁星后，我们还缺少例如北斗七星那样点缀天空的耀眼恒星。满天繁星我们都绘制出来了，恒星还能难得倒我们吗？

绘制一个圆形，填充为白色，使用交互式阴影工具添加阴影效果，在属性栏设置"阴影颜色"为白色，"透明度操作"选择添加，"阴影的不透明度"为70，"阴影羽化"值为10，如图7-104所示。按Ctrl + K组合键将阴影与图形拆分。同时选中阴影和图形，单击属性栏中的"后减前"按钮，得到光晕，如图7-105所示。

图7-104　阴影效果　　图7-105　后减前

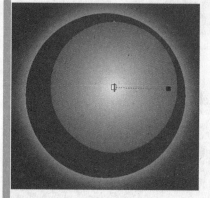

图7-106　绘制大颗星星光圈

08 绘制恒星光圈。绘制一个圆形，填充为白色，为其添加透明效果，在属性栏设置"透明度类型"为射线，"透明度操作"选择添加，"阴影中心点"为96。从调色板中拖动白色到透明度控制柄黑色色块中，拖动黑色到控制柄白色色块中，将控制柄中间滑块滑动到靠近图形中心位置。将得到的光圈放置到光晕中。如图7-106所示。

图7-107　绘制六角星　　图7-108　调整节点

09 绘制恒星光芒。用星形工具绘制一个六角星，将其锐度设置为90，如图7-107所示。按Ctrl + Q组合键将其转换为曲线，用形状工具调整其节点，如图7-108所示。

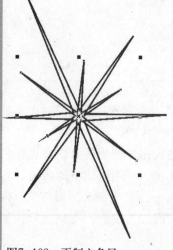

图7-109　再制六角星

10 再制六角星。选中六角星，在属性栏"旋转角度"文本框中输入30，按下Enter键确认。按住Shift键将六角星缩小并单击右键进行再制。将两个六角星交错放置，选中这两个六角星，单击属性栏中的"焊接"按钮焊接图形，如图7-109所示。

图7-110　完成恒星

11 完成恒星。将焊接的星形填充白颜色，并去除轮廓线。使用交互式透明工具🔲为焊接后的图形添加透明效果，在属性栏设置"透明度类型"为标准，"透明度操作"选择添加，"开始透明度"为50。将光芒放置到光圈中，选中整个恒星进行群组。我们的恒星就这样诞生了，如图7-110所示。

12 排列恒星。你有没有想过，如果有一天夜空中的恒星突然排列成了心形，那该是怎样惊心动魄的美啊！"我的地盘我做主"，我们的招贴我们说了算！用基本形状工具绘制心形，在属性栏中的"旋转角度"文本框中输入30，将心形旋转30°。将恒星大小不一、错落有致的以心形为路径来排列，如图7-111所示。

图7-111　排列恒星

13 再制排列好的恒星。将排列好的心形恒星群组并再制，然后将心形图形删除，效果如图7-112所示。温馨浪漫的心形恒星正向我们眨眼呢！

14 绘制彗星。如果再来个丘比特式的箭，将两个心形串联起来该多好啊！我们就用拖着长长尾巴的彗星来代替丘比特之箭吧！
用基本形状工具绘制水滴样式图形，在属性栏"旋转角度"文本框中输入-90°，按下Enter键确认。按Ctrl + Q组合键将其转换为曲线，用形状工具调整其节点，让它显得瘦长一些。为图形填充从白色到天蓝色的线性渐变效果，并去除轮廓线，如图7-113所示。

图7-112　再制恒星

图7-113　绘制彗星

15 为彗星添加透明和阴影效果。将彗星旋转后放置到两个心形恒星之间。用交互式阴影工具为彗星添加四周阴影，在属性栏设置"阴影不透明度"为70，"阴影羽化"为10，"透明度操作"选择添加，"阴影颜色"为白色。用交互式透明工具为图形添加透明效果，在属性栏设置"透明类型"为线性，"透明度操作"为添加，"透明中心点"为100，将彗星尾部全部透明。如图7-114所示，拖着长长尾巴的彗星划破天际，只为了将两颗相爱的心串联在一起。

图7-114　绘制彗星

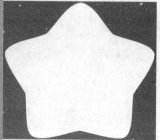

图7-115　绘制边角圆滑五角星

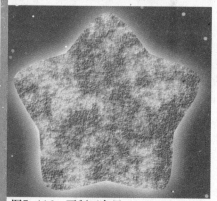

图7-116　再制五角星

16 绘制边角圆滑五角星。"Impossible is Nothing！"（没有什么不可能）！既然我们能将恒星排列成心形，也就能将月球绘制成星形！

用星形工具绘制五角星，设置其"锐度"为15，填充为白色并去除轮廓线。按Ctrl + Q组合键将其转换为曲线，用形状工具调整其节点，将其调整成边角圆滑的五角星，如图7-115所示。这样的月球形状是不是很酷呢？

17 再制五角星。按下数字键区的+键再制五角星，打开"底纹填充"对话框，在"底纹库"中选择样本8，"底纹列表"中选择月球表面，单击"确定"按钮。使用交互式阴影工具为其添加阴影效果，"阴影的不透明度"为90，"阴影羽化"为20，"透明度操作"为添加，"阴影颜色"为白色，如图7-116所示。

18 完成月球。是不是觉得月球不够柔和呢？大家可别忘了月球的下一层还藏着一个五角星呢！

按Ctrl + PgDn组合键将添加了阴影效果的五角星移到下一层。为填充为白色的五角星添加透明效果，在属性栏中设置"透明度类型"为射线，"透明度操作"选择添加，"透明度中心点"为50。月球完成效果如图7-117所示。现在可爱的月球正发出柔和的亮光。

图7-117　完成月球

19 输入招贴文字。用文本工具输入"浪漫七夕夜"字样。设置"字体"为方正隶书简体，"字号"为30pt，颜色填充为黄色。使用交互式阴影工具为美术文本添加阴影效果，在属性栏设置"阴影的不透明度"为80，"阴影羽化"为15，"透明度操作"为正常，"阴影颜色"为黄色。按Ctrl ＋ K组合键将阴影与文本拆分，按住Shift键将阴影等比例放大。效果如图7-118所示。

图7-118　输入招贴文字

20 输入其他文字。用文本工具输入"中国情人节"字样。设置"字体"为方正新舒体简体，"字号"为50pt，颜色填充为黄色。按照上一步的方法为美术文本添加阴影效果，拆分阴影并放大。效果如图7-119所示。

图7-119　输入其他文字

21 为文字添加恒星装饰。用文本工具输入"七月七日中国传统节日——七夕"字样。"字体"设置为方正隶书简体，"字号"设置为12pt，颜色填充为黄色。将恒星再制后放置到文字后一层，添加装饰效果，如图7-120所示。

图7-120 为文字添加恒星装饰

**22** 为招贴添加装饰画样。打开光盘\素材库\第七章\花草.cdr文件，复制到招贴中。这样七夕招贴就完成了，如图7-121所示。

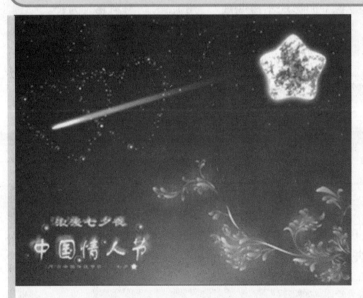

图7-121 为招贴添加装饰花样

## 7.6 疑难及常见问题

俗话说，"有一千个人，就会有一千个哈姆雷特"。每个人的问题都不尽相同，我们不能一一列出，在这里只是例举大家最常遇到的难题。

1. 如何拆分调和对象

选择中间图形单击右键，在弹出的快捷菜单中选择"拆分路径群组上的混合于图层1"命令，再按Ctrl + U组合键，取消全部群组。这时就可以单独调整调和对象中各个图形的位置了。拆分前后对比如图7-122所示。

图7-122 拆分调和对象

**2．如何拆分阴影**

选择阴影效果的图形，执行"排列"→"拆分"命令，或按Ctrl + K组合键，将阴影与图形分离。阴影与图形拆分后，将无法修改其属性。我们可以用交互式透明工具将图形的透明度设置为100，这样，图形将完全透明，可以随时对阴影进行修改。

**3．如何指定透明度的范围**

选择一个应用了透明度的对象，从属性栏上的"透明度目标"列表框中选择下列其中一项："填充"、"轮廓"、"全部"。如图7-123所示。

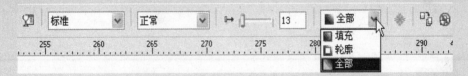

图7-123 透明度目标列表框

**4．如何冻结透明度的内容**

选择一个应用了透明度的对象，单击属性栏上的"冻结"按钮 ⊛ 。这时，透明效果被冻结到透明对象上，可以跟随透明对象移动，但实际对象保持不变，如图7-124所示。

图7-124 冻结透明度内容

**5．如何调整阴影的分辨率**

单击工具菜单，选择"选项"命令，弹出"选项"对话框，在"工作区"类别列表中选择"常规"，在"分辨率"文本框中键入值，单击"确定"按钮后，阴影的分辨率即被调整。如图7-125所示。

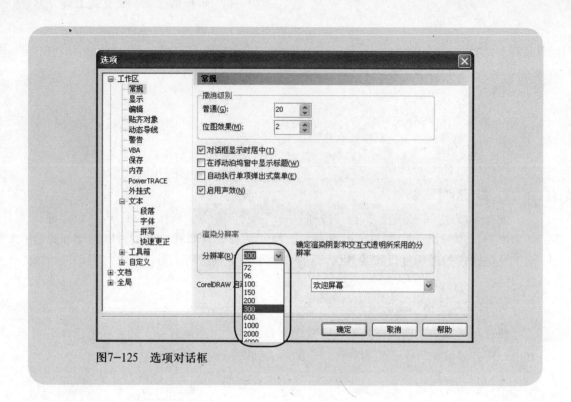

图7-125　选项对话框

# 7.7 习题与上机练习

1. 选择题

(1) 沿手绘路径调和对象时，按住（　　）键并拖动鼠标。

　　A．Ctrl　　　　　　　　　B．Alt

　　C．Shift　　　　　　　　　D．空格

(2) 单击工具箱中的交互式变形工具，从图形中心向（　　）拖动鼠标，产生内缩变形。

　　A．外　　　　　　　　　　B．内

　　C．左　　　　　　　　　　D．右

(3) 复制阴影属性时，提示箭头要单击带有阴影效果图形的（　　）才行。

　　A．图形　　　　　　　　　B．空白位置

　　C．阴影　　　　　　　　　D．中心

(4) 单击交互式封套属性栏中的（　　）按钮，可以任意拖动封套节点。

　　A．直线模式　　　　　　　B．单弧模式

　　C．双弧模式　　　　　　　D．非强制模式

(5) 在立体化编辑状态下，再次单击立体化对象，进入（　　）。

　　A．编辑状态　　　　　　　B．旋转状态

C．复制状态　　　　　　D．再制状态

(6) 立体化斜角修饰边功能可以使对象在立体化的基础上产生（　　）效果。

A．立体倒角　　　　　　B．立体

C．再制　　　　　　　　D．旋转

(7) 线性透明方向线上的中间滑块用来控制（　　）。

A．透明度　　　　　　　B．不透明度

C．透明中心点　　　　　D．方向

(8) 透镜泊坞窗中的（　　）选项，可以将透镜内容固定。

A．应用　　　　　　　　B．冻结

C．视点　　　　　　　　D．移除表面

2．问答题

(1) 怎样手动调整调和对象的移动？

(2) 怎样创建立体化斜角修饰边？

(3) 怎样复制变形属性？

3．上机练习题

(1) 绘制图7-126所示的作品。

提示：使用椭圆形工具绘制透明气泡、高光及反光部分形状，填充为白色。使用交互式透明工具将气泡透明度设置为93。使用交互式阴影工具为气泡、高光及反光部分添加白色阴影；将图形与阴影分离。将气泡阴影精确裁剪到气泡中，将高光及反光阴影放置到气泡合适位置，群组对象，透明气泡就完成了。

图7-126　透明气泡

(2) 绘制宇宙，如图7-127所示。

提示：首先绘制一个圆，打开"纹理填充"对话框，在"样本7"中选择"极地表面"，改变"中色调"为一种淡蓝色，为"亮度"选择一种更浅的蓝色，将"密度"值改为"2"，单击"确定"按钮。选择"位图"→"转换为位图"命令（一定要选择透明背景复选框）。选择"位图"→"三维效果"→"球面"命令，在弹出的对话框中设置百分比参数为"25"，"优化"项选择"速度"单选按钮。最后为星球添加阴影效果即可。

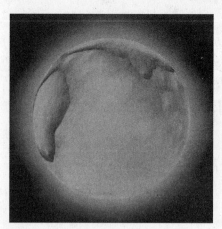

图7-127  宇宙空间

（3）绘制中国水墨画，如图7-128所示。

提示：我们中国传统水墨画最讲究意境，有时寥寥几笔就能勾勒出让人回味无穷的境界。下面的荷花图正是运用了交互式透明工具和交互式阴影工具绘制而成的，是不是很有中国国画的感觉呢？绘制方法是先画出一片荷花瓣图形，可随意填充颜色，然后为其添加四周阴影并将阴影填充为洋红色，之后将阴影拆分并把原图形删除，最后用交互式透明工具调整阴影透明度。如法炮制出其他花瓣、花托和枝杆部分，将它们组合成完美的国画。

图7-128  中国传统水墨画

# 第八章
# 使用图层和样式

**本章内容**

实例引入——绘制时尚书签

基本术语

知识讲解

基础应用

案例表现

疑难及常见问题

## 本 章 导 读

其实在CorelDRAW中也是可以分图层操作的，使用图层可以帮助我们实现复杂图稿的有序管理。样式就是一套格式属性，将样式应用于对象时，样式的所有属性全都应用于该对象。如果多个对象需要同一格式，使用样式可以节省大量时间。

# 8.1 实例引入——绘制时尚书签

我们来绘制一款漂亮、时尚的书签吧。如图8-1所示为我们要绘制的书签，有了书签在看书时就可以很方便地翻到要接着看的那一页，而且绘制书签对于我们来说已经是超Easy了。

图8-1 绘制时尚书签

变形工具

曲线

### 8.1.1 制作分析

这款时尚书签的制作过程非常简单，我们的主要任务是练习怎样使用图层管理图形的放置位置。类似墨滴效果的图形是通过交互式变形工具变形得来的，为其填充不同的色彩，变换大小和位置，使书签看起来时尚感超强。两条曲线像两条纽带一样将所有图形串联起来。书签分解图如图8-2所示。

图8-2 书签分解图

## 8.1.2 制作步骤

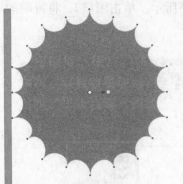

图8-3 绘制墨滴图形

**01** 新建文档并绘制墨滴图形。新建一个宽44mm，高190mm的新文档。按住Ctrl键，用多边形工具 ⬡ 绘制一个边数为10的正多边形。填充为任意颜色（后面将仔细调整其颜色）。用交互式变形工具进行推拉变形，在属性栏的"预设列表"中选择"Push Pull 3（推拉3）"，将"推拉失真振幅"调整至10。效果如图8-3所示。

图8-4 调整墨滴图形形状

**02** 调整墨滴图形形状。右键单击墨滴图形，在弹出的快捷菜单中选择"转换为曲线"命令或直接按Ctrl＋Q组合键，将墨滴图形转换为曲线。用形状工具调整其节点至如图8-4所示。

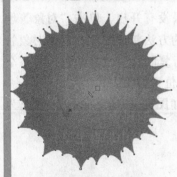

图8-5 调整墨滴图形颜色

**03** 调整墨滴图形的颜色。将墨滴图形射线渐变填充，"从"颜色设置为（M78 Y100 ）"到"颜色设置为（M43 Y76）。用交互式填充工具调整其填充，如图8-5所示。

图8-6 调整墨滴图形透明度

**04** 调整墨滴图形的透明度。将墨滴图形再制一个并更改填充颜色从（C9 Y79）颜色到（C7 Y54）颜色，放置在第一个墨滴图形下面。用交互式透明工具调整两个墨滴图形的透明度，在"透明度类型"中选择"标准"，在"透明度操作"中选择"乘"。这样墨滴图形在与图形重叠放置时，重叠部分的颜色就变成混合色了，如图8-6所示。

**05** 再制墨滴图形并分层。再制墨滴图形，调整图形的大小，并按照上述渐变填充的方法填充为不同的颜色。选择"工具"→"对象管理器"命令，打开"对象管理器"泊坞窗。如图8-7所示。单击泊坞窗下方的"新建图层"按钮 🗒，新建一个图层，得到图层2。选择墨滴图形，单击"对象管理器选项" ▶按钮，在展开的对象管理器选项栏中选择"移到图层"命令，如图8-8所示。单击图层2，将再制的墨滴图形移到新图层2中。

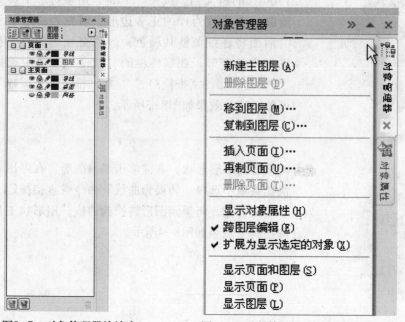

图8-7　对象管理器泊坞窗　　　　　　图8-8　对象管理器选项栏

**06** 分层管理图形。确定跨图层编辑处于开启状态，如果没有开启，单击"对象管理器"泊坞窗中的"跨图层编辑"按钮 。按照上面的方法新建图层，通过对象管理器选项栏中的"复制到图层"命令将墨滴图形进行复制，更改其颜色。将每个复制后的图形都进行分层管理。再制墨滴图形的放置位置如图8-9所示。

**07** 绘制曲线彩带。用贝塞尔工具在新建图层上绘制如图8-10所示形状。填充为（C15 Y70）颜色，去除轮廓线。

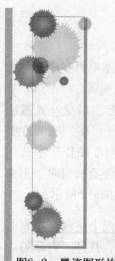

图8-9　墨滴图形放置位置　　　　图8-10　绘制曲线彩带

**08** 绘制第二条曲线彩带。用贝塞尔工具在新建图层上绘制如图8-11所示形状，线性渐变填充从浅蓝光紫到（M56）颜色，去除其轮廓线。绘制三个大小不等的圆，填充和第二条彩带一样的渐变颜色，然后放置到彩带周围，充当装饰，如图8-12所示。

图8-11　第二条曲线彩带　　　　　　图8-12　绘制圆形装饰

**09** 排列图层。在"对象管理器"泊坞窗中排列图层叠放顺序，在图层列表中，拖动图层到新的位置上，即可改变图层的叠放顺序，如图8-13所示。只要大家觉得图层叠放顺序看上去很舒服就可以了，没有什么硬性规定，我们暂且让它的叠放顺序如图8-14所示。

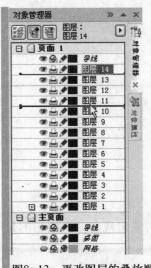 

图8-13　更改图层的叠放顺序　　　　图8-14　叠放顺序

**10** 输入文本。用文本工具输入文本"书"，"字体"设置为方正行楷简体，"字号"为57pt。输入文本"自有黄金屋"，"字体"为方正行楷简体，"字号"为15pt，"文本方向"为垂直方向。将文本放置到书签的右下方位置，排列如图8-15所示。

图8-15　文本位置

图8-16　书签完成

**11** 精确裁剪图形。双击矩形工具▢绘制一个与页面大小相同的矩形，运用挑选工具选取除矩形外所有图形，选择"效果"→"图框精确剪裁"→"放置在容器中"命令，拾取矩形作为容器，然后按住Ctrl键单击矩形进入容器，将所有图形放置到矩形中合适的位置。最后再次按住Ctrl键，单击空白处完成裁剪。去除轮廓线后的最终效果如图8-16所示。

## 8.2　基本术语

### 8.2.1　主图层

主图层是指主页面上的图层，其对象出现在多页绘图的每个页面上。一个主页面可以有不止一个主图层。

### 8.2.2　跨图层编辑

跨图层编辑指可以同时在多个图层中进行编辑。

### 8.2.3　样式

样式是指控制特定对象外观的属性集。有三种样式类型：图形样式、文本样式（美术和段落）及颜色样式。

### 8.2.4　子颜色与父颜色

父颜色是指定的一种原始颜色，可以保存并应用到绘图中的对象上。可以从父颜色创建子颜色。子颜色是与父颜色同色相的不同饱和度、明度的颜色。

## 8.3　知识讲解

所有CorelDRAW绘图都由叠放的对象组成。这些对象的叠放顺序决定了绘图的外观。我们可以使用被称为图层的不可见平面来组织这些对象。CorelDRAW应用程序提供三种样式，可以根据需要进行创建并应用于绘图：图形、文本和颜色。创建一种样式后，可以对它进行编辑并应用于任意数量的图形和文本对象中。编辑样式后，所有使用该样式且未被锁定的对象都将自动更新，这样就可以一次性更改许多对象的设计。可以保存当前绘图中的所有样式，并将它们用于所有新创建的绘图。

### 8.3.1　使用图层

图层为组织和编辑复杂绘图中的对象提供了更大的灵活性。可以将一个绘图划分成多个图层，每个图层分别包含一部分绘图内容。我们还可以隐藏图层，隐藏某个图层之后，就可以识别和编辑其他图层上的对象。这样可以减少编辑中CorelDRAW刷新绘图所需的时间。

1.创建图层

每个新文件都有一个主页面，用于包含和控制三个默认图层：网格图层、导线图层和桌面图层。网格图层、导线图层和桌面图层包含了网格、导线和绘图页边框外的对象。我们可以在主页面中添加一个或多个主图层。

选择"工具"→"对象管理器"命令，弹出"对象管理器"泊坞窗，如图8-17所示。

单击对象管理器选项▶按钮，如图8-18所示。

图8-17　对象管理器泊坞窗

图8-18　对象管理器选项

单击"新建图层"命令，可以新建一个图层。

单击"新建主图层"命令，可以新建一个主图层。

我们还可以单击对象管理泊坞窗下的"新建图层"按钮和"新建主图层"按钮，新建图层和主图层。

> 通过右击图层名，在弹出的快捷菜单中选择"主对象"命令，就可以使任何图层变成主图层。

**2.更改图层的属性**

显示、隐藏图层：当图层名旁边的眼睛图标显示时，说明当前图层正处于被显示的状态。单击眼睛图标，当眼睛图标呈灰色时，说明此图层已经被隐藏。

锁定、解锁图层：单击图层名旁边的画笔图标，当画笔图标上出现禁用符号时，说明当前图层已被锁定。再次单击画笔图标，当画笔图标显示时，说明当前图层已被解除锁定。

启用、禁用打印或导出：当图层名旁边的打印图标显示时，说明当前图层正处于可以被打印或导出的状态。单击打印图标，当打印图标出现禁用符号时，说明此图层已经被禁用打印或导出。

删除图层：右键单击图层名，在弹出的快捷菜单中选择"删除图层"命令，即可删除此图层。

**3.更改图层的叠放顺序**

在图层列表中，将图层的名称标记拖放到新的位置上，即可改变图层的叠放顺序。如图8-19所示。

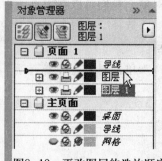

图8-19　更改图层的迭放顺序

**4.在图层间移动和复制对象**

可以将选定的对象移动或复制到新的图层上，包括将主页面中的图层移动或复制到其他页面上，以及将其他页面上的图层移动或复制到主页面上。

如果将对象移动或复制到位于其当前图层下面的某个图层上，该对象将成为新图层上的顶层对象。同样，如果将对象移动或复制到位于其当前图层上面的某个图层上，该对象就将成为新图层上的底层对象。

单击对象管理器中的对象，单击对象管理器选项按钮，然后选择"移到图层"或"复制到图层"命令，出现黑色箭头，使用箭头单击需要的图层即可。

可以在对象管理器泊坞窗中将对象直接拖到新的图层中。选择对象
按Ctrl ＋ C组合键复制后，单击图层名选择图层，然后按Ctrl ＋ V组合键
即可把对象复制到需要的图层中。

### 8.3.2 图形和文本样式

图形样式包括填充设置和轮廓设置，可应用于诸如矩形、椭圆和曲线等图形对
象。如果绘图中的群组对象使用了一种图形样式，就可以通过编辑图形样式来同时更
改各对象的填充。

文本样式是一套文本设置，如字体和大小，还可以包括填充属性和轮廓属性。文
本样式分为美术字和段落文本，可以更改默认美术字和段落文本的属性。

1.创建、编辑图形和文本样式

我们既可以根据现有对象的属性来创建图形或文本样式，也可以从头新建图
形或文本样式，两种情形下创建的样式都会被保存起来。在对象上应用样式时，
CorelDRAW会使用当前样式的属性来覆盖现有的文本或图形属性。要在另一绘图中使
用样式，可以将样式复制到新的绘图上，或者将样式保存在模板中。如果出现错误或
觉得前一样式更适合该对象，也可以将对象的属性恢复到先前的样式。

选择"工具"→"图形和文本样式"命令，打开"图形和文本样式"泊坞窗。在
"图形和文本样式"泊坞窗中，单击"选项"按钮，展开菜单，如图8-20所示。单击
"新建"命令，在子菜单中的"图形样式"、"美术字样式"和"段落文本样式"中
选取一种样式，譬如选择"图形样式"，就创建了一个叫做"新图形"的样式。该样
式现在还是默认的属性，可以继续操作编辑其属性。

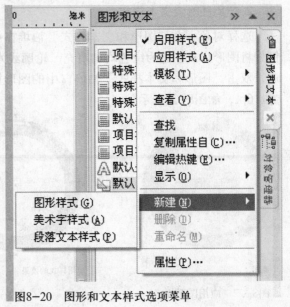

图8-20 图形和文本样式选项菜单

在图形和文本样式泊坞窗中选中"新图形"样式（位于列表中的最下方），单击鼠标右键，选择"属性"命令，弹出"选项"对话框，如图8-21所示。

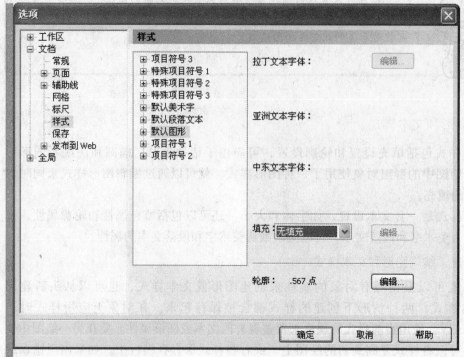

图8-21 选项对话框

在"选项"对话框的"填充"下拉列表中选择一种填充类型，然后单击"编辑"按钮，可以修改填充属性。单击轮廓项的"编辑"按钮，可以修改轮廓属性。编辑完毕，单击"确定"按钮即完成"新图形"样式创建。选中图形，双击"新图形"样式，即可将样式应用到对象上。

美术字和段落文本样式的方式同上，就不再赘述了。

2.应用图形或文本样式

选择对象，在"图形和文本样式"泊坞窗中双击创建好的样式，即可应用样式。例如将图形样式创建为绿色均匀填充，轮廓线为1.0pt。选择无轮廓线填充为红色的对象，双击"图形和文本样式"泊坞窗中的图形样式，对象将变为绿色填充并且轮廓线为1.0pt，如图8-22所示。

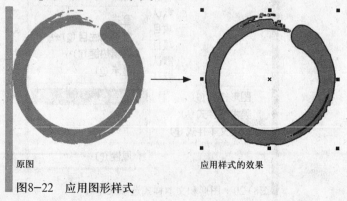

原图　　　　　　　　　　　　　应用样式的效果

图8-22 应用图形样式

3.删除、重命名图形或文本样式

删除和重命名图形或文本样式都比较简单，在"图形和文本样式"泊坞窗中右键单击样式名称，弹出快捷菜单，在菜单中选择"删除"或"重命名"命令，即可删除、重命名图形或文本样式。如图8-23所示。

4.从对象创建图形或文本样式

不仅可以通过预设填充或轮廓属性来创建样式，也可以直接从对象创建图形或文本属性。

右键单击要保存其样式属性的对象，选择"样式"→"保存样式属性"命令，弹出"保存样式为"对话框，如图8-24所示。

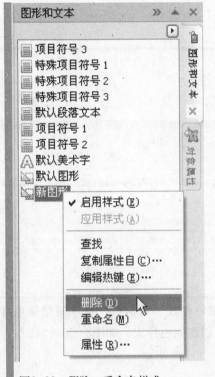

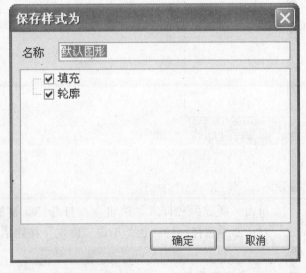

图8-23 删除、重命名样式　　图8-24 保存样式为对话框

在对话框"名称"栏中键入样式名称，启用"填充"或"轮廓"复选框，保存填充或轮廓属性，单击"确定"按钮完成操作，样式将被保存。

通过将对象拖入图形和文本样式泊坞窗，也可以从对象创建图形或文本样式。

### 8.3.3 颜色样式

创建颜色样式时，新样式将被保存到当前绘图中。创建颜色样式后，可将它应用于绘图中的对象。如果不再需要颜色样式，还可将其删除。CorelDRAW具备从选定的对象创建颜色样式的自动创建功能。

1. 创建、应用颜色样式

选择"工具"→"颜色样式"命令，打开"颜色样式"泊坞窗，如图8-25所示。

图8-25  颜色样式泊坞窗

单击"新建颜色样式"按钮 ，打开"新建颜色样式"对话框。从"新建颜色样式"对话框中选择一种颜色，单击"确定"按钮后创建颜色样式，如图8-26所示。

图8-26  新建颜色样式对话框

颜色样式的应用与图形和文本样式的应用相同。

也可以将样式直接从样式泊坞窗中把样式拖动到对象上实现样式应用。

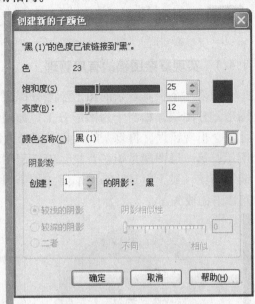

图8-27　创建新的子颜色对话框

2.创建子颜色

在颜色样式泊坞窗中，选择要链接子颜色的颜色样式。单击"新建子颜色"按钮，弹出"创建新的子颜色"对话框，如图8-27所示。

在创建新的子颜色对话框中指定所需的设置，在颜色名称框中键入名称，单击"确定"按钮后完成创建。

3.移动颜色样式

可以将子颜色从一种父颜色移至另一种父颜色。该子颜色将根据新色相自动改变颜色。

方法超级简单，只要在颜色样式泊坞窗中，使用挑选工具将子颜色拖动至另一父颜色下即可。

4.从对象创建父颜色和子颜色

同图形和文本样式一样，颜色样式也可以从对象中直接创建。

选择一个或一组对象，在"颜色样式"泊坞窗中，单击"自动创建颜色样式"按钮，弹出"自动创建颜色样式"对话框，如图8-28所示。

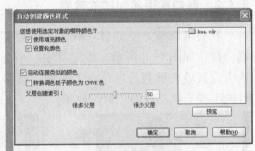

图8-28　自动创建颜色样式对话框

启用"使用填充颜色"或"设置轮廓色"复选框。启用"自动连接类似的颜色"复选框可以将相似颜色链接到相应的父颜色之下。启用"转换调色板子颜色为ＣＭＹＫ色"复选框，可以将颜色转换为CMYK，以便可以将它们自动归到相应的父颜色下。

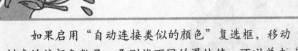

如果启用"自动连接类似的颜色"复选框，移动"父层创建索引"滑块即可确定创建的父颜色数量。要测试不同的滑块值，可以单击"预览"按钮。

## 8.4 基础应用

### 8.4.1 实现复杂图稿的有序管理

如果一个极其复杂的图形不划分图层的话，恐怕我们编辑起来就会很头痛了。为图形划分图层，相当于为图形分工，如同一个大企业将员工分工一样，有专人负责，才不会出现错误。再复杂的图稿只要分开层次，就不会分不清东南西北了。如图8-29所示，第一层图层是矩形背景，第二层图层由背景圆形组成，第三层图层则是中心的装饰图案，最上面是装饰图形组成的第四层图层。这样，当需要对图形进行修改时就可以有的放矢了。

图8-29　Alexandre Efimov 平面作品（来源于中国设计秀网站）

### 8.4.2 自如实现多种样式效果

我们可以很方便地将一种样式应用于所有新创建的绘图，它的功能就像一把格式刷一样。如图8-30所示，设定其中一个图中的小孩子剪影效果为样式属性，在样式属性中设置填充颜色为黑色，无轮廓。然后将图中的其他小孩子全部选中应用样式，所有的小孩子就都成为了剪影效果。

图8-30　实现多种样式效果

## 8.5 案例表现——绘制时尚插画

笔者一直很喜欢落落的文字，她的文字时而细腻，时而犀利，时而洒脱，时而慵懒。落落写过这样一句话："从想念一朵花的思维，去想你。那么high的事，随随便便放在哪个季节里都会生出巨大的花瓣。"我们就根据这句话的意境来描绘下面的插画吧。

01 新建文件绘制背景。新建一个A4大小的空文档。双击矩形工具 绘制一个与页面大小相同的矩形，填充为黑色，去除轮廓线。

02 绘制花心。许巍在《蓝莲花》中唱到："心中那自由地世界，如此的清澈高远，盛开着永不凋零，蓝莲花……"下面我们就来绘制永不凋零的蓝莲花。

选择"工具"→"对象管理器"命令，打开对象管理器泊坞窗。单击"对象管理器"泊坞窗下的"新建图层"按钮 ，新建一个图层，默认为图层2。在图层2中用贝塞尔工具 绘制如图8-31所示形状，用交互式网状填充工具 为其填充颜色，从中间的深黄色向周围的浅橘红颜色过渡。

03 绘制花粉。用贝塞尔工具 绘制如图8-32所示形状，按住Shift + F11打开均匀填充对话框，填充为（C3 M38 Y92）颜色。将花粉多次再制，并略微调整其形状，分散放置到花心中，按Ctrl + G组合键将它们群组。效果如图8-33所示。

04 再制花心形状。再制花心形状，填充为（C6 M65 Y95）颜色。略微调整其边缘形状并稍微放大放置到下一层。效果如图8-34所示。

浅橘红　深黄

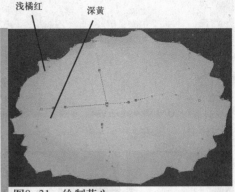

图8-31 绘制花心

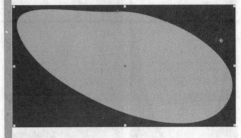

图8-32 绘制花粉

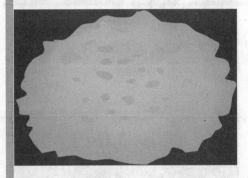

图8-33 放置花粉

图8-34 再制花心

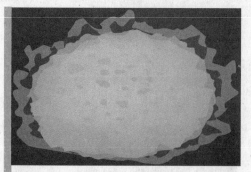

图8-35　完成花心

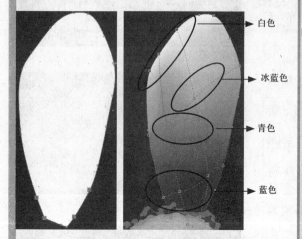

图8-36　花瓣1　　图8-37　网状填充

白色

冰蓝色

青色

蓝色

图8-38　再制花瓣

图8-39　调整再制花瓣

05　完成花心。继续再制两个花心形状，分别填充为蓝色和青色，略微调整边缘形状并放大放置到下一层。现在蓝莲花的花心算是正式完成了，效果如图8-35所示。

06　花心完成之后，下一个任务自然就是绘制花瓣了。花瓣的绘制可是这一部分的难点，除了花瓣的形状，关键是如何上好颜色。用交互式网状填充工具填充花瓣，要根据花瓣的生长情况和受光照的角度来分布颜色。用贝塞尔工具绘制如图8-36所示的花瓣形状1，用交互式网状填充工具为其填充颜色，如图8-37所示。

07　再制花瓣。将花瓣再制一个。单击属性栏中的"水平镜像"按钮，将花瓣水平镜像，单击花瓣，按住旋转手柄进行向左旋转30°，将其略微缩小一些，再调整一下颜色即可。放置到花心左侧位置，如图8-38所示。

继续制作一个花瓣，将花瓣形状用形状工具略微修改一下，缩小一些，然后改动其颜色，放置到花心右侧位置，如图8-39所示。

08 绘制其他花瓣。用贝塞尔工具 ✎ 绘制如图8-40所示花瓣形状2，用交互式网状填充工具 ▦ 为其填充颜色。中间部分为天蓝色，周围颜色为冰蓝色，最下端的颜色为冰蓝色和白色的混合色，如图8-41所示。

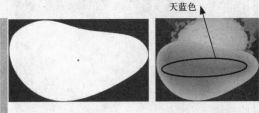

天蓝色

图8-40　花瓣2　　　　图8-41　花瓣的填充

用贝塞尔工具 ✎ 绘制如图8-42所示花瓣形状3，用交互式网状填充工具 ▦ 为其填充颜色后将其再制，放置到如图8-43所示位置。

图8-42　花瓣3　　　　　　　　图8-43　填充

用贝塞尔工具 ✎ 绘制如图8-44所示花瓣形状4，用交互式网状填充工具 ▦ 为其填充颜色，放置到如图8-45所示位置。

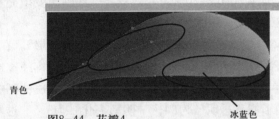 

青色　　　　　　　　　冰蓝色

图8-44　花瓣4　　　　图8-45　位置

将花瓣2进行缩小再制，放置到如图8-46所示位置。

图8-46　再制花瓣

图8-47 再制花瓣

将如图8-47所示带有轮廓线的花瓣进行再制，旋转后错落放置到箭头所示位置。将它们的网状填充颜色稍作调整后放置到下一层。

用贝塞尔工具![]绘制如图8-48所示花瓣形状5，用交互式网状填充工具![]为其填充颜色，放置到如图8-49所示位置。现在蓝莲花的花朵部分就大功告成了！

图8-48　花瓣5

图8-49　调整再制花瓣

09　绘制花茎。用贝塞尔工具![]绘制如图8-50所示花茎形状，线性渐变填充从蓝色到青色颜色。放置到蓝莲花下一层，如图8-51所示。

10　绘制花蕊。在"对象管理器"泊坞窗中新建一个图层，默认为图层3。在图层3中用贝塞尔工具![]绘制如图8-52所示花蕊形状的线段，设置其轮廓线宽度为发丝，轮廓色为白色。用交互式阴影工具![]为其添加阴影效果，在属性栏中设置"阴影颜色"为白色，"阴影的不透明"为84，"阴影羽化"为3，"透明度操作"为添加。

　用椭圆形工具![]绘制圆，设置为无填充，设置其轮廓线宽度为1.0pt，轮廓色为白色。用交互式阴影工具![]为其添加阴影效果，在属性栏中设置"阴影颜色"为白色，"阴影的不透明"为98，"阴影羽化"为69，"透明度操作"为添加。将其与上一步绘制的图形群组，如图8-53所示。

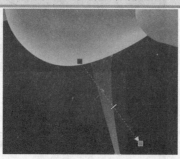

图8-50　绘制花茎　　图8-51　调整花茎填充　　图8-52　绘制花蕊　　图8-53　完成花蕊

图8-54 再制花蕊

将群组好的花蕊再制若干次,调整它们的大小和方向,按如图8-54所示位置排列。

**11** 放置花间精灵。打开光盘\素材库\第八章\精灵.cdr文件,将精灵图形复制到插画中,放置到蓝莲花花心中,如图8-55所示。

图8-55 放置图形

**12** 花中精灵现身了,但好像还少了一些效果,下面我们就来为精灵添加必不可少的光点效果。

在"对象管理器"泊坞窗中新建一个图层,默认为图层5。在图层5中用椭圆形工具◎绘制圆,填充为白色。用交互式阴影工具◻为其添加阴影效果,在属性栏中设置"阴影颜色"为白色,"阴影的不透明"为100,"阴影羽化"为70,"透明度操作"为添加。将其再制并调整大小和位置,使其四个为一组进行群组,如图8-56所示。将群组后的光点进行再制,放置到精灵的周围,如图8-57所示。

图8-56 绘制光点 图8-57 放置光点

**13** 想象一下当清晨第一缕阳光照耀在蓝莲花上,花间精灵慢慢苏醒的可爱样子。一边想,一边绘制晨光。在"对象管理器"泊坞窗中新建一个图层,默认为图层6。在图层6中用矩形工具▢绘制长条矩形,去除轮廓线,旋转一个角度,线性渐变填充从红色到白色颜色,如图8-58所示。

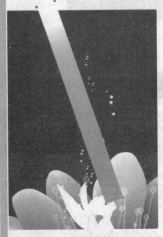

图8-58 绘制晨光

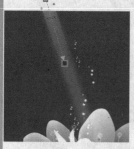

图8-59　为晨光添加透明和阴影效果

图8-60　再制晨光

图8-61　整体效果

为晨光添加透明和阴影效果。首先添加透明效果，在属性栏中设置"透明度类型"为线性，"透明度操作"为如果更亮，"透明中心点"为100。再为其添加阴影效果，在属性栏中设置"阴影颜色"为红色，"阴影的不透明"为40，"阴影羽化"为13，"透明度操作"为如果更亮。效果如图8-59所示。

将晨光再制，调整其大小后错落放置，如图8-60所示。再制后的晨光阴影颜色可以改为黄色，这样光束的变化会显得丰富一些。

14 到这里我们的时尚插画——蓝莲花就绘制完成了，快来欣赏一下它的整体效果吧，如图8-61所示。

## 8.6　疑难及常见问题

疑问就像是冬天的小风寒，总难痊愈，扰人心神。希望大家在看了我们对疑难及常见问题的解释后，可以茅塞顿开，不药而愈！

1. 如何设置图层的编辑属性

选择"工具"→"对象管理器"命令，打开"对象管理器"泊坞窗。

单击图层名可以使图层成为活动图层。然后单击图层前的眼睛、打印机、画笔等图标可以控制图层是否可显示、打印、编辑等。

2．如何重命名图层

选择"工具"→"对象管理器"命令，打开"对象管理器"泊坞窗，右键单击图层名称，在弹出的快捷菜单中选择"重命名"命令，为图层重新命名。还有一种方法是首先单击选中图层，然后再单击一次图层名，即可键入新的名称来重命名图层。

3．如何跨图层编辑

启用对象管理器泊坞窗中的"跨图层编辑"按钮（就是按下"跨图层编辑"按钮），即可编辑活动图层或者所有图层。

4．如何指定在图形和文本样式泊坞窗中显示样式

选择"工具"→"图形和文本样式"命令或直接按Ctrl + F5组合键，打开"图形和文本样式"泊坞窗，单击泊坞窗中的"选项"按钮，在展开菜单中选择"显示"命令，如图8-62所示。

图8-62 图形和文本样式泊坞窗

启用"图形样式"可以显示图形样式。

启用"美术字样式"可以显示美术字样式。

启用"段落文本样式"可以显示段落文本样式。

启用"自动查看"选项，只显示选定的对象可用的样式。

图8-63 图层属性

5．如何使用主图层制作多页印品

主图层中的对象将出现在每个页面中，因此特适合用于宣传册、说明书等多页印品设计。我们可以把页眉、页脚等公用图形制作在不同的主图层中，直接应用到所有页面中。当要修改这些公用图形时，只需在主图层上修改对象即可。

多页印品的奇、偶页的页眉页脚大多是不同的，为了更好的发挥主图层的优势，我们需要提前将版面设置成对开。按快捷键Ctrl + J打开选项对话框，在"文档"栏下"版面"设置中勾选"对开页"即可。

如果某个页面（如书中的章首页）不需要页眉或页脚，则首先将其切换为当前操作页，然后在"对象管理器"泊坞窗中的主对象上单击鼠标右键，从弹出的菜单中选择"属性"命令，这时出现图8-63所示的对话框。

取消对"可见"和"可打印"的选择，同时勾选下方"所有属性更改只应用于当前页"，单击"确定"按钮即可取消页眉或页脚在某个页面上的应用。

# 8.7 习题与上机练习

1. 选择题

(1) 主图层是指（　　）上的一个图层。

    A．图层　　　　　　　　B．页面

    C．主页面　　　　　　　D．绘图页面

(2) CorelDRAW应用程序提供（　　）种样式。

    A．一　　　　　　　　　B．二

    C．三　　　　　　　　　D．四

(3) 一个主页面包含网格图层、导线图层和（　　）图层。

    A．辅助线　　　　　　　B．标尺

    C．主　　　　　　　　　D．桌面

(4) 当图层名旁边的眼睛图标呈灰色时，说明此图层已经被（　　）。

    A．隐藏　　　　　　　　B．删除

    C．显示　　　　　　　　D．编辑

(5) 图形样式包括填充设置和（　　）设置。

    A．属性　　　　　　　　B．轮廓

    C．阴影　　　　　　　　D．大小

(6) 一个主页面可以有（　　）主图层。

    A．一个　　　　　　　　B．二个

    C．无数个　　　　　　　D．不止一个

(7) 文本样式分为（　　）种类型。

    A．一　　　　　　　　　B．二

    C．三　　　　　　　　　D．四

2. 问答题

(1) 怎样使任何图层成为主图层？

(2) 怎样跨图层编辑？

(3) 怎样创建子颜色？

3. 上机练习题

(1) 绘制如图8-64所示的对象并根据其创建图形或文本样式。

(2) 打开光盘\素材库\第八章\习题2.cdr文件，按页面2创建样式，然后将页面1应用页面2的样式。效果如图8-65所示。

(3) 利用图层绘制如图8-66所示的彩色气泡。

图8-64　创建样式

图8-65　应用样式

图8-66　彩色气泡

# 第九章
# 编辑位图

**本章内容**

## 本章导读

位图是由像素组成的图像。CorelDRAW软件不仅对矢量图形有强大的处理功能，对位图的编辑也照样在行。在本章中，我们将详细讲解位图的基本知识，如导入、裁剪、调整、编辑、转换、重新取样。

# 9.1 实例引入——电影海报

美国电影《史密斯夫妇》是一部火爆刺激的动作片，看电影时笔者一直暗呼过瘾，尤其是安吉丽娜朱莉穿着风衣由高楼一跃而下时，帅气的模样让笔者的心脏砰砰直跳。"怎一个帅字了得啊。"出于对《史密斯夫妇》这部电影的喜爱，决定自己来制作一款《史密斯夫妇》的电影海报。大家先看看效果，如图9-1所示。

图9-1　电影海报

### 9.1.1　制作分析

这款电影海报制作过程比较简单，我们主要练习一下怎样导入位图、精确裁剪位图，怎样将矢量图转换为位图并为位图添加透视效果。背景中看似《骇客帝国》海报效果的字串，是由交互式调和工具制作出来的，其他的应该都难不倒大家了。海报分解图如图9-2所示。

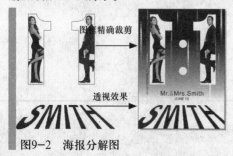

图9-2　海报分解图

### 9.1.2 制作步骤

**01** 新建文件并绘制背景。新建一个宽150mm，高200mm的新文档。双击矩形工具 ▭ 绘制一个与页面大小相同的矩形，线性渐变填充从黑色到白色颜色。效果如图9-3所示。

图9-3 绘制背景

**02** 输入影片名。用文本工具输入"SMITH"，"字体"设置为方正综艺简体。选择"位图"→"转换为位图"命令，将文本转换为分辨率为300dpi的位图。将其放置到海报下方的位置，如图9-4所示。

**SMITH**

图9-4 输入影片名

 大家千万别忘了在执行转换为位图命令时，选择透明背景复选框哦。

图9-5 透视对话框

**03** 为片名添加透视效果。选择转换为位图的片名，选择"位图"→"三维效果"→"透视"命令，弹出"透视"对话框。在预览框中单击最上方的节点并向里拖动节点，设置透视效果，如图9-5所示。

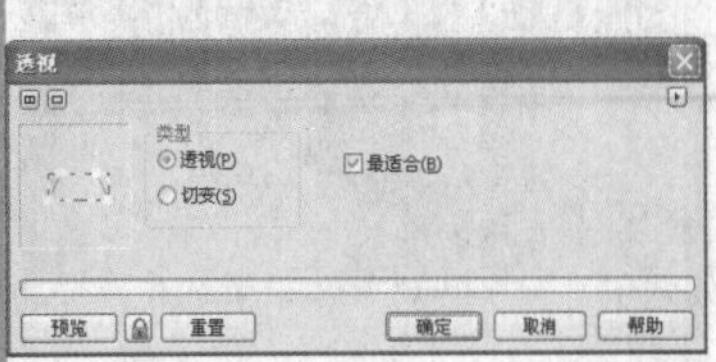

单击"确定"按钮后，片名透视效果如图9-6所示。

图9-6 为片名添加透视效果

我们还可以为片名添加"位图"→"扭曲"→"风吹效果"，大家可以试试，如果喜欢就保留。

图9-7 精确裁剪影片名

**04** 精确裁剪影片名。选中透视效果的影片名，选择"效果"→"图框精确剪裁"→"放置在容器中"命令，拾取背景作为容器，然后按住Ctrl键单击背景进入容器将字体放置在如图9-7所示的位置上，再按住Ctrl键单击空白处退出容器。

图9-8　排列文本

图9-9　调整数字形状

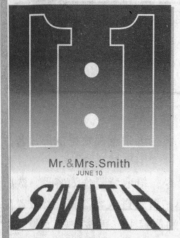

图9-10　放置数字图形

图9-11　放置符号

**05** 输入影片其他信息。用文本工具输入 "Mr.&Mrs.Smith"，将其 "字体" 设置为 "Arial"，"字号" 设置为30pt。将 "&" 设置为红色。输入文本 "JUNE 10"，"字体" 设置同上，"字号" 为16pt。将两个文本排列在影片名上方的合适位置。如图9-8所示。

**06** 制作海报内容。用文本工具输入数字 "1"，将其 "字体" 设置为黑体。单击右键，选择 "转换为曲线" 命令，用形状工具调整其节点至如图9-9所示形状，去掉填充色只留下轮廓线。

**07** 再制数字图形。按住Ctrl键，在水平方向上移动并复制一个数字图形，单击属性栏中的 "水平镜像" 按钮，将其水平镜像。将它们放置到如图9-10所示位置。

**08** 添加符号。史密斯夫妇在影片中有一场一对一的火爆较量，我们之所以将图片放置到数字 "1" 中进行图框精确裁剪并制作成 "1：1" 的形式，也是有着这一层寓意的。添加符号 "："，填充为白色，放置到如图9-11所示位置。

09 导入位图图片并调整。导入光盘\素材库\第九章\史密斯夫妇.jpg文件，选择"位图"→"图像调整实验室"命令，弹出"图像调整实验室"对话框，在对话框中设置其"温度"为3,010，"淡色"为−23，"饱和度"为23，如图9−12所示。

图9−12　图像调整实验室

10 精确裁剪位图图片。将调整好的人物图片复制一个，选择"效果"→"图框精确剪裁"→"放置在容器中"命令，将其分别放置到两个"1"图形中。结束编辑后的效果如图9−13所示位置。

图9−13　精确裁剪位图

11 海报制作已经接近尾声了，我们现在来看它的效果，好像缺少了什么东西似的，让人感觉不是很好。呵呵，等我们将背景完善之后再来看海报效果，你会发现前

图9-14 调和两个文本

后对比有着天翻地覆般的变化。

将文本"Mr.&Mrs.Smith"进行再制,并将其都填充为白色。单击属性栏上的"将文本更改为垂直方向"按钮,将文本更改为垂直方向。按住Ctrl键将文本在垂直方向上移动少许并单击右键复制一个,将其稍微放大一些,用交互式透明工具为其添加线性透明效果。用交互式调和工具调和两个文本,效果如图9-14所示。

**12** 再制调和文本。调和后的效果看起来有一种光束感,将其再制并错落放置到背景中。现在变化还不够多样,选择添加了透明效果的文本,在"透明度操作"下拉列表中选择不同的操作类型。大家不妨都试一遍,看看哪种类型你更喜欢。同时调整各调和对象大小,如图9-15所示。现在,原来很普通的海报变得有感觉了吧,哈哈!

图9-15 海报完成图

## 9.2 基本术语

　　记得初中和高中时笔者对死记硬背政治题反感到一看到政治题就浑身无力,呵呵,现在才知道什么东西都是要在理解的基础上去记,才会记得更持久。对于基本术语来说也是这样,大家不需要死记硬背,只要理解就好,所以说:理解万岁!

### 9.2.1 图像分辨率

　　分辨率就是位图中每英寸的像素数,用ppi(每英寸的像素数)或dpi(每英寸的点数)为计量单位。低分辨率可能导致位图呈颗粒状(俗称马赛克),而高分辨率尽管可以产生更平滑的图像,却会使文件变得庞大。

### 9.2.2 重新取样

　　更改图像的大小、分辨率时需要重新取样。重新取样是计算机增减位图像素的一种算法。

### 9.2.3 链接

链接就是将一个文件嵌入到另一文档中的过程。链接对象与其原文件保持连接，修改原文件则文档中的链接对象自动更新。

### 9.2.4 颜色模式

颜色模式就是定义颜色数量和描述方式的模型。

## 9.3 知识讲解

现在的网络可以让每个人成为足不出户便知天下事的诸葛孔明，而网络上的图片更是如同天空中的繁星一般多不胜数，其中总有一些会让你觉得欣喜。对于这些图片我们该怎样编辑才能让它为己所用呢？学习完这一章你就可以任意编辑它们，让它们更加符合你的心意了。

### 9.3.1 导入位图

想要在CorelDRAW中编辑位图，就必须先将位图导入到软件中。CorelDRAW软件支持多种位图格式，可谓海纳百川了。

选择"文件"→"导入"命令（快捷键为Ctrl + I），或单击工具栏中的导入按钮，弹出导入对话框，如图9-16所示。

图9-16 导入对话框

在"文件类型"下拉菜单中选择文件格式，然后选中需要导入的文件，单击"导入"按钮，鼠标变为两条边呈直角的箭头，箭头下方显示的是位图的文件名。

单击鼠标左键，位图将按照原始大小导入；按下左键拖动鼠标，位图按照指定的位置和大小放置；按住Alt键拖动鼠标，可以不按原图比例导入位图。导入过程如图9-17所示。

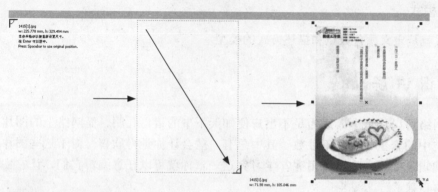

图9-17　导入过程

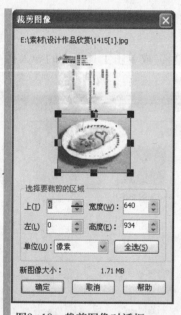

图9-18　裁剪图像对话框

在导入对话框中选择"预览"复选框可以查看文件预览图哦。

### 9.3.2　裁剪位图

裁剪位图可以在导入前进行裁剪，也可以在导入后再进行裁剪。如果想将位图裁剪成任意形状，建议大家在导入位图后进行裁剪。

1. 导入前裁剪位图

在导入对话框的"文件类型"右侧的下拉菜单中选择"裁剪"选项后，单击"导入"按钮，弹出"裁剪图像"对话框，如图9-18所示。

拖动裁剪框上的控制点可以改变裁剪框的大小，移动裁剪框可以改变裁剪图像的位置。也可以在"单位"下拉菜单中选择合适的单位，在"上"、"左"、"宽度"、"高度"文本框中输入裁剪框的合适大小和位置。

单击对话框中的"全选"按钮，可以直接将裁剪框覆盖整个位图。

**2.导入后裁剪位图**

导入后借助形状工具实现位图的裁剪。选中位图，单击形状工具，位图周围出现控制节点，这时就可以对它的形状和大小进行随意更改了，如图9-19所示。

**3.图框精确裁剪**

关于图框精确裁剪，前面的例子中都有用到过，大家应该很熟悉了。在这里我们讲一下图框精确裁剪的其他用途——抠图。

图9-19 利用形状工具裁剪位图

图9-20 导入图片

选择"文件"→"导入"命令，导入需要裁剪的图片，如图9-20所示。圆中的图像就是我们需要抠出来的图像。

使用贝塞尔工具沿图像轮廓描线，结合形状工具进行调整，如图9-21所示。

图9-21 描边

执行图框精确裁剪命令，效果如图9-22所示。单击右键，选择"编辑内容"命令，将图片与描边对齐，按Ctrl键单击空白处，结束编辑。去除轮廓线后，得到所抠图形，如图9-23所示。

图9-22 图框精确裁剪     图9-23 去除轮廓线

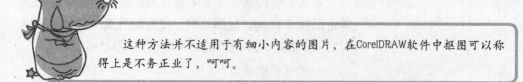

这种方法并不适用于有细小内容的图片，在CorelDRAW软件中抠图可以称得上是不务正业了，呵呵。

### 9.3.3 调整、编辑位图

前面介绍了位图的导入与裁剪，下面我们就来看怎样调整位图、编辑位图。

1.调整位图大小、位置

选中要调整的位图，如同所有矢量对象一样，可以用挑选工具对它进行变换，包括缩放、旋转、倾斜等，如图9-24所示。

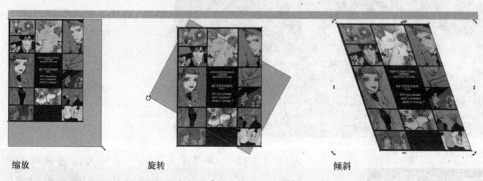

缩放　　　　　　　旋转　　　　　　　　　倾斜

图9-24　调整位图大小、位置

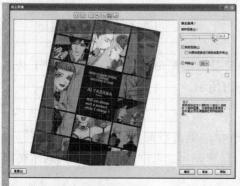

图9-25　矫正图像对话框

图9-26　矫正效果

2.矫正图像

有时图像不正，或我们想故意制造图像倾斜时，都可以用CorelDRAW X4新增的矫正图像命令来实现。

选中要调整的位图，选择"位图"→"矫正图像"命令，出现"矫正图像"对话框，如图9-25所示。

拖动"旋转图像"滑块向左或向右旋转图像。为了使预览效果更好，可以设置网格颜色和间距。达到理想效果时，点击"确定"按钮，完成矫正，如图9-26所示。

3.编辑位图

还可以对位图进行进一步的编辑呢。选择位图,选择"位图"→"编辑位图"命令,或直接单击属性栏中的"编辑位图"按钮 ▣ 编辑位图(E)... ,进入Corel Photo-Paint X4编辑图像,如图9-27所示。

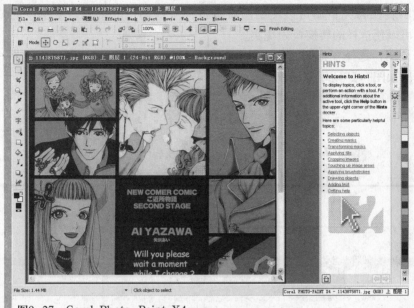

图9-27　Corel Photo-Paint X4

在这里我们可以利用Corel Photo-Paint X4中提供的工具,实现位图的进一步编辑。就连照片中的"红眼"也可以在这里被移除。

编辑好图像后关闭Corel Photo-Paint X4,弹出询问是否保存图像修改的对话框,单击"是"按钮,图像修改将被保存到图层中。

### 9.3.4 转换位图

1.矢量图转换为位图

在CorelDRAW中不仅可以对现有位图进行编辑,也可以将矢量图转换为位图,然后进行调整。

选中要转换的矢量对象,选择"位图"→"转换为位图"命令,弹出"转换为位图"对话框,如图9-28所示。

图9-28　转换为位图对话框

从"颜色"、"分辨率"下拉列表中分别选择合适的颜色模式和分辨率，选择"应用ICC预置文件"、"光滑处理"和"透明背景"复选框。单击"确定"按钮，矢量图将转换为位图。

2．位图转换为矢量图

将位图转换为矢量图可以使绘图质量进一步提高，"位图"菜单中的"描摹位图"命令可以使这样的转换成为现实。

选择位图，选择"位图"→"描摹位图"命令，在出现的子菜单中选择一种描摹方式，弹出如图9-29所示对话框。

图9-29　描摹位图对话框

在"跟踪类型"下拉列表中选择跟踪轮廓或中心线，在"图像类型"下拉列表中选择一种类型，设置好效果级别后单击"确定"按钮。位图转换矢量图前后对比如图9-30所示。

位图　　　　　　　　　　　　　　　矢量图

图9-30　转换为矢量图前后对比

多神奇的方法啊！节省了勾画的时间，哈哈。位图转换为矢量图之后，可以将它取消群组进行细节编辑。

图9-31 转换为1位对话框

3.转换位图颜色模式

打开"位图"菜单,在"模式"命令中有多种颜色模式,分别是黑白、灰度、双色调、调色板、RGB颜色、CMYK颜色、Lab颜色模式。

（1）黑白模式

黑白模式的图像只有一种颜色:黑色。选择"位图"→"模式"→"黑白（1位）"命令,弹出"转换为1位"对话框,如图9-31所示。

首先在"转换方法"下拉列表中选择合适的转换方式,然后在下面的"选项"组中进行相应的设置。单击"预览"按钮,可以查看设置结果,单击"确定"按钮,完成转换。

在预览框中单击鼠标左键可以放大图像,单击鼠标右键则可以缩小图像。这样就更方便我们的预览了。

（2）灰度模式

选择"位图"→"模式"→"灰度（8位）"命令,图像将被转换为灰阶模式,如图9-32所示。

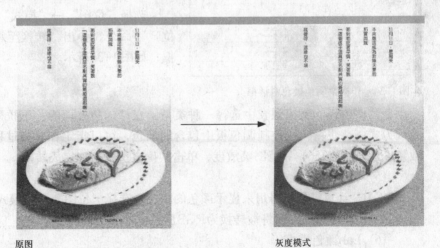

原图　　　　　　　　　　　　　　灰度模式

图9-32 转换为灰度模式

(3) 双色调模式

选择"位图"→"模式"→"双色（8位）"命令，弹出"双色调"对话框，如图9-33所示。

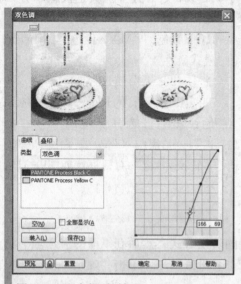

图9-33 双色调对话框

在"类型"下拉列表中选择一种色调类型，包括单色、双色、三色、四色。单色就是采用一种墨水表现图像，双色就是用两种墨水表现图像，三色和四色依此类推。选择墨水颜色块，单击网格上墨水色泽曲线创建一个节点，拖动节点调整曲线。选择"全部显示"复选框，网格上显示出所有的墨水色调曲线。单击"预览"按钮，可以查看设置结果，查看结果满意后，单击"确定"按钮，完成转换。

在类型下面的窗口中将显示出相应的墨水颜色，双击墨水颜色块，可以自定义墨水颜色。

图9-34 转换至调色板色对话框

(4) 调色板模式

选择"位图"→"模式"→"调色板（8位）"命令，弹出"转换至调色板色"对话框，如图9-34所示。

在"调色板"下拉列表中选择一种类型，在"递色处理的"下拉列表中选择一种处理方式。要更精确地控制调色板中包含的颜色，可以指定在转换过程中使用的颜色数量（最大数值256）和范围灵敏度。单击"确定"按钮，完成转换。

(5) RGB颜色模式

RGB是计算机显示器用来显示颜色的模式。选择"位图"→"模式"→"RGB颜色（24位）"命令，图像将被转换为RGB颜色模式。

(6) Lab颜色模式

Lab颜色模式可以创建与设备无关的颜色，它所包含的颜色范围最广，包含RGB和CMYK两种颜色模式的色彩。选择"位图"→"模式"→"Lab颜色（24位）"命令，图像将被转换为Lab颜色模式。

（7）CMYK颜色模式

ＣＭＹＫ颜色模式是印刷、打印的标准颜色模式。选择"位图"→"模式"→"CMYK颜色（32位）"命令，图像将被转换为CMYK颜色模式。

4.应用ICC预置文件

执行应用ＩＣＣ预置文件命令，可以将图像转换为ＩＣＣ预置文件，以使设备与色彩空间的颜色标准化。

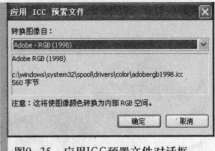

图9-35　应用ICC预置文件对话框

选择"位图"→"模式"→"应用ＩＣＣ预置文件"命令，弹出"应用ＩＣＣ预置文件"对话框，如图9-35所示。

在"转换图像自"下来列表中选择一种图像类型，然后单击"确定"按钮，完成操作。

### 9.3.5　重新取样位图

重新取样是缩放位图的可靠方法。在对位图重新取样时，可以改变位图的大小、分辨率。

1.改变位图大小

选择位图，选择"位图"→"重新取样"命令，或单击属性栏中的"重新取样位图"按钮，弹出"重新取样"对话框，如图9-36所示。

在"宽度"和"高度"文本框中输入合适的数值，在单位列表框中选择合适的测量单位，单击"确定"按钮确认。如果勾选"保持原始大小"复选框，则大小更改后，分辨率也会自动更改，以确保文件总像素不变。

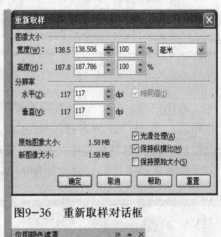

图9-36　重新取样对话框

2.改变位图分辨率

在"水平"和"垂直"文本框中输入合适的分辨率值，单击"确定"。

### 9.3.6　位图的颜色遮罩

使用位图颜色遮罩可以在位图上制作出特殊的色彩透明效果，对删除某些不需要的背景颜色非常有帮助。

选择"位图"→"位图颜色遮罩"命令，或单击属性栏中的"位图颜色遮罩泊坞窗"按钮，出现"位图颜色遮罩"泊坞窗，如图9-37所示。

图9-37　位图颜色遮罩泊坞窗

### 1．隐藏颜色

选择位图，在"位图颜色遮罩"泊坞窗中选取"隐藏颜色"项，单击"颜色选择"按钮 ，在位图上吸取要隐藏的颜色，选取的颜色将显示在泊坞窗的颜色列表中，拖动"容限"滑块，为颜色指定容限值，单击"应用"按钮完成操作。位图隐藏颜色前后对比如图9-38所示。

原图　　　　　　　　　　　　　　隐藏颜色后

图9-38　隐藏颜色前后对比

　　　容限值越高，颜色作用范围越广。隐藏一个颜色后，如果还需要隐藏另外的颜色，单击泊坞窗中的下一个黑色条，然后按照同样方法吸取色彩进行隐藏，同一位图中最多可以隐藏10种颜色。

### 2．显示颜色

选择位图，在"位图颜色遮罩"泊坞窗中选取"显示颜色"项，可以只显示特定的颜色，单击"颜色选择"按钮 ，在位图上吸取要显示的颜色，选取的颜色将显示在泊坞窗的颜色列表中，拖动"容限"滑块，为颜色指定容限值，单击"应用"按钮。位图显示颜色前后对比如图9-39所示。

原图　　　　　　　　　　　　　　显示颜色后

图9-39　显示颜色前后对比

　　　单击泊坞窗中的"移除遮罩"按钮 可以取消应用的遮罩效果。

### 9.3.7 图像调整实验室

图像调整实验室，可以很方便的调整图像的颜色和对比度，并且可以创建快照来作为候补。实验室中的小白鼠可经不起什么折腾，但图像调整实验室却允许你放心大胆的折腾。

选择"位图"→"图像调整实验室"命令，出现"图像调整实验室"对话框，如图9-40所示。

图9-40 图像调整实验室对话框

在使用滑块调整之前，大家可以先尝试使用自动功能。"自动调整"按钮可以更正颜色和色调。使用"选择白色"和"选择黑点"按钮到图像中单击，可以自动调整对比度。如果觉得自动调整的效果不甚满意，可以拖动滑块设置各项参数。效果满意后单击"确定"按钮结束编辑。图像调整前后对比如图9-41所示。

原图　　　　　　　　　　　　　　　　　　调整后

图9-41 图像调整前后对比

单击"创建快照"按钮可以捕获对图像所做的调整，快照缩略图展示在预览窗口的下面，可以进行比较，选择最优版本。单击快照标题栏的"关闭"按钮，可以删除快照。

### 9.3.8 对位图应用效果

决定位图颜色质量的要素，如色调、亮度、对比度，都可以进行调整，改善位图的颜色质量。

1.调整

效果菜单中的调整工具包含多项调整内容，下面只是介绍部分重要的调整内容。

（1）调整亮度、对比度和强度

亮度是指一幅图像的明亮度，对比度是指一幅图像中白色部分和黑色部分的反差，强度是指一幅图像中色彩的强弱。

选择位图。选择"效果"→"调整"→"亮度/对比度/强度"命令，或直接按Ctrl+"B组合键，弹出"亮度/对比度/强度"对话框，如图9-42所示。

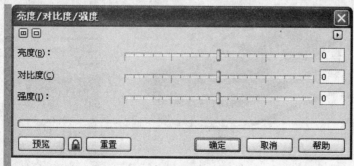

图9-42　亮度/对比度/强度对话框

"亮度"用于将颜色变浅或变深。向右拖动滑块使图像变亮，向左拖动滑块使图像变暗。

"对比度"用于调整图像中最浅或最深像素值之间的差异。向右拖动滑块增大对比度，向左拖动滑块减小对比度。

"强度"用于改变图像中浅色区域的浓度，同时不降低深色区域的浓度。向右拖动滑块增大浓度，向左拖动滑块减小浓度。

（2）调整色度、饱和度、亮度

选择位图，选择"效果"→"调整"→"色度/饱和度/亮度"命令，或直接按Ctrl + Shift + U组合键，弹出"色度/饱和度/亮度"对话框，如图9-43所示。

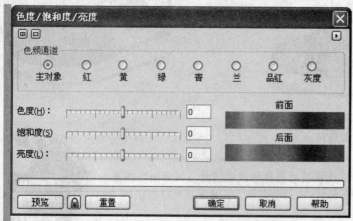

图9-43　色度/饱和度/亮度对话框

在"色频通道"栏中选取一种色彩通道。拖动"色度"滑块可以重新分布图像中的颜色；拖动"饱和度"滑块可以调整图像中的颜色浓度；拖动"亮度"滑块可以提高或降低色彩亮度。

（3）替换颜色

选择位图，选择"效果"→"调整"→"替换颜色"命令，弹出"替换颜色"对话框，如图9-44所示。

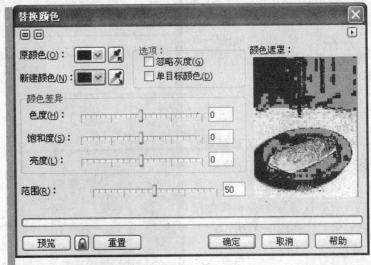

图9-44　替换颜色对话框

单击"原颜色"颜色滴管，在图像需要被替换颜色的地方单击。单击"新建颜色"颜色滴管，拾取一种用来替换的颜色，也可以直接在旁边的下拉调色板中选取一种颜色。

"颜色差异"栏下的三个滑块，可以调整"新建颜色"的色度、饱和度和亮度。拖动"范围"滑块，可以扩大或缩小屏蔽区域。

选择"忽略灰度"复选框，替换颜色时，将忽略所有灰度像素。选择"单目标颜色"复选框，则当前范围内所有颜色将替换为新颜色。图像使用颜色替换前后的对比如图9-45所示。

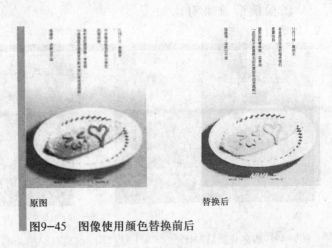

原图　　　　　　　　　　　　　　　替换后

图9-45　图像使用颜色替换前后

2.变换

变换命令可以使图像的颜色和色调产生特殊效果，包括去交错、反显和极色化。

（1）去交错

去交错命令用于移除扫描图像或隔行图像的线条。

选择"效果"→"变换"→"去交错"命令，弹出"去交错"对话框，如图9-46所示。设置好效果级别后单击"确定"按钮即可。

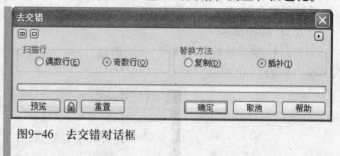

图9-46 去交错对话框

（2）反显

反显命令用于反显对象的颜色。反显会形成负片效果。

选择"效果"→"变换"→"反显"命令，图像前后效果对比如图9-47所示。

（3）极色化

极色化命令用于减少图像中色调数量。极色化可以去除颜色的连续产生大面积分层颜色。

选择"效果"→"变换"→"极色化"命令，弹出"极色化"对话框，如图9-48所示。

图像前后效果对比如图9-49所示。

原图

反显效果

图9-47 反显前后对比

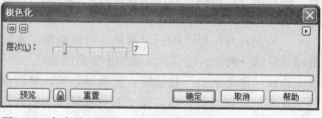

图9-48 极色化对话框

原图                极色化效果

图9-49 极色化前后对比

3.校正

校正命令通过移除尘埃与刮痕标记快速修复位图缺陷。

选择"效果"→"校正"→"尘埃与刮痕"命令,弹出"尘埃与刮痕"对话框,如图9-50所示。

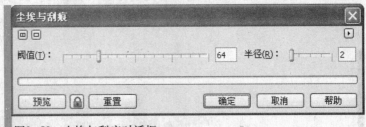

图9-50 尘埃与刮痕对话框

半径用于设置作用像素的大小。尽量将半径设置得小一些以保持图像细节。

阈值用于设置作用区域大小。数值越大,作用区域越小。尽量将阈值设置高一些以保持图像细节。

## 9.4 基础应用

本章知识可以应用在哪些方面呢?下面我们就来看一下如何运用基础知识处理出令自己满意的完美作品。

### 9.4.1 裁切作品

我们可以将自己喜欢的照片或图片精确裁剪后放置到图形中的合适位置,使它们看起来衔接自然,组合成为一幅完美的作品。如图9-51所示的这幅作品就是通过导入位图并精确裁剪后放置到各曲面中制作完成的。大家也可以设计一副作品,将自己的照片放置到里面,立刻体验做明星的感觉哦。

图9-51 Jonnelle Harbold 平面作品(来源于中国设计秀网站)

### 9.4.2 为作品添加特殊效果

调整图像的色调可以使作品表现出不同的情感，我们可以利用偏黄的色调赋予作品一种怀旧感，如图9-52所示。我们只需要对图像利用"图像调整实验室"命令进行调整，将温度、淡色、饱和度、对比度等选项设置好，图像效果自然会有怀旧感了。嘿嘿！

图9-52 添加特殊效果(来源于噢素网站)

## 9.5 案例表现——设计网页广告

不知道大家上网时有没有留意网页广告，在网络世界日趋强大的今天，网页广告也在不断地发展更新。如今的网页广告制作都很精良，画面风格变化多样，有许多可以借鉴学习的地方。下面我们就来制作一个将矢量图与位图完美结合的网页广告。

**01** 新建文档并绘制背景。新建一个宽100mm、高66mm的新文档。双击矩形工具□绘制一个与页面大小相同的矩形，填充（C39 M4 Y13）颜色，去除轮廓线。选择"位图"→"转换为位图"命令，将其转换为分辨率为200dpi的位图，如图9-53所示。

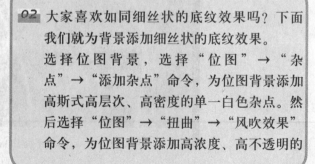

图9-53 绘制背景

**02** 大家喜欢如同细丝状的底纹效果吗？下面我们就为背景添加细丝状的底纹效果。选择位图背景，选择"位图"→"杂点"→"添加杂点"命令，为位图背景添加高斯式高层次、高密度的单一白色杂点。然后选择"位图"→"扭曲"→"风吹效果"命令，为位图背景添加高浓度、高不透明的

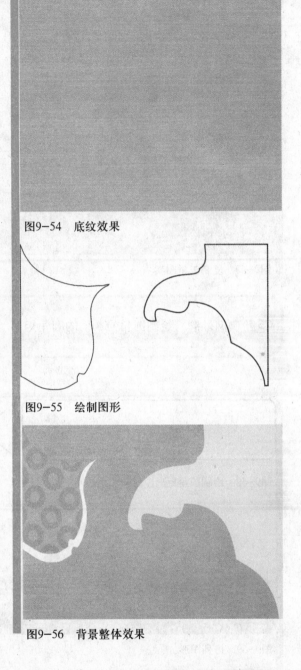

风吹效果。观察一下，是不是出现了细丝状的底纹效果呢？效果如图9-54所示。

图9-54　底纹效果

**03** 前面章节的案例作品大多是单一的背景，这次为背景再添加一些色块，使背景看起来更加丰富多彩。

用贝塞尔曲线绘制如图9-55所示的图形。

图9-55　绘制图形

将右边图形填充（M6　Y100）颜色。复制一个左边图形填充为白色，并放置到原始图形下一层，落开一定位置。选中左边原始图形，在工具箱中选择图样填充工具，在弹出的对话框中选择"双色"类型、"圆环状"图样，"前部"色彩为（C2　M56　Y9），"后部"色彩为粉色。确定图样填充对话框，背景整体效果如图9-56所示。

图9-56　背景整体效果

**04** 放置矢量素材。打开光盘\素材库\第九章\天美意.cdr文件，将矢量图案复制到背景中，如图9-57所示。

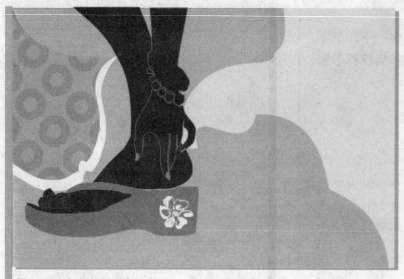

图9-57　复制矢量图案

**05** 绘制网址牌。绘制圆角为30°的圆角矩形、梯形和空心圆。比例如图9-58所示。

图9-58　绘制圆角矩形、梯形和空心圆

调整圆角矩形、梯形和空心圆位置，然后按快捷键Ctrl + G将其群组，填充为青色，去除轮廓线。效果如图9-59所示。

**06** 输入网址。用文本工具输入网址"www.tmy.com"，在属性栏中设置其"字体"为Amelia，"字号"为9pt，填充为白色，放置到绘制好的网址牌中，效果如图9-60所示。

将完成后的网址牌放置到背景中，位置如图9-61所示。

图9-59　排列图形

图9-60　输入网址

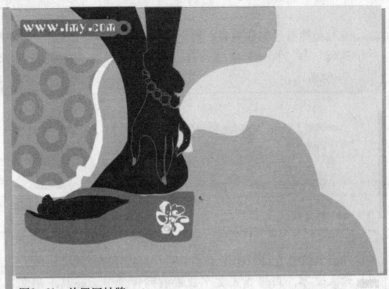

图9-61 放置网址牌

**07** 这一步学习制作冲击波式的爆炸文字效果。用文本工具输入 "酷感夏日"，在属性栏中设置其"字体"为方正综艺简体，"字号"为24pt，填充为青色。设置其轮廓线为白色，宽度为0.567pt。再制一个文本，并放大少许，填充为冰蓝色，去除轮廓线。用交互式变形工具 [⊙] 将其进行推拉变形，如图9-62所示。

图9-62 推拉变形文本

**08** 调和两个文本。将变形文本放置到原文本的下一层。用交互式调和工具将两个文本进行调和，效果如图9-63所示。

图9-63 调和两个文本

这时虽然有了爆炸效果，但总觉得层次不够，所以再执行属性栏中的"杂项调和选项"→"拆分"命令，在调和中拆分一个对象并将其填充为白色，效果如图9-64所示。

图9-64 拆分调和

冲击波效果立马就出来了，哈哈！有没有被"震到"呢？

**09** 输入文本。将爆炸式文本放置放到背景中，在其下用文本工具输入"尽在天美意"，"字体"设置为黑体，"字号"为10pt。将"尽在"两个字设置为洋红色，如图9-65所示。

图9-65 输入文本

**10** 调整吊牌形状。前面之所以把"尽在"两个字改为洋红色，是因为要将吊牌挂到它上面。将前面绘制的网址牌再制，填充为洋红色，旋转90°后调整其形状，如图9-66所示。

**11** 绘制吊牌内容框架。在吊牌中绘制圆角为14°的圆角矩形，轮廓线设置为白色。将圆角矩形再制作两个，将其排列如图9-67所示。

图9-66 调整吊牌形状

图9-67 放置吊牌

**12** 在吊牌框架中精确裁剪图片。分别导入光盘\素材库\第九章\天美意2.jpg、天美意3.jpg、天美意4.jpg文件。选中图片，选择"效果"→"图框精确剪裁"→"放置在容器中"命令，拾取圆角矩形作为容器进行裁剪。吊牌完成效果如图9-68所示。

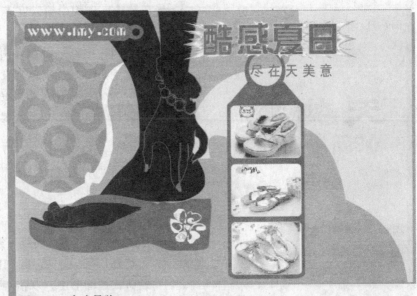

图9-68 完成吊牌

**13** 绘制装饰广告牌。绘制圆形，填充为白色，去除轮廓线。在紧挨着圆形的下面绘制小圆形，将其轮廓线设为白色，宽度为1.0pt。再次单击无填充的小圆，将其旋转中心放置到大圆的中心位置，如图9-69所示。

**14** 再制小圆。拖动鼠标旋转小圆并单击右键进行再制，如图9-70所示。

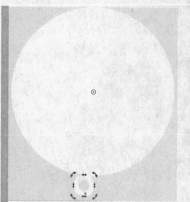

图9-69　完成吊牌

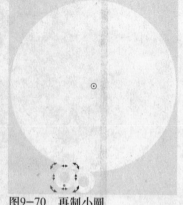

图9-70　再制小圆

做完这一步，下面就简单了。按住Ctrl＋R键，可看到小圆自动围绕大圆进行复制，效果如图9-71所示。

图9-71　排列效果图

天美意
08新款上市

图9-72　装饰广告牌完成图

**15** 在装饰广告牌中输入文本。在装饰广告牌中输入文本"天美意"，"字体"设置为隶书，"字号"设置为10pt。再输入"08新款上市"，"字体"设置为黑体，"字号"为6pt，填充为红色，如图9-72所示。按Ctrl＋G组合键将文本与广告牌群组，放置到背景的右上角。

**16** 绘制促销牌。导入光盘\素材库\第九章\天美意1.jpg文件。绘制圆形，将图片精确剪裁到圆形中。双击矩形工具新建一个与页面同大的矩形，按Shift＋PgUp组合键将其放在最上方，将圆形再次精确裁剪到矩形中，放置到背景的右下角。去除矩形的轮廓线，效果如图9-73所示。

图9-73　精确裁剪效果

**17** 在促销牌中输入文本。在促销牌中输入文本"好消息","字体"设置为黑体,"字号"设置为12pt。再输入"7月15日至8月25日","字体"设置为华文行楷,"字号"为8pt。如图9-74所示。

图9-74 输入文本

**18** 绘制其他促销牌。绘制一大一小两个圆形,大圆填充为白色小圆填充为黄色,都去除轮廓线,放置位置如图9-75所示。

图9-75 放置圆形

**19** 输入促销语。用文本工具输入"全场5折","字体"为"华文行楷","字号"为11pt,填充为洋红色。更改"5"的"字体"为黑体,"字号"为16pt。放置位置如图9-76所示。

图9-76 输入促销语

**20** 网页广告差不多制作完成了,但感觉有点空,我们再来为其添加一些装饰图案。打开光盘\素材库\第九章\图案.cdr文件,选择喜欢的装饰图案添加到网页广告中。网页广告最终效果如图9-77所示。

图9-77 添加装饰图案

## 9.6 疑难及常见问题

有什么疑难问题困扰着你呢?看看我们的疑难及常见问题,难题迎刃而解。

1.为何转换位图后透明区域消失了

将有透明效果的图形转换为位图后,原本透明的区域被填充了白色不再透明,这是为何呢?这是因为转换位图时,软件将默认为图形添加白色背景。如果在转换时勾选"透明背景"复选框,透明效果将得到保留。选中图形,选择"位图"→"转换为位图"命令,打开"转换为位图"对话框,在该对话框中选择"透明背景"复选框,单击"确定"按钮即可。

### 2．位图链接有何用

在导入文件时，启用"导入"对话框的"外部链接位图"复选框，导入的位图将被链接到原始图像。这时导入的位图只是图像的缩略图形式，从而可以大大减小文件大小，提高软件运行速度。

最终印刷输出时，链接的原图像将取代缩略图进行输出。但一定要注意拷贝文件时必须把链接文件也拷贝上。

选择"位图"→"自链接更新"命令，链接的位图将被更新；选择"位图"→"中断链接"命令，位图将解除链接。

### 3．如何调整位图的颜色平衡

选择位图，选择"效果"→"调整"→"颜色平衡"命令，或直接按Ctrl+Shift+B组合键，弹出"颜色平衡"对话框，如图9-78所示。

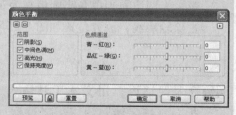

图9-78　颜色平衡对话框

在"范围"栏选取一个或多个选项。"阴影"用于校正图像的阴影区域；"中间调"用于校正图像的中间色调区域；"强光"用于校正图像的高光区域。

勾选"保持亮度"可以在颜色校正的同时保持图像的亮度。

在"色频通道"栏中拖动滑块可以调整色彩的偏向。单击"确定"按钮，即可完成调整。

### 4．如何查找RGB模式位图并转换为CMYK模式

印刷输出的时候所有位图都必须是灰度、双色、CMYK模式，这就需要检查文件将所有对象全部解散群组后，选择"编辑"→"查找和替换"→"查找对象"命令，弹出"查找向导"对话框，如图9-79所示。

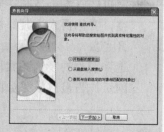

图9-79　查找向导对话框

在该对话框中选中"开始新的搜索"单选项，单击"下一步"按钮。在新出现的对话框中的"对象类型"选项卡中，展开"其他"项，选中"位图"复选框，单击"下一步"按钮，弹出图9-80所示对话框。

图9-80　查找位图

在对话框中单击"指定属性位图"按钮，弹出"指定的位图"对话框，如图9-81所示。

图9-81　指定的位图对话框

式"→"ＣＭＹＫ颜色（32位）"命令进行转换。转换后单击"查找"提示框中"查找下一个"按钮继续进行查找、转换。

最后使用"文档信息"命令进行检查，看是否转换完毕。选择"文件"→"文档信息"命令，弹出"文档信息"对话框。该对话框统计了文档所有对象的信息。拖动滑块查看"位图对象"统计信息，如图9-82所示。此处统计了文档中的位图数量、模式。如果此处没有出现RGB模式位图则表明转换完毕。否则，还需要进行查找转换。

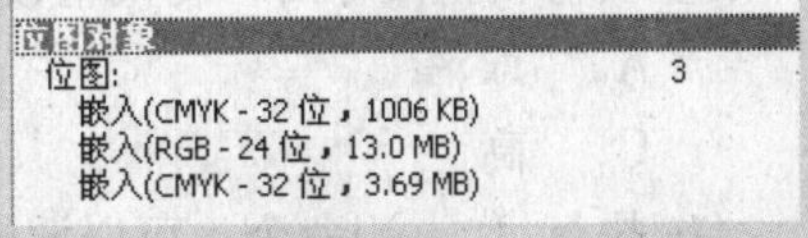

图9-82 位图对象信息

5. 如何在执行图框精确裁剪时让对象位置保持不变

默认情况下，将对象图框精确裁剪到另一个封闭的矢量对象中时，对象会自动居中。这为编辑带来了不便。按快捷键Ctrl+J，弹出"选项"对话框，单击"工作区"下的"编辑"项，这时在对话框的右面出现"编辑"设置内容。取消对"新的图框精确裁剪内容自动居中"的选择，单击"确定"按钮退出对话框。现在进行图框精确裁剪，对象位置就不会发生变化了。

6. 为何有些DWG文件无法导入到CorelDRAW文件中

导入命令可以将大多数位图、矢量图、文本格式文件导入到CorelDRAW文件中。但是在导入矢量图、文本格式文件时要注意软件版本的对应。CorelDRAW只能导入自身版本出现时间以前的矢量图、文本格式文件。譬如CorelDRAW X3 版本是2005年发布的，它肯定无法导入Auto CAD2007 版本的DWG文件。遇到这种因为版本不符而无法导入的情况时，可以将文件转存为低版本格式后再进行导入。

# 9.7 习题与上机练习

1. 选择题

(1) 导入命令的快捷键为（  ）。

A. Ctrl + E  　　　　B. Ctrl + I

C. Ctrl + Alt + I  　　D. Ctrl + L

(2) 用（  ）工具在导入后裁剪位图。

A. 贝塞尔  　　　　B. 形状

C. 裁切  　　　　　D. 挑选

(3) （  ）命令可以将位图转换为矢量图。

A. 转换为位图  　　B. 描摹位图

C. 编辑位图  　　　D. 重新取样

(4) （  ）命令可以改变位图分辨率。

A. 重新取样  　　　B. 图像调整实验室

C. 编辑位图  　　　D. 调整

(5) 执行（  ）命令时对象会形成负片效果。

    A. 极色化             B. 去交错

    C. 校正               D. 反显

(6) 执行校正命令时，将阈值设置（　　）以保持图像细节。

    A. 取消              B. 不变

    C. 高                D. 低

(7) 执行（　　）命令，可以调整不正的图像。

    A. 调整              B. 重新取样

    C. 图像调整实验室     D. 矫正图像

(8) 使用（　　）功能可以插入位图的缩略图。

    A. 链接              B. 导入

    C. 颜色遮罩         D. 矫正图像

2．问答题

(1) 怎样将位图转换为矢量图？

(2) 怎样矫正图像？

(3) 怎样隐藏位图颜色？

3．上机练习题

(1) 导入光盘\素材库\第九章\耐克鞋.jpg文件，裁剪后制作出如图9-83所示的作品。

图9-83　裁剪位图

(2) 制作如图9-84所示的大头贴。

提示：大家可以多做几组矢量图框，这样就可以为照片随时更换外框，这可比照大头贴方便多了！

图9-84　制作大头贴

(3) 制作如图9-85所示的四格漫画。

提示：大家可以按照此格式制作自己的四格漫画，即使不擅长手绘也没关系，我们可以将喜欢的图片转换为矢量图，然后再进行编辑。

图9-85　制作四格漫画

# 第十章
# 滤镜效果

A Dream of Youth

**本章内容**

滤镜用于位图处理，可以制作出普通编辑难以制作的效果。CorelDRAW X4中的滤镜功能操作简单，功能却很强大，与PhotoShop软件对位图的特效处理不分仲伯。

# 10.1 实例引入——浮雕文字

最近爱上了一部电视剧——《奋斗》，这部讲述"80后"的青春情感和奋斗历程的电视剧，将年轻人的叛逆迷茫、情感混沌融入其中，真实感人。从剧中笔者能看到自己年少轻狂的过去。剧中的台词可谓一针见血又蕴含了深刻的哲理，让人感触颇多，却又从心里燃起一股想要奋斗拼搏的激情！于是趁热做了一块匾额，以备时时激励自己，如图10-1所示。

图10-1 制作浮雕文字

## 10.1.1 制作分析

利用交互式透明工具和立体化工具来制作浮雕岩石，利用交互式透明工具和修剪命令制作文字效果。最后将制作好的图形转换为位图添加浮雕效果滤镜，让整个图出现逼真的浮雕效果，如图10-2所示

图10-2 图形分解图

## 10.1.2 制作步骤

**01** 新建文档并绘制不规则图形。新建一个A4大小的空文档。用贝塞尔工具绘制不规则图形，使图形尽量像岩石牌匾形状，如图10-3所示。

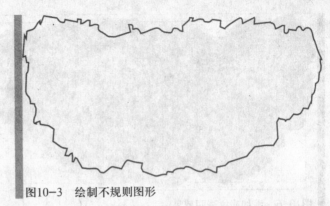

图10-3　绘制不规则图形

**02** 填充颜色。线性渐变填充从栗色到白色颜色，去除轮廓线，选择交互式填充工具
进行调整，如图10-4所示。

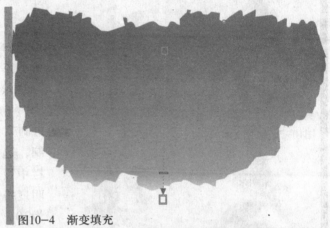

图10-4　渐变填充

**03** 再制图形并添加底纹透明效果。按下小键盘的+键，再制图形，选择交互式透明
工具，在属性栏中设置"透明类型"为底纹，"透明度操作"为减少，"底纹
库"为样本8，"第一种透明度挑选器"为月球表面底纹，"开始透明度"为0，
"结束透明度"为100。效果如图10-5所示。

图10-5　添加底纹透明效果

**04** 为图形添加立体化效果。按住Alt键使用挑选工具，单击图形选择底层的图形，将
其错位少许，然后选择交互式立体化工具，为其添加立体化效果。最后将其与
其上透明图层左对齐和上对齐。效果如图10-6所示。

图10-6　添加底纹透明效果

**05** 输入文本。用文本工具输入文本"奋斗"，在属性栏中设置其"字体"为方正黄草简体，"字号"为90pt，填充颜色为红色，去除轮廓线，如图10-7所示。

图10-7　输入文本

**06** 再制文本。按下小键盘的+键将文本再制，选择交互式透明工具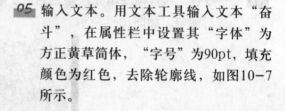，在属性栏中设置"透明类型"为标准，"透明度操作"为添加，"开始透明度"为30。选择交互式阴影工具添加阴影效果，"阴影的不透明度"设为83，"阴影羽化"为7，"透明度操作"设为减少，"阴影颜色"为黑色。效果如图10-8所示。

图10-8　添加透明和阴影效果

**07** 修剪制作文本的高光和暗区。选中下方文本再制四个。将再制的其中两个文本按照图10-9所示排列（下层文本填充为白色并添加黑色轮廓线），选中两个文本，选择"排列"→"造形"→"后减前"命令，得到文本高光区。

图10-9　修剪文本边框

可别忘了文本需要转换为曲线后才能执行修剪命令。

将再制的另外两个文本同样如图10-9排列，只是将上方对象填充为黑色，选中两个对象，按Ctrl＋Q组合键转曲后，单击属性栏"前减后"按钮得到文本暗区。

将文本高光和暗区对象叠加到透明文字对象上方，去除轮廓线，然后为它们添加透明效果，设置"透明度类型"设为标准，"开始透明度"为30。高光对象的"透明度操作"设为添加，暗区对象的"透明度操作"设为减少。这样就得到立体文字，效果如图10-10所示。

图10-10　放置文本边框

08 调整文本边界。选择最下方的文本"奋斗"，然后选择"效果"→"创建边界"命令创建边界。将创建的边界移动到空白处，然后拆分曲线，用形状工具分别调整至如图10-11所示。

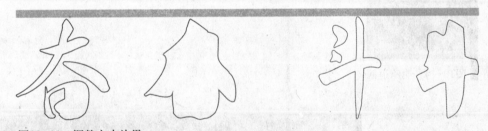

图10-11　调整文本边界

09 制作文本边界的高光和暗区。按照第7步的方法将两个文本边界都制作成一黑一白两个边框。将两个边框放置到牌匾中，用交互式透明工具为白色边框添加透明效果，"透明度操作"为正常，"开始透明度"为44。效果如图10-12所示。

图10-12　修剪文本边界

图10-13　输入文本

图10-14　明暗边框

10 输入文本。输入文本"生命不息　奋斗不止",将"文本方向"改为垂直文本方向,填充为红色,设置"字体"为方正黄草简体,"字号"为8pt,如图10-13所示。

11 制作高光和暗区。按照前面讲过的方法修剪一黑一白两个文本边框,用标准透明类型为白色边框添加透明效果,"透明度操作"为正常,"开始透明度"为18。将两个边框放置到文本中。效果如图10-14所示。

12 转换为位图并添加浮雕效果。选择整个匾额对象转换为位图,选择"位图"→"三维效果"→"浮雕"命令,在弹出的对话框中,设置"深度"为3,"层次"为187,选择"原始颜色"单选按钮,浮雕"方向"设为29,如图10-15所示。

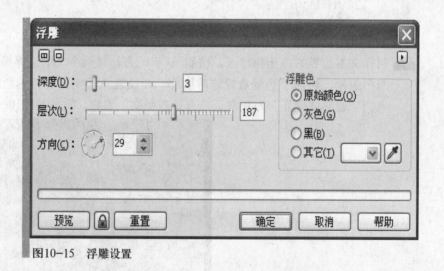

图10-15　浮雕设置

13 最终效果。点击"预览"按钮查看预览效果,如果对效果不满意还可以继续修改,如果满意则单击"确定"按钮,完成操作。最终效果如图10-16所示。

图10-16　最终效果

## 10.2 基 本 术 语

### 10.2.1 定向平滑

定向平滑滤镜可以为图像添加细微的模糊效果，使图像中的颜色过渡平滑。

### 10.2.2 边缘检测

边缘检测滤镜可以查找图像的边缘，然后将其转换为具有单色背景的线条，用来突出显示和增强图像的边缘。

### 10.2.3 杂点

杂点滤镜用来修改图像的粒度。杂点效果包括添加杂点、最大值、中值、最小、去除龟纹以及去除杂点。

### 10.2.4 鲜明化

鲜明化滤镜用来创建鲜明化效果，以突出和强化边缘。鲜明化效果包括强化边缘细节和使平滑区域变得鲜明。

## 10.3 知 识 讲 解

CorelDRAW X4 中共包括10组滤镜，它们都位于位图菜单中。在滤镜的使用中，大多数滤镜都提供一个对话框，可以在对话框中进行参数设置，预览图像效果，满意后再应用滤镜效果。

### 10.3.1 三维效果

三维效果滤镜组包括三维旋转、柱面、浮雕、卷页、透视、挤远/挤近和球面效果。对图像应用三维效果可以使图像产生立体效果。下面以图10-17为例，对它进行三维效果变形。

图10-17 示例图片

### 1.三维旋转

选择位图，选择"位图"→"三维效果"→"三维旋转"命令，弹出"三维旋转"对话框，如图10-18所示。

在"垂直"和"水平"文本框中输入数值可以旋转和定位三维模型。也可以直接在左边的旋转示意窗口中拖动鼠标来旋转位图。三维旋转效果如图10-19所示。

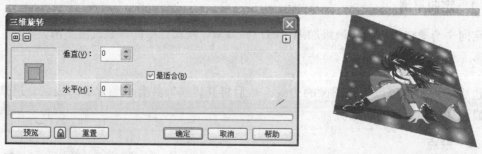

图10-18 三维旋转对话框　　　　　　　　图10-19 三维旋转效果

启用"最适合"复选框可以确保图像始终位于绘图页面内。

### 2.柱面

使用柱面滤镜可以获得位图像是被贴到圆柱体上的视觉效果。

选择位图，选择"位图"→"三维效果"→"柱面"命令，弹出"柱面"对话框，如图10-20所示。

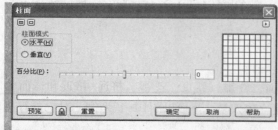

图10-20 柱面对话框

启用"水平"模式可以使位图成水平柱面效果；启用"垂直"模式可以使位图成垂直柱面效果。拖动"百分比"控制滑块，可以调整柱面效果的强度。水平柱面效果和垂直柱面效果分别如图10-21所示。

水平柱面效果

垂直柱面效果

图10-21 柱面效果

### 3.浮雕

使用浮雕滤镜可以使位图具有凹凸状的浮雕效果。

选择位图，选择"位图"→"三维效果"→"浮雕"命令，弹出"浮雕"对话框，如图10-22所示。

"深度"控制浮雕效果的强度；"层次"设置浮雕包含的颜色数量；"方向"设置光源的方向；"浮雕色彩"栏设置浮雕位图的颜色。浮雕效果如图10-23所示。

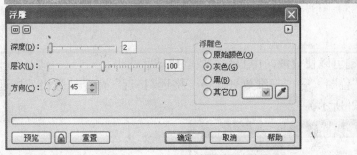

图10-22 浮雕对话框

图10-23 浮雕效果

### 4.卷页

使用卷页滤镜可以使位图产生边角卷起的效果。

选择位图，选择"位图"→"三维效果"→"卷页"命令，弹出"卷页"对话框，如图10-24所示。

四个按钮和"定向"栏用于设置卷页位置和方向，"纸张"栏用于设置卷页"透明"或"不透明"，"颜色"栏用于设置卷页颜色和背景颜色。拖动"宽度"和"高度"滑块确定卷页的大小。卷页效果如图10-25所示。

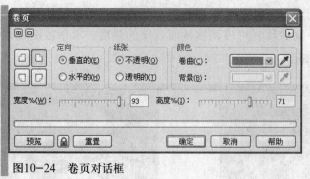

图10-24 卷页对话框

图10-25 卷页效果

5.透视

使用透视滤镜可以使位图产生三维透视效果。

选择位图，选择"位图"→"三维效果"→"透视"命令，弹出"透视"对话框，如图10-26所示。

选择"透视"可以移近或移远节点产生透视效果；"切变"则只能在保持节点距离不变的前提下使位图倾斜。透视效果如图10-27所示。

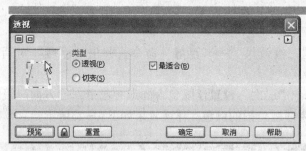

图10-26 透视对话框

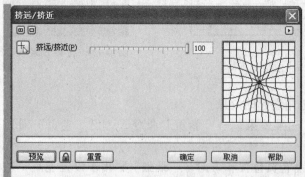

图10-27 透视效果

6.挤远/挤近

使用挤远/挤近滤镜可以使位图向中心收缩或者成球状凸出。

选择位图，选择"位图"→"三维效果"→"挤远/挤近"命令，弹出"挤远/挤近"对话框，如图10-28所示。

图10-28 挤远/挤近对话框

向左拖动滑块时，位图像是成球面状凸出；向右拖动滑块时，位图从边缘向中心收缩。向左拖动滑块和向右拖动滑块的效果分别如图10-29所示。

向左拖动滑块效果　　　　　　　　　　　　向右拖动滑块效果

图10-29　挤远/挤近效果

单击对话框中的➕按钮，在位图的某一点单击，可以创建以该点为中心的球体效果。

### 7.球面

使用球面滤镜可以使位图产生包裹在球体模型上的效果。

选择位图，选择"位图"→"三维效果"→"球面"命令，弹出"球面"对话框，如图10-30所示。

图10-30　球面对话框

"百分比"用于设置球体的方向和面积，负值为凹面结构，正值为凸面结构。向左拖动滑块和向右拖动滑块的球面效果分别如图10-31所示。

向左拖动滑块效果　　　　　　　　　　　向右拖动滑块效果

图10-31　球面

### 10.3.2　艺术笔触

艺术笔触滤镜组包括14种滤镜，使用这些滤镜可以让图像产生类似于美术作品的效果，使作品看起来更有艺术性和观赏性。大家知道天才画家——梵高吗？他的抽象派油画现在已经是天价难求了。通过艺术笔触滤镜组，我们也可以将自己的作品变成油画效果。

#### 1.炭笔画

使用炭笔画滤镜可以使位图产生手绘炭笔画的效果。没有美术功底的照样可以"画"出好作品！

选择位图，选择"位图"→"艺术笔触"→"炭笔画"命令，弹出"炭笔画"对话框，如图10-32所示。

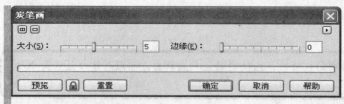

图10-32　炭笔画对话框

"大小"用于控制炭笔的大小；"边缘"用于控制炭笔的边缘强度。点击"预览"按钮可以预览效果。应用炭笔画滤镜前后对比如图10-33所示。

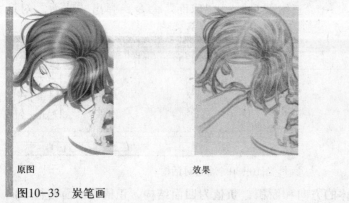

原图　　　　　　　　　　效果

图10-33　炭笔画

#### 2.印象派

使用印象派滤镜可以使位图产生印象派风格。

选择位图，选择"位图"→"艺术笔触"→"印象派"命令，弹出"印象派"对话框，如图10-34所示。

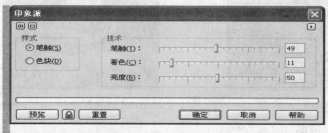

图10-34　印象派对话框

　　应用"笔触"样式,可以对"笔触"、"着色"、"亮度"进行设置;应用"色块"样式,可以对"色块大小"、"着色"、"亮度"进行设置。应用笔触和色块样式效果对比如图10-35所示。笔者个人觉得应用色块的效果有点像古老斑驳的壁画。

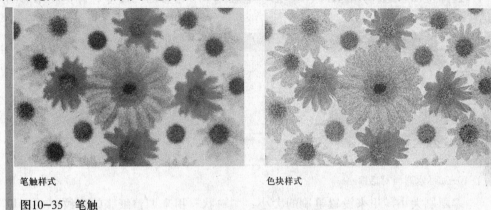

笔触样式　　　　　　　　　　　　色块样式

图10-35　笔触

### 3.调色刀

　　使用调色刀滤镜可以使位图产生类似油画刀的效果。

　　选择位图,选择"位图"→"艺术笔触"→"调色刀"命令,弹出"调色刀"对话框,如图10-36所示。

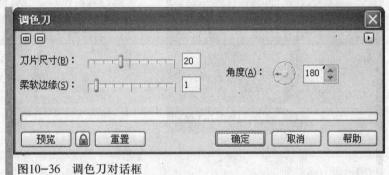

图10-36　调色刀对话框

　　应用调色刀滤镜前后对比如图10-37所示。效果很像梵高的向日葵。

原图　　　　　　　　　　　　　　效果

图10-37　调色刀

### 4. 水彩画

使用水彩画滤镜可以使位图产生类似水彩画的效果。

选择位图，选择"位图"→"艺术笔触"→"水彩画"命令，弹出"水彩画"对话框，如图10-38所示。

图10-38　水彩画对话框

"画刷大小"用来设置笔刷的大小；"粒状"用来调整纸张的底纹；"水量"用来设置笔刷中水分的多少；"出血"调整笔刷的出血量；"亮度"设置水彩画的光照程度。应用水彩画滤镜效果前后对比如图10-39所示。水汽氤氲的画上，白衣飘飘不食人间烟火的小龙女静静为你抚上一曲高山流水。

原图　　　　　　　　　　　　　　　　效果

图10-39　水彩画

### 5. 水印画

使用水印画滤镜可以将像素重组，使位图转换为抽象的水印效果。

选择位图，如图10-40所示。选择"位图"→"艺术笔触"→"水印画"命令，弹出"水印画"对话框，如图10-41所示。

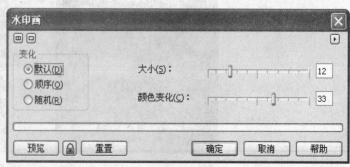

图10-40　选择位图　　　图10-41　水印画对话框

在"变化"选项组中选择彩色印记的排列方式。拖动"大小"滑块确定水印大小；拖动"颜色变化"滑块设置相邻水印间的颜色对比度。应用水印画滤镜效果如图10-42所示。斑驳的颜色演绎着色彩的律动，引人遐思，像水中游荡的一尾尾金鱼，又像北京城的香山红叶。

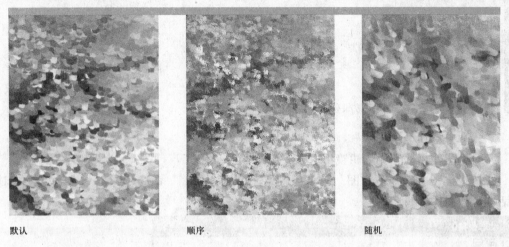

默认　　　　　　　　　　　顺序　　　　　　　　　　　随机

图10-42　水印画

### 10.3.3　模糊效果

使用模糊滤镜，可以使位图柔化、边缘平滑，或者具有运动和爆炸等效果。大家若想制作朦胧美，可以应用模糊滤镜。

1.高斯式模糊

高斯式模糊滤镜通过高斯算法分布像素，从而给位图增加模糊感。应用高斯式模糊效果后，位图会产生有一种如同雾里看花，水中望月般的朦胧感。

选择位图，选择"位图"→"模糊"→"高斯式模糊"命令，弹出"高斯式模糊"对话框，如图10-43所示。

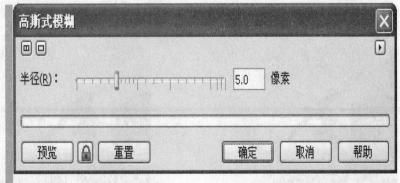

图10-43　高斯式模糊对话框

"半径"设置模糊程度，数值越大越模糊。应用高斯式模糊滤镜前后对比如图10-44所示。

原图 效果

图10-44 应用高斯式模糊效果前后

2.动态模糊

对位图使用动态模糊滤镜可以产生运动感。

选择位图，选择"位图"→"模糊"→"动态模糊"命令，弹出"动态模糊"对话框，如图10-45所示。

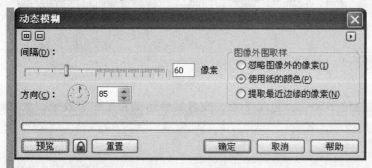

图10-45 动态模糊对话框

"间隔"设置动感模糊程度；拖动"方向"拨盘，指定动感模糊的方向。在"图样外围取样"选项中，选择"忽略图像外的像素"单选按钮可以防止对落在图像外的像素进行模糊；选择"使用纸的颜色"单选按钮将从图像中的颜色开始模糊；选择"提取最近边缘的像素"单选按钮将从图像边缘的颜色开始模糊。应用动态模糊滤镜前后对比如图10-46所示。

原图 效果

图10-46 应用动态模糊效果前后

3.放射式模糊

放射式模糊滤镜可以使位图产生旋转的模糊效果。

选择位图，选择"位图"→"模糊"→"放射式模糊"命令，弹出"放射式模糊"对话框，如图10-47所示。

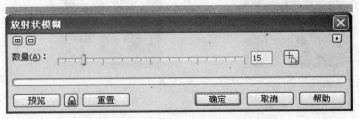

图10-47　"放射式模糊"对话框

"数量"设置放射式模糊的程度。单击对话框中的▣按钮，在位图的某一点单击，可以创建以该点为中心的放射式模糊效果。应用放射式模糊滤镜前后对比如图10-48所示。

原图　　　　　　　　　　　　　　　　效果

图10-48　放射式模糊

4.缩放

缩放模糊滤镜可以使位图产生爆炸模糊效果。

选择位图，选择"位图"→"模糊"→"缩放"命令，弹出"缩放"对话框，如图10-49所示。

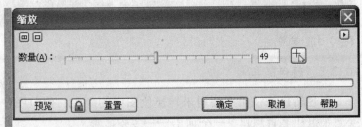

图10-49　"缩放"对话框

单击对话框中的▣按钮，在位图的某一点单击，创建以该点为中心的缩放模糊效果。拖动"数量"滑块设置缩放模糊的程度。应用缩放滤镜前后对比如图10-50所示。

原图　　　　　　　　　　　　效果

图10-50　缩放

### 10.3.4　相机滤镜

相机滤镜主要是模仿照相原理，对位图产生散光效果。相机滤镜组中只有一个扩散滤镜，该滤镜可以使位图中的尖突部分随机地扩散，从而产生一种漫射的效果增加图像的光滑度。

选择位图，选择"位图"→"相机"→"扩散"命令，弹出"扩散"对话框，如图10-51所示。

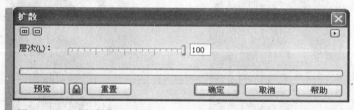

图10-51　"扩散"对话框

拖动"层次"滑块设置扩散程度。应用扩散滤镜前后对比如图10-52所示。

图10-52　扩散

### 10.3.5　颜色转换

颜色转换滤镜组主要用来转换位图中的颜色，使位图产生各种色彩变化。颜色转换滤镜组让笔者想起了一个词语——多姿多彩。

#### 1.梦幻色调

梦幻色调滤镜可以使图像中的颜色更明快、鲜艳，从而为位图添加一种高对比度的效果。

选择位图，选择"位图"→"颜色转换"→"梦幻色调"命令，弹出"梦幻色调"对话框，如图10-53所示。

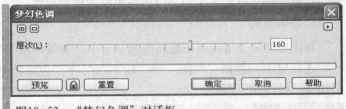

图10-53　"梦幻色调"对话框

拖动"层次"滑块设置梦幻色调的强度。应用梦幻色调前后对比如图10-54所示。

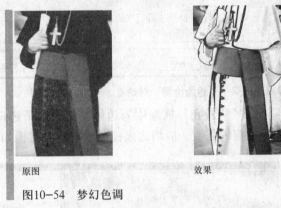

原图　　　　　　　　　　　效果

图10-54　梦幻色调

**2.曝光**

曝光滤镜可以使图像产生类似照片底片的颜色，从而产生高对比度效果。

选择位图，选择"位图"→"颜色转换"→"曝光"命令，弹出"曝光"对话框，如图10-55所示。

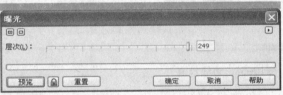

图10-55　"曝光"对话框

拖动"层次"滑块设置曝光的强度。应用曝光滤镜前后对比如图10-56所示。

原图　　　　　　　　　　　效果

图10-56　曝光

### 10.3.6 轮廓图处理

轮廓图滤镜组主要是用来检测和重绘图像的边缘。

1.边缘检测

边缘检测滤镜可以将图像转换为具有单色背景的线条。

选择位图，选择"位图"→"轮廓图"→"边缘检测"命令，弹出"边缘检测"对话框，如图10-57所示。

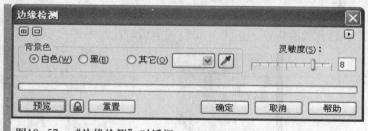

图10-57　"边缘检测"对话框

在"背景色"框架中为边缘检测的效果选择背景颜色；拖动"灵敏度"滑块设置边缘检测的强度。应用边缘检测滤镜前后对比如图10-58所示。

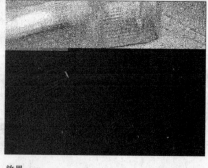

原图　　　　　　　　　　　　　　　　　　　　效果

图10-58　边缘检测

2.查找边缘

查找边缘滤镜可以检测物体的边缘，并将它们转换成线条。

选择位图，选择"位图"→"轮廓图"→"查找边缘"命令，弹出"查找边缘"对话框，如图10-59所示。

图10-59　"查找边缘"对话框

在"边缘类型"框架中选择边缘检测的轮廓类型；拖动"层次"滑块设置细节保留程度。应用查找边缘滤镜前后对比如图10-60所示。

原图                                    效果

图10-60  查找边缘

### 10.3.7  创造性滤镜

创造性滤镜组可以模仿工艺品、纺织品的表面，产生马赛克、碎块的效果。创造性滤镜还可以模仿雨、雪、雾等天气效果。

**1.工艺**

工艺效果滤镜使用传统手工艺品的形状，如拼图板、齿轮、糖果平铺位图。

选择位图，选择"位图"→"创造性"→"工艺"命令，弹出"工艺"对话框，如图10-61所示。

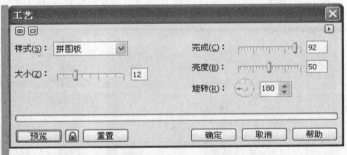

图10-61   "工艺"对话框

在"样式"下拉列表中选择一种工艺元素；拖动"大小"滑块设置工艺元素的大小；拖动"完成"滑块设置工艺元素的覆盖范围（没有被覆盖的部分为黑色）；拖动"亮度"滑块设置图像的光照度。应用工艺滤镜前后对比如图10-62所示。

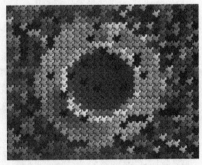

原图                              效果

图10-62  工艺

2.织物

织物滤镜使位图产生像是印刷在织物上一样的效果。

选择位图，选择"位图"→"创造性"→"织物"命令，弹出"织物"对话框，如图10-63所示。

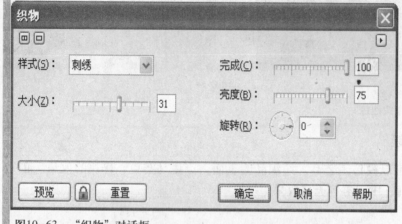

图10-63　"织物"对话框

在"样式"下拉列表中选择一种织物类型；拖动"大小"滑块设置织物的大小；拖动"完成"滑块设置织物的覆盖范围（没有被覆盖的部分为黑色）；拖动"亮度"滑块设置图像的光照度。应用织物滤镜前后对比如图10-64所示。

原图　　　　　　　　　　　　　　　　　效果

图10-64　织物

3.框架

框架滤镜可以将位图置入事先预设的框架或另一幅图像中，产生镜框似的效果。

选择位图，选择"位图"→"创造性"→"框架"命令，弹出"框架"对话框，如图10-65所示。

从"选择帧"下拉列表中选择一种框架类型，单击"预览"按钮查看效果，如过对效果不太满意，还可以在对话框的"修改"选项卡中修改其各项属性。如图10-66所示。

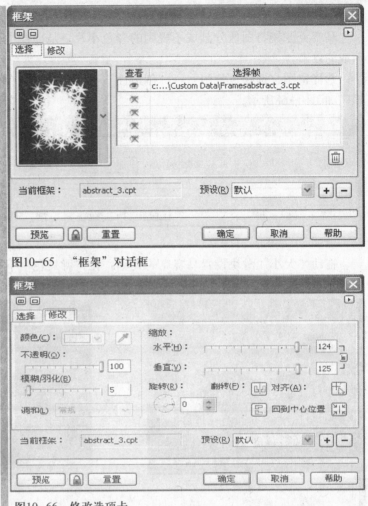

图10-65 "框架"对话框

图10-66 修改选项卡

"修改"选项卡中的"颜色"选项用于设置框架的颜色；"不透明度"用于设置框架的不透明度；"模糊/羽化"用于设置框架的模糊或羽化程度；"水平"、"垂直"用于设置框架的水平和垂直大小；单击"回到中心位置"按钮，将会使框架返回其原始位置。应用框架滤镜前后对比如图10-67所示。

原图　　　　　　　　　　　　效果

图10-67 框架

301

4.马赛克

马赛克滤镜将图像分割成不规则的彩色小片,从而产生一种看上去像马赛克拼贴而成的效果。

选择位图,选择"位图"→"创造性"→"马赛克"命令,弹出"马赛克"对话框,如图10-68所示。

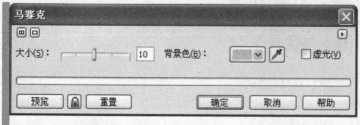

图10-68 "马赛克"对话框

拖动"大小"滑块设置马赛克的大小;在"背景色"下拉列表中选择背景颜色;"虚光"复选框可以为图像添加一个镜框。应用马赛克滤镜前后对比如图10-69所示。

原图                                    效果

图10-69 马赛克

5.散开

散开滤镜将使位图产生像素分散效果。可以利用散开滤镜制作印章文字。

选择位图,选择"位图"→"创造性"→"散开"命令,弹出"散开"对话框,如图10-70所示。

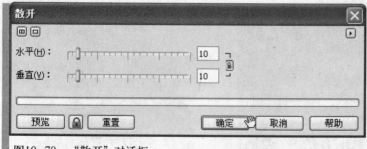

图10-70 "散开"对话框

拖动"水平"、"垂直"滑块设置散开程度。应用散开滤镜前后对比如图10-71所示。

原图　　　　　　　　　　　　　　　　　效果

图10-71　散开

6.茶色玻璃

茶色玻璃滤镜使位图产生如同在图像表面覆盖一层有色玻璃的效果。

选择位图，选择"位图"→"创造性"→"茶色玻璃"命令，弹出"茶色玻璃"对话框，如图10-72所示。

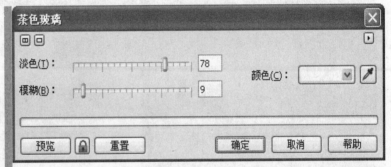

图10-72　"茶色玻璃"对话框

"淡色"设置茶色玻璃着色程度；"模糊"设置图像模糊程度。"颜色"下拉列表用于设置覆盖的颜色。应用茶色玻璃滤镜前后对比如图10-73所示。

原图　　　　　　　　　　　　　　　　　效果

图10-73　茶色玻璃

### 7. 虚光

虚光滤镜可以使位图边缘羽化。

选择位图，选择"位图"→"创造性"→"虚光"命令，弹出"虚光"对话框，如图10-74所示。

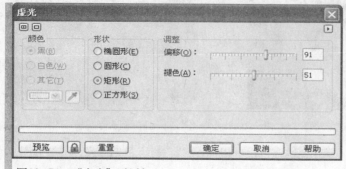

图10-74 "虚光"对话框

在"形状"框架中选择一种虚光形状；"偏移"设置虚光大小；"褪色"设置图像中的像素与虚光混合的程度。应用虚光滤镜前后对比如图10-75所示。

原图　　　　　　　　　　　　　　　　效果

图10-75 虚光

### 8. 天气

天气滤镜可以将雨、雪、雾等自然现象添加到位图中。

选择位图，选择"位图"→"创造性"→"天气"命令，弹出"天气"对话框，如图10-76所示。

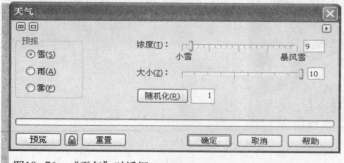

图10-76 "天气"对话框

　　在"预报"选项组中选择一种天气效果；"浓度"设置天气强度；"大小"设置天气效果中雪片或雨点等的大小。单击"随机化"按钮，弹出随机数值，根据数值使效果元素在图像中随机分布。应用天气滤镜前后对比如图10-77所示。

原图　　　　　　　　　　　　　　　　　　　　　　　效果

图10-77　天气

### 10.3.8　扭曲滤镜

　　扭曲滤镜组用于使位图产生各种变形，如漩涡、波纹、风吹等。

　　1.置换

　　置换滤镜使图像产生锈点、波浪或星形效果。

　　选择位图，选择"位图"→"扭曲"→"置换"命令，弹出"置换"对话框，如图10-78所示。

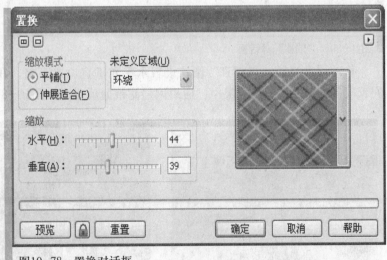

图10-78　置换对话框

　　"缩放模式"选项组用于设置图案充满位图的方式；"未定义区域"设置填充空白区域的方式；拖动"缩放"选项组的滑块设置在水平和垂直方向上的扭曲强度。应用置换滤镜前后对比如图10-79所示。

原图           效果

图10-79 置换

2.偏移

偏移滤镜可以使位图发生位移。效果有点像我们小时候玩的拼贴画。

选择位图，选择"位图"→"扭曲"→"偏移"命令，弹出"偏移"对话框，如图10-80所示。

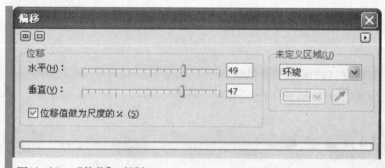

图10-80 "偏移"对话框

拖动"水平"、"垂直"滑块设置水平和垂直位置距离，在"未定义区域"下拉列表设置空白区域的填充类型。应用偏移滤镜前后对比如图10-81所示。

原图           效果

图10-81 偏移

### 3.龟纹

龟纹滤镜可以使位图产生畸变，呈现波浪效果。

选择位图，选择"位图"→"扭曲"→"龟纹"命令，弹出"龟纹"对话框，如图10-82所示。

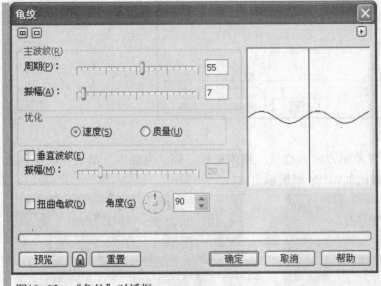

图10-82　"龟纹"对话框

"周期"可以控制波峰的数目，数值越小，波峰数目越大；"振幅"设置波纹的大小，数值越小，波纹幅度越小；"垂直波纹"复选框可以添加正交的波纹，拖动下面的"振幅"滑块设置正交波纹的大小；选择"扭曲龟纹"复选框，可以使波纹发生变形，形成干扰波。应用龟纹滤镜前后对比如图10-83所示。

原图　　　　　　　　　　　　　　　　　效果

图10-83　龟纹

### 4.漩涡

漩涡滤镜可以使位图产生畸变，呈现漩涡效果。

选择位图，选择"位图"→"扭曲"→"漩涡"命令，弹出"漩涡"对话框，如图10-84所示。

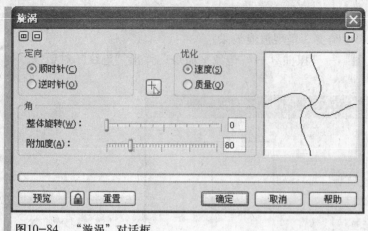

图10-84　"漩涡"对话框

　　"定向"选项组设置漩涡方向；拖动"整体旋转"和"附加度"滑块控制漩涡大小。应用漩涡滤镜前后对比如图10-85所示。

原图

效果

图10-85　漩涡

　　5.平铺

　　平铺滤镜可以使位图缩小后按顺序排列。

　　选择位图，选择"位图"→"扭曲"→"平铺"命令，弹出"平铺"对话框，如图10-86所示。

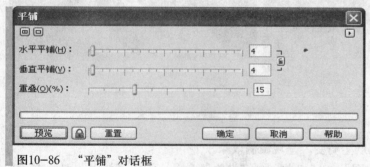

图10-86　"平铺"对话框

　　"水平平铺"和"垂直平铺"控制平铺图像水平方向和垂直方向上的数量，"重叠"控制图像的重叠大小。应用平铺滤镜前后对比如图10-87所示。

原图                              效果

图10-87 平铺

6.湿笔画

湿笔画滤镜创建从轻微到过量的浸染效果，可以使位图看起来像油漆未干，仍向下流的感觉。此滤镜用在带有恐怖色彩的画面上，效果会更加惊悚。

选择位图，选择"位图"→"扭曲"→"湿笔画"命令，弹出"湿笔画"对话框，如图10-88所示。

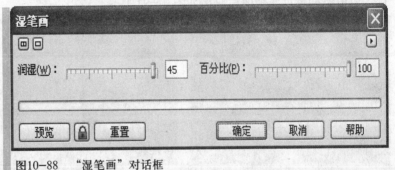

图10-88 "湿笔画"对话框

拖动"润湿"滑块可以设置图像中油滴数目和位置，向左拖动时，从对象的下端向下流油漆；向右拖动时，从对象的上端向下流油漆。拖动"百分比"滑块控制油滴的大小。应用湿笔画滤镜前后对比如图10-89所示。

原图                              效果

图10-89 湿笔画

### 10.3.9 杂点滤镜

杂点滤镜可以创建、消除杂点。

1.添加杂点

添加杂点滤镜可以产生颗粒状的杂点效果。

选择位图，选择"位图"→"杂点"→"添加杂点"命令，弹出"添加杂点"对话框，如图10-90所示。

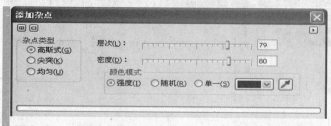

图10-90 "添加杂点"对话框

在"杂点类型"选项组用于选择杂点的类型。"层次"设置杂点的强度；"密度"控制每英寸内杂点数量。在"颜色模式"选项组中"强度"可以增加杂点的数量，"随机"可以用随机的有色像素来创建杂点，"单一"可以用指定的颜色创建杂点。应用添加杂点滤镜前后对比如图10-91所示。

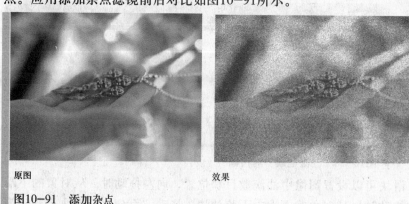

原图                效果

图10-91 添加杂点

2.最大值

最大值滤镜可以根据相邻像素的最大颜色值来调节某一像素的颜色值，从而出去杂点。

选择位图，选择"位图"→"杂点"→"最大值"命令，弹出"最大值"对话框，如图10-92所示。

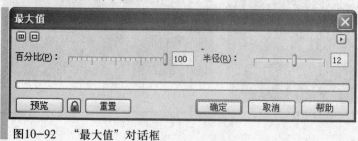

图10-92 "最大值"对话框

"百分比"控制效果强度，数值越大，效果越明显。"半径"指定应用该效果产生的晶格块大小。应用最大值滤镜前后对比如图10-93所示。

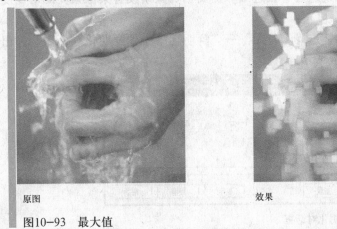

原图　　　　　　　　　　　　　　　　　　效果

图10-93　最大值

### 10.3.10　鲜明化滤镜

鲜明化滤镜组通过增大相邻像素间的对比度，使图像边缘部分产生锐化效果。

1．适应非鲜明化

适应非鲜明化滤镜通过增大相邻像素间的对比度，使图像边缘部分产生锐化。

选择位图，选择"位图"→"鲜明化"→"适应非鲜明化"命令，弹出"适应非鲜明化"对话框，如图10-94所示。

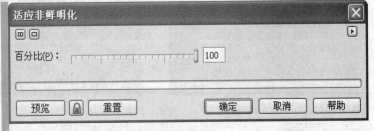

图10-94　"适应非鲜明化"对话框

拖动"百分比"滑块控制锐化强度，数值越大，效果越明显。应用适应非鲜明化滤镜前后对比如图10-95所示。

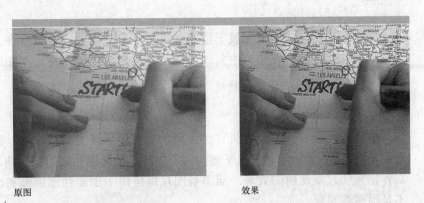

原图　　　　　　　　　　　　　　　　　　效果

图10-95　适应非鲜明化

2.鲜明化

鲜明化滤镜通过查找边缘和提高相邻像素或背景像素间的对比度，使图像边缘锐化。

选择位图，选择"位图"→"鲜明化"→"鲜明化"命令，弹出"鲜明化"对话框，如图10-96所示。

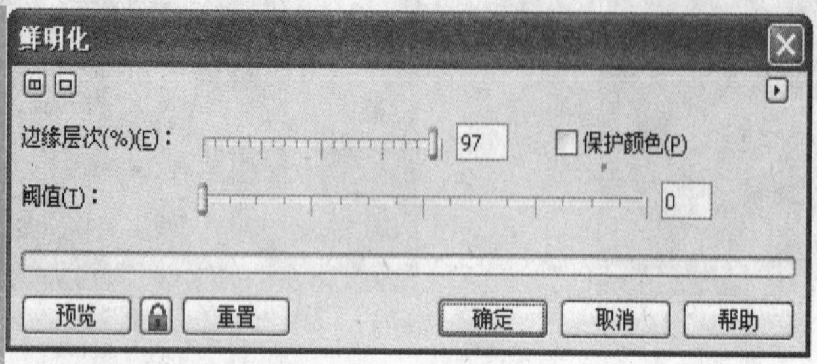

图10-96　鲜明化对话框

拖动"边缘层次"滑块控制位图中描边的强度，数值越大，边缘越清晰。拖动"阈值"设置保留原图信息的程度，数值越小，原图像中的信息保留越多。应用鲜明化滤镜前后对比如图10-97所示。

原图　　　　　　　　　　　　　效果

图10-97　鲜明化

## 10.4　基础应用

网络上的图片基本上都属于位图形式，也许是职业病，笔者在上网时，看到经过处理的图片，通常会在脑海中自动浮现出它运用的滤镜名称，不知道大家是否也有这种感觉呢？

### 10.4.1　制作特殊效果作品

俗话说：没有做不到，只有想不到。只要你想到了某种效果，就可以利用滤镜制作出来。图10-98所示是一组圣诞和雪景图片。圣诞图片运用了扭曲滤镜中的风吹效果制作出风吹过圣诞树的效果。而雪景图片则应用了创造性滤镜添加出纷飞的大雪，是不是很逼真呢？

图10-98 特殊效果作品

图10-99所示作品是应用球面滤镜的效果。首先对人物剪影图片施加"球面"滤镜，然后将图片放置到类似水晶球的球体中，看上去就像是水晶球反射的影像了。

图10-99 特殊效果作品欣赏

## 10.4.2 进一步变形图形

进一步变形图形可以使图形在原基础上产生很大的变形，从而为图形添加各种或神秘或恐怖的效果，如图10-100所示。在恐怖电影海报中我们经常看到这种处理手法。只需要将图片添加龟纹滤镜和扭曲滤镜就可以达到变形效果。

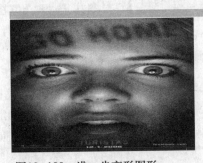

图10-100 进一步变形图形

笔者突然就想到了达利的超现实主义大作。要是达利在创作《记忆的永恒》时用到扭曲滤镜的话，一定会在极短时间内就完成这幅作品了，那样他就有更多时间去创作其他作品了，呵呵！

## 10.5 案例表现——明信片

"俺曾见金陵玉殿莺啼晓，秦淮水榭花开早，谁知道容易冰消！眼看他起朱楼，眼看他宴宾客，眼看他楼塌了！这青苔碧瓦堆，俺曾睡风流觉，将五十年兴亡看饱。那乌衣巷不姓王，莫愁湖鬼夜哭，凤凰台栖枭鸟。残山梦最真，旧境丢难掉，不信这舆图换稿！诌一套《哀江南》，放悲声唱到老。"大家还记得吗？这是孔尚任所著《桃花扇》中的一段，名为《哀江南》。笔者那时就被其中真挚的爱国之心和深深的哀伤所打动，不知道大家有没有同感。借着这曲《哀江南》，我们来绘制带有江南风韵的明信片，以解相思之苦。

图10-101　绘制背景

图10-102　放置背景图案

图10-103　高斯式模糊效果

*01* 新建文件并绘制背景。新建一个宽297mm、高150mm的新文档。双击矩形工具□绘制一个与页面大小相同的矩形，填充（C5 M9 Y47）颜色，去除轮廓线，如图10-101所示。

*02* 放置背景图案。打开光盘\素材库\第十章\江南.cdr文件，将图案复制到背景中，放置位置如图10-102所示。刹那间，一股浓郁的江南水乡韵味透过屏幕淡淡地传递出来。

*03* 将背景转换为位图。选择整个背景，选择"位图"→"转换为位图"命令，将背景转换为位图。选择"位图"→"模糊"→"高斯式模糊"命令，在弹出的对话框中设置4像素高斯式模糊。影影绰绰的江南水乡效果如图10-103所示。

*04* 将寒梅位图转换为矢量图。导入光盘\素材库\第十章\寒梅.jpg文件，选择"位图"→"描摹位图"→"详细徽标"命令，如图10-104所示。大家注意保留寒梅的细节部分哦。

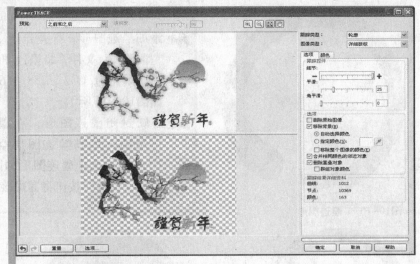

图10-104 描摹位图

**05** 编辑矢量寒梅图案。将寒梅转换为矢量图后，按Ctrl + U组合键，取消其全部群组。将多余的字和图案删除，只余下寒梅部分，然后将寒梅图案群组，如图10-105所示。

图10-105 删除多余部分

**06** 添加矢量寒梅图案。为了使寒梅图案更好的融合到背景中，按住Ctrl键单击调色板中的红色色块，为寒梅递增红色色调，直到颜色调和的差不多就可以了。选择寒梅图形，单击属性栏中的"水平镜像"按钮将其镜像，然后将寒梅图形放置到背景的合适位置，如图10-106所示。

图10-106 寒梅图形放置位置

大家也可以用自己喜欢的图案添加到背景中哦。

图10-107　墨迹图形

**07** 添加墨迹图形。打开光盘\素材库\第十章\墨迹.cdr文件,将墨迹图形复制到明信片中,填充为(C2 M58 Y62 k24)颜色,如图10-107所示。

**08** 绘制封闭墨迹图形。在墨迹图形上绘制一个圆,填满墨迹图形空白位置,如图10-108。选中墨迹图形和圆,单击属性栏中的"焊接"按钮将其焊接为一个对象。

绘制圆

图10-108　墨迹图形

焊接

图10-109　图像调整实验室

**09** 调整图像。"烟柳池畔,说不出诗情画意,秦淮人家还在婷婷守望,飞絮蒙蒙中,何处传来丝竹乐韵,又把我带进了梦里江南水乡。"导入光盘\素材库\第十章\水乡.jpg文件,选择"位图"→"图像调整实验室"命令,温度设置为3,648,淡色设置为6,饱和度设置为48,对比度设置为44,图像效果如图10-109所示。

**10** 精确裁剪图像。复制一个封闭的墨迹图形,选中调整好的图片,选择"效果"→"图框精确剪裁"→"放置在容器中"命令,拾取复制的墨迹图形作为容器。按住Ctrl键单击图形进入容器编辑裁剪内容,将水乡图片调整到合适位置,然后再按住Ctrl键单击空白处退出容器完成编辑。效果如图10-110所示。

图10-110　精确裁剪图像

图10-111 拖动白色色块至起始滑块

图10-112 透明效果

11 透明封闭墨迹图形。将封闭墨迹图形放置到裁剪后的水乡墨迹图像的下一层，让其比水乡图像稍大一些。选择交互式透明工具 ☑，在属性栏中将"透明度类型"选择射线、"透明度操作"选择正常、"透明中心点"设置为100。拖动调色板中的白色到黑色滑块中，拖动黑色到原白色滑块中，如图10-111所示。调整透明度控制柄，使其效果如图10-112所示。

图10-113 阴影效果

12 为封闭墨迹添加周围阴影效果。用交互式阴影工具为封闭墨迹图形添加周围阴影效果，在属性栏中设置"阴影的不透明度"为70、"阴影羽化"为16、"透明度操作"为添加、"阴影颜色"为（C2 M58 Y62 K24）。效果如图10-113所示。将图像与封闭墨迹群组后放置到明信片的左上角。

13 输入文本。用文本工具输入文本"梦"，在属性栏中设置其"字体"为叶根友毛笔行书简体，"字号"为74pt，放置到如图10-114所示位置。

图10-114 放置文本

14 绘制印章文字。用文本工具输入文本"江南"，在属性栏中设置其"字体"为方正行楷简体，"字号"为19pt。用贝塞尔工具绘制类似印章图形的不规则椭圆形，填充为（C2 M66 Y69 K14）颜色，去除轮廓线后放置到文本"江南"的下一层。将文本与图形群组，放置到如图10-115所示位置。

图10-115 放置文本

图10-116　放置古诗词

15 输入古诗词。用文本工具输入跟江南有关的古诗词类的文本，在属性栏中设置其"字体"为方正黄草简体，"字号"为10pt。用形状工具调整段落间距，单击属性栏中的"将文本更改为垂直方向"按钮，将水平文本转换为垂直文本，放置到如图10-116所示位置。

16 精确裁剪明信片。双击矩形工具□绘制一个与页面大小相同的矩形，选中明信片所有内容，选择"效果"→"图框精确剪裁"→"放置在容器中"命令，拾取矩形进行裁剪。去除矩形轮廓线后效果如图10-117所示。到这里，明信片正面内容就大功告成了，剩下的就是制作明信片的背面了。

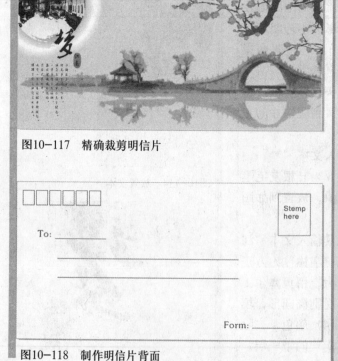

图10-117　精确裁剪明信片

图10-118　制作明信片背面

17 制作明信片背面。按PageDown键弹出插入页面对话框，直接确定对话框新增一个页面。双击矩形工具，创建与页面同大的矩形。

用矩形工具□绘制一个宽11mm、高14mm的长方形，然后水平再制5个，组成邮编框并放置到左上角位置。绘制正方形，输入文本"Stemp here"（邮票粘贴处），放置到右上角。输入文本"To"和"Form"，绘制四条线段。明信片背面如图10-118所示。

18 制作明信片背面图案。按PageUp键回到第1页，复制明信片正面的寒梅图案，按PageDown键返回到第2页进行粘贴。单击属性栏的"水平镜像"按钮，将寒梅图案镜像。选择"位图"→"转换为位图"命令，将其转换为位图。选择"位图"→"创造性"→"茶色玻璃"命令，将"淡色"和"模糊"都设置为76，"颜色"为白色。现在寒梅图案在白色的明信片背面中就不显得那么突兀了。再将寒梅图案精确剪裁到矩形中，明信片背景就制作完成了，如图10-119所示。

最后，整个明信片效果如图10-120所示。

图10-119 明信片背面图案

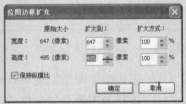

图10-120 明信片正面和背面图案

## 10.6 疑难及常见问题

**1. 如何扩充位图边框**

CorelDRAW自动扩充位图边框，使特殊效果覆盖整个图像。我们也可以手动指定想要扩充位图的程度。

选择位图，选择"位图"→"扩充位图边框"→"手动扩充位图边框"命令，弹出"位图边框扩充"对话框，如图10-121所示。

在宽度和高度框中键入要扩充的像素数量，或者在百分比框中键入要扩充位图边框的百分比值（使用原始位图的大小作为参考）。启用"保持纵横比"复选框，按比例扩充位图的边框。设置完毕，单击确定即可。

图10-121 位图边框扩充对话框

**2. 如何创建类似手工绘画的效果**

选择位图，选择"位图"→"艺术笔触"→"素描"命令，弹出"素描"对话框，如图10-122所示。

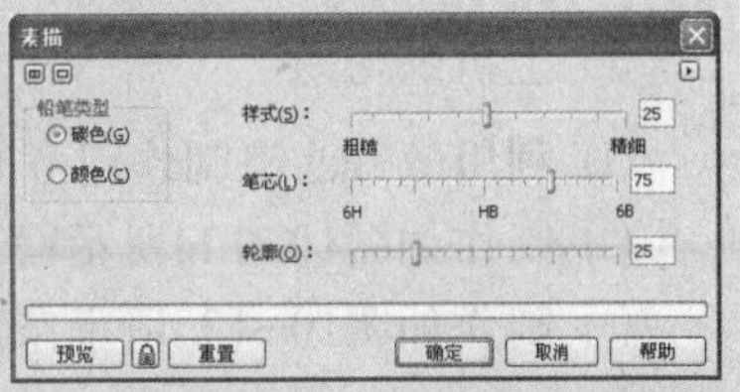

图10-122 素描对话框

其中"样式"滑块可以设置素描的精细程度；"笔芯"滑块控制素描铅笔的硬度；"轮廓"滑块控制轮廓的锐利程度。预览效果满意后点击"确定"按钮。前面讲过的炭笔画滤镜也可以创建类似手工绘画的效果。

# 10.7 习题与上机练习

1．选择题

(1) 如果想使位图产生放射线式的爆炸模糊效果，应该用（　）滤镜效果。

    A．动态模糊　　　　　　　B．放射式模糊

    C．缩放模糊　　　　　　　D．高斯模糊

(2) （　）效果滤镜可以使位图产生畸变，呈现波浪效果。

    A．漩涡　　　　　　　　　B．龟纹

    C．偏移　　　　　　　　　D．置换

(3) 扩散滤镜可以增加图像的（　　）。

    A．光滑度　　　　　　　　B．三维深度

    C．锐化度　　　　　　　　D．像素分散度

(4) （　）滤镜使图像产生锈点、波浪或星形效果。

    A．置换　　　　　　　　　B．工艺

    C．水印画　　　　　　　　D．相机

(5) （　　）滤镜可以将位图置入事先预设的框架或另一幅图像中，产生镜框似的效果。

    A．虚光　　　　　　　　　B．茶色玻璃

    C．轮廓图　　　　　　　　D．框架

(6) （　　）滤镜可以使图像中的颜色更明快、鲜艳，从而为位图添加一种高对比度的效果。

    A．曝光　　　　　　　　　B．梦幻色调

    C．反显　　　　　　　　　D．半色调

2．问答题

(1) 怎样给位图添加透视效果？

(2) 怎样为图像添加金色杂点？

(3) 怎样为照片添加放射模糊滤镜？

3．上机练习题

(1) 利用散开滤镜制作印章文字效果，如图10-123所示。

图10-123　印章文字效果

(2) 制作如图10-124所示写真相册。

(3) 制作如图10-125所示杂志内页。

图10-124　写真相册内页　　图10-125　制作杂志内页

# 第十一章
# 打印和输出

本章内容

基本术语

知识讲解

基础应用

案例表现

疑难及常见问题

在做完一幅作品后，根据客户的需求，大多数时候需要打印或印刷，有时需要发布到网上。下面我们就来看看怎样打印作品或发布到网上。

# 11.1 基本术语

### 11.1.1 PDF

PDF是一种电子文档格式，由Adobe公司发明。这种格式与系统及软件平台无关，能够完整的保留原始应用程序文件的字体、图像、图形及格式。

### 11.1.2 HTML

HTML称为超文本标记语言，万维网创作标准，由定义文档结构和组件的标记组成。创建网页时，这些标记用于标注文本并集成资源（如图像、声音、视频和动画）。

### 11.1.3 分色

分色就是将颜色分成不同通道进行输出。每个通道产生独立的灰度图像，对应原始图像中的一种主色。如果是 CMYK 图像，则产生四种分色（分别对应青色、品红色、黄色和黑色）。

## 11.2 知识讲解

本章的知识讲解内容比较少，主要是关于文档发布和打印的知识，包括发布至PDF、发布到Web、为彩色输出中心做准备和打印。

### 11.2.1 发布至PDF

PDF是一种文件格式，我们可以将文档另存为PDF，也可以将多个文档另存为PDF，还可以将超链接、书签及缩略图包含在PDF文件中。

1.将文档另存为PDF文件

将文档另存为 PDF 文件，只要计算机上安装了Adobe Acrobat、Adobe Acrobat Reader或与PDF兼容的阅读器，就可以在任何平台上查看、共享和打印PDF文件。PDF 文件也可以上传到企业内部网或万维网中。

将文档另存为PDF文件时，有几种预设的PDF样式可供选择。

选择"文件"→"发布至 PDF"命令，弹出"发布至PDF"对话框，如图11-1所示。

图11-1 发布至PDF对话框

"PDF 样式"列表框中包括如下六种样式，可以根据需要选用。

(1) "用于文档发布的PDF"：支持JPEG位图图像压缩，最适合于一般的文档传送。这些文档可以包含书签和超链接，并且可以在激光打印机或台式打印机上打印。

(2) "用于预印的PDF"：支持ZIP位图图像压缩，嵌入字体并且保留专为高端质量打印设计的专色选项。

(3) "用于网页的PDF"：支持JPEG位图图像压缩，压缩文本并且包含用于将文档发布到万维网的超链接。

(4) "用于编辑的PDF"：支持LZW压缩，嵌入字体并包含超链接、书签及缩略图。显示的PDF文件中包含所有字体、最高分辨率的所有图像以及超链接，以便以后可以编辑此文件。

(5) "PDF/X-1a"：支持ZIP位图压缩并将对象转换为CMYK，但不允许加密或使用OPI引用。

(6) "PDF/X-3"：允许PDF文件中同时存在CMYK数据和非CMYK数据（如Lab或灰度）。

2.将多个文档另存为单个PDF文件

选择"文件"→"发布至PDF"命令，弹出"发布至 PDF"对话框，在对话框中单击"设置"按钮，弹出如图11-2所示对话框。

单击"常规"选卡，启用"文档"单选按钮，选择要保存的文档的复选框，单击"确定"按钮后即可将多个文档另存为单个PDF文件。

3.将超链接、书签及缩略图包含在PDF文件中

可以将超链接、书签及缩略图包

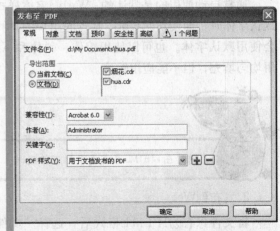

图11-2 发布至 PDF设置对话框

含在PDF文件中。超链接用于将跳转添加到网页或因特网URL中，书签允许大家链接到PDF文件中的特定区域。第一次在Adobe Acrobat或Acrobat Reader中打开PDF文件时，可以指定是否显示书签或缩略图。

### 11.2.2 发布到Web

通过将文档元素设置为与Web兼容，可以确保将CorelDRAW文件成功地发布为HTML。可以在HTML编写软件中使用生成的HTML代码和图像创建Web站点或页面。

#### 1.为Web发布准备文件和对象

CorelDRAW应用程序提供了用于将文档发布到万维网上的选项。可以确定布局选项、设置链接颜色并选择HTML文本首选项。在文本导出选项中，可以将Web兼容的文本作为纯文本导出，这样用户就可以复制和重新使用此文本；也可以将所有文本作为图像导出，以便文本总是按照你的设计显示。

可以将图形导出为预设的JPEG、GIF或PNG格式，也可以将文档作为单个图像发布，应用程序会从该图像创建图像映射。图像映射是一个超图形，在用浏览器查看HTML文档时，此超图形的热点链接到各种不同的URL，包括页面、位置和图像。

大家注意了，较大的图像映射可能会因因特网连接速度较慢而导致下载速度缓慢。我们可以通过浏览器的预览功能查看网页对象的下载时间。

#### 2.创建Web兼容文本

在将段落文本转换为Web兼容文本时，可以在HTML编辑器中编辑已发布的文本。如果是将绘图以HTML格式发布到Web，，则可以更改文本字体特征，包括字体类型、大小和样式。Web兼容文本的大小按"1"到"7"编号，与"10"磅到"48"磅范围之间的特定磅值对应。

通常自动使用的是默认的 Web 字体样式，除非用另一种字体取代它。选择取代默认字体时，即使访问Web 站点的用户的计算机上未安装相同的字体，这些计算机也会使用默认字体。也可以使用粗体、斜体和下划线文本样式。可在Web兼容文本中应用均匀填充，但不能应用轮廓。

在将绘图以HTML格式发布到万维网时，绘图中与Web不兼容的文本都将转换成位图。

#### 3.发布到Web

将文件保存为HTML格式后，选择"文件"→"发布到Web"→"HTML"命令，弹出"发布到Web"对话框，如图11-3所示。

在"常规"选卡下的"目标"列表框中设置html文件的地址。选择"FTP上载"复选框，单击"FTP设置"按钮，弹出"FTP上载"对话框，如图11-4所示。

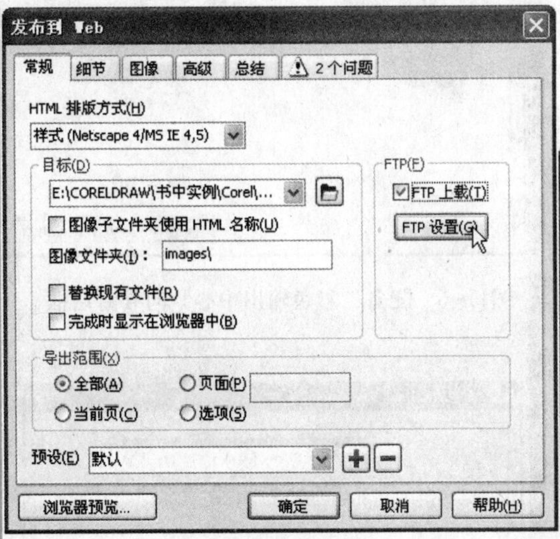

图11-3 发布到Web对话框 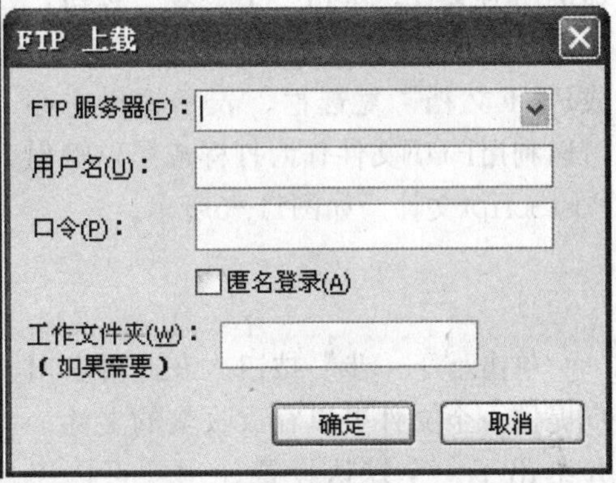　　　　图11-4 FTP上载对话框

可以在对话框中设置FTP服务器、用户名、口令、工作文件夹以及是否匿名登录等选项。设置完成后单击"确定"按钮即可完成HTML页面的发布效果。

### 11.2.3 为彩色输出中心做准备

如果要将商业印刷服务用于打印作业，或许要使用彩色输出中心。彩色输出中心接受文件并将其直接转换为胶片或图版，图片社使用彩色输出中心的胶片来制作打印图版。

1.使用配备彩色输出中心向导

使用配备彩色输出中心向导可以指导完成将文件发送到彩色输出中心的全过程。此向导可简化许多过程，如创建PostScript和PDF文件、收集输出图像所需的不同部分，以及将原始图像、嵌入图像文件和字体复制到用户定义的位置等。

选择"文件"→"为彩色输出中心做准备"命令，弹出配备"彩色输出中心"向导对话框，如图11-5所示。

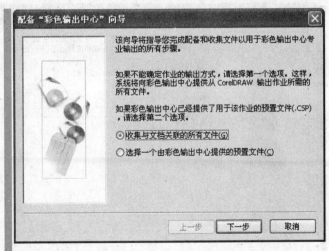

图11-5 配备"彩色输出中心"向导对话框

启用"收集与文档关联的所有文件"或"选择一个由彩色输出中心提供的预置文件"选项。

如果不能确定作业的输出方式，请选择第一个选项。系统将向彩色输出中心提供从CorelDRAW X4输出作业所需的所有文件。单击"下一步"按钮，确定是否生成PDF文件。如果选择"生成PDF文档"复选框，表示输出中心可以利用PDF文件作为打样或用以输出PostScript文件。如图11-6所示。

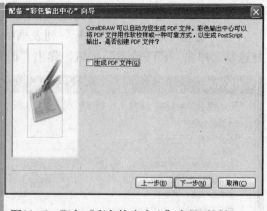

图11-6 配备"彩色输出中心"向导对话框

单击"下一步"按钮。在此要求用户提供一个文件夹以存放收集的文件，并给出了一个默认设置，用户可以单击"浏览"按钮，自己进行设置。如图11-7所示。

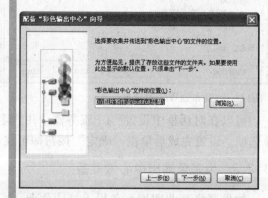

图11-7 配备"彩色输出中心"向导对话框

单击"下一步"按钮。系统自动进行收集文件的过程，将它们复制到用户指定的文件夹中。收集完毕后，显示完成屏幕，在此列出了所生成的所有输出所需要的文件。单击"完成"按钮即可。如图11-8所示。

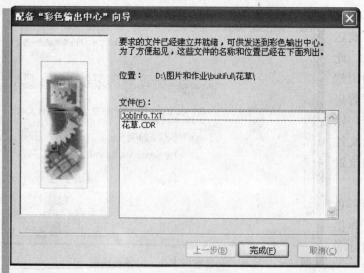

图11-8 配备"彩色输出中心"向导对话框

　　　用于彩色输出中心的PDF文件设置和用于预印的PDF设置相同。要创建彩色输出中心预置文件，需要彩色输出中心预置文件实用程序，此实用程序可与CorelDRAW一起自定义安装。

　　2.将打印作业包含在作业信息表中

　　　选择"文件"→"打印"命令，弹出"打印"对话框，如图11-9所示。

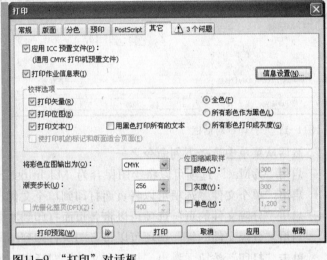

图11-9　"打印"对话框

　　单击"其它"选卡，启用"打印作业信息表"复选框，单击"信息设置"按钮，弹出打印作业信息对话框，如图11-10所示。

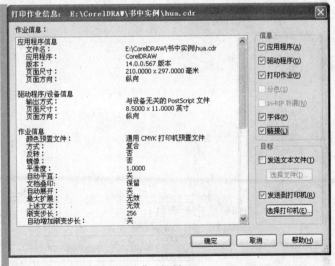

图11-10　"打印作用信息"对话框

　　在"信息"选项组中禁用任何选项，在"目标"选项组中启用"发送到文本文件"或"发送到打印机"复选框。

### 3.打印到文件

选择"文件"→"打印"命令，在弹出的"打印"对话框中单击"常规"选卡，启用"打印到文件"复选框，单击旁边按钮展开菜单，如图11-11所示。

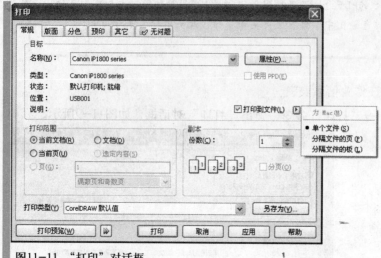

图11-11 "打印"对话框

然后从菜单中选择下列命令之一。

启用"为Mac"选项可以将绘图保存为 Macintosh计算机上可读的格式。

启用"单个文件"选项可以将页面打印到单个文件。

启用"分隔文件的页"选项可以将各页面打印到不同的文件。

启用"分隔文件的板"选项可以将各图版打印到不同的文件。

单击"打印"按钮，弹出"打印到文件"对话框，如图11-12所示。

图11-12 "打印到文件"对话框

在"保存类型"列表框中选择"打印文件"（将文件另存为PRN文件）或"PostScript文件"（将文件另存为PS文件）。选择文件保存地址并在文件名框中键入文件名。

4.为彩色输出中心准备PDF文件

使用开放式印前界面(OPI)，可以将低分辨率的图像用作出现在最终作品中的高分辨率图像的占位符。彩色输出中心收到文件后，OPI服务器会用高分辨率图像替换低分辨率图像。

可以保留文档设置，以保持PDF文件的原貌。可以保留文档叠印、半色调屏幕信息以及专色。

打印机标记可向彩色输出中心提供有关作品打印方式的信息。可以指定将哪些打印机标记包括在页面上。可用的打印机标记如下。

"裁剪标记"表示纸张的大小，出现在页角。

"套准标记"用于对齐彩色打印机上的胶片、模拟校样或打印图版。套准标记会打印在每张分色片上。

"浓度汁浓度"是一系列由浅到深的灰色框。测试半色调图像的浓度时需要用到这些框。可以将尺度比例放在页面的任何位置。也可以自定义灰度级，使浓度汁浓度中有7个方块，每个方块表示一个灰度级。

"文件信息"可以打印，包括颜色预置文件、图像的名称以及创建的日期和时间、页码。

### 11.2.4　打印

在开始打印之前，必须先做好各项准备工作，就像运动员在赛前一定要热身一样，在打印前我们也有好多问题需要注意，比如要连接好打印机和正确设置打印机，使用颜色管理让打印的颜色接近显示器上所显示的颜色等。打印环境的设置与选取是成功输出图形文档的关键，预先设置好打印环境，不仅可以节省时间，而且能够使输出过程变得容易。下面就讲述关于打印环境的各项设置。

1.打印准备

(1) 打印设置

在打印时，如果设置的绘图页面方向与打印页面的方向不同，系统会发出警告，所以在打印前大家一定要设置好各个选项，做到未雨绸缪。在打印设置对话框中，可以设置打印纸张的大小和方向，以及打印字体和图形的边缘抖动程度和明暗程度。

选择"文件"→"打印设置"命令，弹出"打印设置"对话框，如图11-13所示。

图11-13　"打印设置"对话框

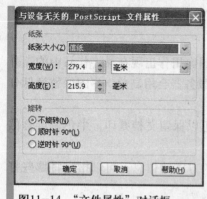

图11-14 "文件属性"对话框

在"名称"下拉列表中选择正在使用的打印机。单击"属性"按钮，弹出"文件属性"对话框，如图11-14所示。

可以在"文件属性"对话框中设置纸张的大小、宽度、高度以及旋转角度。单击"确定"按钮后确认操作。

（2）通过对象管理器控制图形的打印

如果发现图形对象有一部分或全部没有打印出来，就要查看对象管理器对话框了，看看是否该图形所在的图层被设置为不可打印。如果你只想打印部分图形对象，也可以利用对象管理器来控制图层打印的功能，将图层对象分别放置在不同的图层上，设置图层能否打印，就可以实现只打印部分图形对象的目的。

选择"工具"→"对象管理器"命令，显示"对象管理器"泊坞窗，如图11-15所示。

在要打印的对象图层上单击打印图标，使之正常显示；如果不想打印某对象，则将其所在的图层关闭并使打印机呈灰色显示。

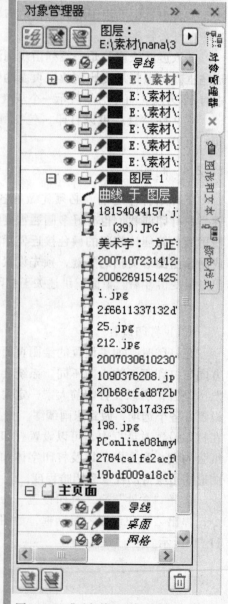

图11-15 "对象管理器"泊坞窗

（3）打印预览

当选择好了图形并设置好页面后，就要考虑正式打印了。但在正式打印之前，应该先预览一下图形文件的打印情况。

选择"文件"→"打印预览"命令，预览图形文件，如图11-16所示。

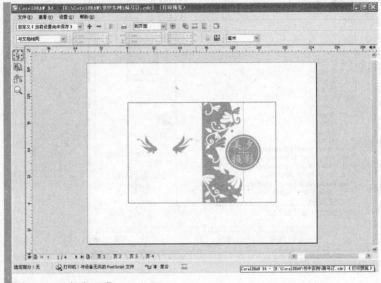

图11-16　打印预览

在打印预览中可以选择多种预览选项预览图形，对于多页面文档还可以通过窗口底部的页面导向器在多个页面之间来回预览。

　　　　在预览窗口中不仅可以预览图形的打印结果，还可以设置图形的打印结果，例如可以选择"设置"→"版面"命令，在版面标签中设置图形的位置和大小；选择工具箱中的"缩放工具"可以放大和缩小图形对象；通过"查看"→"颜色预览"命令，可以选择当前对象的预览颜色。

2.设置打印选项

在打印图形之前，还可以根据实际情况设置打印选项，如打印范围、打印份数以及将彩色图形转换为灰度级图形进行打印等。

（1）打印文件

在确认打印内容正确无误之后，我们就可以开始打印啦！

选择"文件"→"打印"命令，弹出"打印"对话框。在"打印范围"选项组中，选择"当前页"单选按钮，表示只打印当前页面的内容；选择"选定内容"单选按钮，表示只打印选中的文档内容；"页"单选按钮，表示可以指定打印页码的范围。在"副本"设置栏中确定打印份数后单击"打印"按钮，即可开始打印。

（2）打印多个页面的图形

可以将多个页面中的图形打印到一张纸上，但打印纸的大小要比在页面设置中设置的大得多，也可以将绘图页面的尺寸缩小，以便能将它们放置在一张纸上。

选择"文件"→"打印"命令，弹出"打印"对话框，单击"打印预览"按钮，进入打印预览窗口。选择"设置"→"版面"命令，弹出"打印选项"对话框。打开"版面布局"下拉菜单，如图11-17所示。

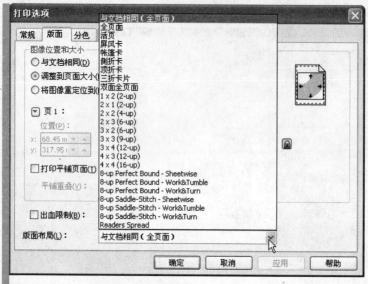

图11-17 "打印选项"对话框

在菜单中选择相关的选项，就可以将多个页面上的图形打印到一个页面上。例如选择"2×2"可以将4页的图形排列在一张页面上打印出来。

（3）打印平铺图像

在指定打印纸张大小时，一定要参考在页面设置中绘图页面的大小，如果纸张比图像小，我们可以采用平铺图像的方式，将图像分块打印在几张纸上，各图像之间有一定的重叠部分，在以后合并图像时可以准确地使它们成为一幅完整的图像。

选择"文件"→"打印"命令，显示"打印"对话框，选择"版面"标签，选择"打印平铺页面"复选框，如图11-18所示。

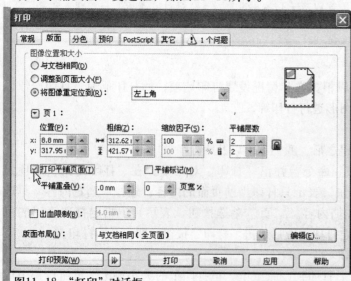

图11-18 "打印"对话框

在"平铺重叠"框中输入平铺图像重叠的宽度，或通过指定平铺重叠的页宽百分数来确定重叠宽度。

（4）打印灰度形式

当使用黑色打印机打印彩色图片时，打印机可以自动转换颜色。但是在打印之前，也可以指定以灰度方式还是黑色方式打印。以灰度形式打印可以使打印效果更加逼真，而且打印速度也更加快速。

选择"文件"→"打印"命令，单击"其他"标签，在"校样选项"选项组中选择"所有彩色打印成灰度"单选按钮，如图11-19所示。

图11-19 "打印"对话框

## 11.3 基础应用

前面所学的知识和所绘制的图形如果是娱己的话，那么这一章的内容就算是娱人了。我们可以和别人一起来欣赏自己的大作，虚心接受别人的批评和建议也是提高我们鉴赏水平的一种方法哦。

### 11.3.1 实现作品的输出

可以将制作好的作品打印输出，也可以发布到Web。例如我们可以制作自己的博客、网页、空间等，如图11-20所示。打开文件，选择"文件"→"发布到Web"→"HTML"命令，弹出发布到Web对话框，在对话框中设置各个参数，单击"确定"按钮后即可将文件发布到网上了。

图11-20 输出作品

打印输出作品时有很多细节需要注意，要不然输出的作品会有瑕疵。

1.文字

太细的字体，最好不要用多于2色的混叠，如（C20 M30 Y80）。同样，也不适用于深色底反白色字，如果避免不了，就要给反白字勾边，使用底色近似色或者某一印刷单色（通常是黑K）。

还有就是包含中英文特殊字符的段落文本容易出问题，如"■、@、★、○"等，也一定要注意。

### 2.渐变

在印刷彩色与黑色进行渐变填充的图形时，要注意色值成分。如从红色到黑色的渐变，设置为从（M:100、Y:100）到（K:100）的话，中间渐变色会很难看。正确的设置应该是从（M:100、Y:100）到（M:100、K:100）。

在设置黑色部分的渐变时，颜色值不要太低，如4%黑色，由于输出时有黑色叠印选项，低于10%的黑色通常使用替代而不是叠印，输出时会有问题，同样，使用纯浅色黑输出也要多加注意。

### 3.图片

图片的输出，最需要注意的是带有透明度效果的图形，必须转换成位图，要不然效果不好。

#### 11.3.2 对色彩的管理

在输出或打印作品时，都要注意对作品色彩的管理。要精确打印颜色，可以应用ICC颜色预置文件，但ICC颜色预置文件选项只适用于CMYK。也可以以CMYK、RGB或灰度方式输出或打印彩色位图，如图11-21所示。

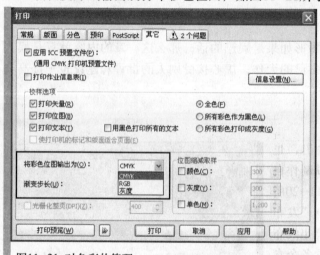

图11-21 对色彩的管理

## 11.4 案例表现——发布Web页

下面教大家怎样将自己作品发布到Web页。笔者以自己制作的迪爱"音乐手机——音乐让我说"主题海报为例，大家可要瞧仔细喽~

**01** 打开光盘\素材库\第十一章\迪爱手机海报.cdr文件，如图11-22所示。

图11-22 打开文档

**02** 选择"文件"→"发布到 Web"→"HTML"命令，弹出"发布到 Web"对话框。单击"常规"选卡，在"HTML排版方式"下拉列表中，针对不同的对象可以选择不同的网页配置方案，在这里我们选择"HTML表"，兼容大多数浏览器。

在"目标"下拉列表中选择网页的保存路径及图像文件夹所使用的HTML名称。

在"导出范围"选项组中设置网页输出范围为全部，如图11-23所示。

图11-23 "发布到 Web"对话框

如果选中"替换所有文件"复选框，则生成的文件将自动替换同一目录下的同名文件。如果选择"完成时显示在浏览器中"复选框，可以在保存完网页后自动打开默认的浏览器浏览该页面。

**03** 选择"FTP上载"复选框后，单击"FTP设置"按钮，弹出如图11-24所示对话框。在对话框中可以设置FTP服务器、用户名、口令、工作文件夹以及是否匿名登录等选项。

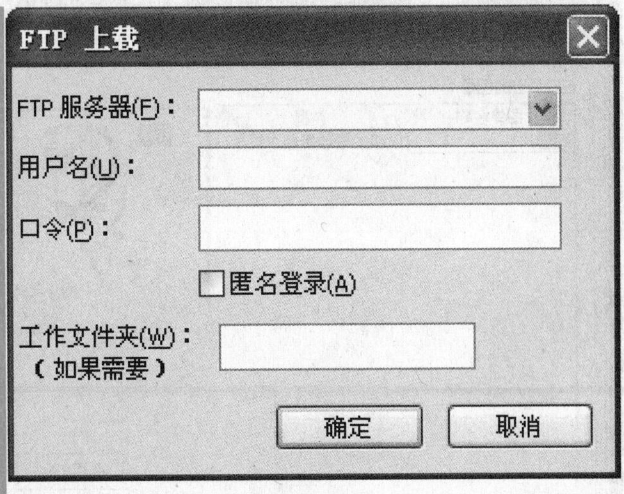

图11-24 "FTP上载"对话框

**04** 在"细节"选项卡中，可以设置和更改网页的页面、标题和文件名，如图11-25所示。

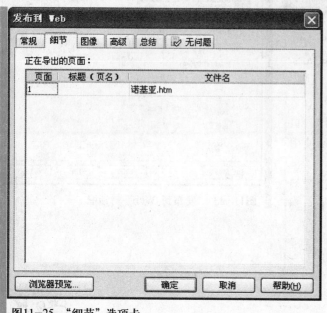

图11-25 "细节"选项卡

**05** 在"图像"选项卡中，设置和更改图像的文件名和类型，如图11-26所示。

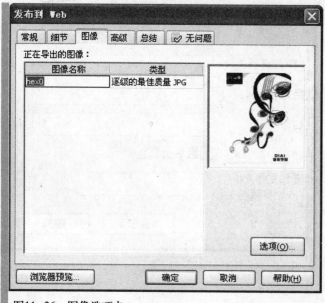

图11-26 图像选项卡

**06** 在"总结"选项卡中，显示了HTML页面的大小、组成页面的对象数量、各个对象在不同Web速度下的下载时长等信息，如图11-27所示。

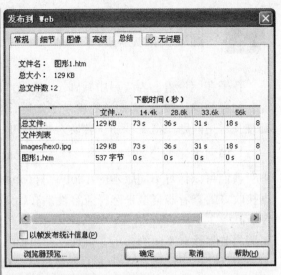

图11-27　"总结"选项卡

**07** 在"高级"选项卡中，设置是否"保持链接至外部链接文件"，是否生成"生成翻滚的JavaScript"，如图11-28所示。

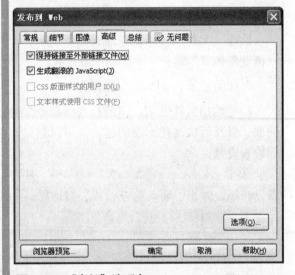

图11-28　"高级"选项卡

**08** 设置完成后，单击"确定"按钮，即可完成HTML页面的发布，如图11-29所示。

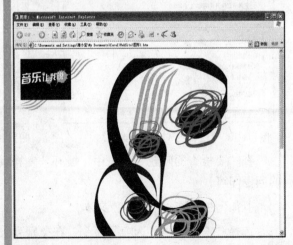

图11-29　发布效果

## 11.5  疑难及常见问题

孔子在《论语·为政》中写到："知之为知之，不知为不知，是知也。"意思是说，知道的就是知道，不知道的就是不知道，这才是智慧啊。所以大家一定要仔细地看疑难及常见问题，将"不知"转换为"知"。

1. 如何优化PDF文件

我们可以针对不同版本的Adobe Acrobat或Acrobat Reader来优化PDF文件，根据接收方的查看器类型来选择兼容性。在CorelDRAW中，有六种兼容性可供选择：Acrobat 3.0、Acrobat 4.0、Acrobat 5.0、PDF/X-1、PDF/X-1a和PDF/X-3。不同的兼容性有不同的选项，例如，"出血"选项就不适用于Acrobat 3.0。

要优化PDF文档在Web上的查看效果，可以线性化PDF文件。线性化文件通过每次装入一个页面来加快处理过程。

2. 如何预览Web页

选择"文件"→"发布到Web"→"HTML"命令，单击"常规"选卡，单击"浏览器预览"按钮，如图11-30所示。

3. 如何设置Web印前检查选项

决定输出文件之前，印前检查会检查文件的状态。系统会提供问题和潜在问题的摘要，以及解决这些问题的建议。可以指定印前检查需要检查的问题，也可以保存印前检查设置。

选择"文件"→"发布到Web"→"HTML"命令，单击"问题"选卡下的"设置"按钮，弹出"印前检查设置"对话框，如图11-31所示。

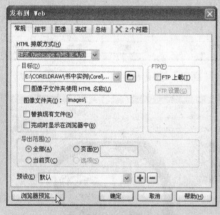

图11-30 "发布到Web"对话框

图11-31 "印前检查设置"对话框

在"要检查的问题"列表中，展开"发布到Web"目录树，取消选择不需要检查的问题即可。

4. 如何生成Web兼容的新文本

选择"工具"→"选项"命令，在类别列表中，双击"文本"项将其展开，然后单击"段落"。启用"使所有新的段落文本框具有Web兼容性"复选框，如图11-32所示。

图11-32 通过开始菜单启动

要确保Web兼容文本没有与其他对象交叉或重叠或超出绘图页面的边界，否则，文本将被转换为位图，并将失去其因特网属性。美术字不能转换为Web兼容文本，因此总是当作位图处理。但是，可以先将其转换为段落文本，然后再使其兼容Web。

5.如何出血

出血是一个印刷上的专业术语，指的是为了防止裁切时漏白而给出一定富余尺寸。设计的作品在印刷时都是印在更大的纸张上，然后通过裁切得到成品。纸张通常是白色的，如果作品尺寸没有考虑出血，则裁切的时候因为刀口偏移、纸张偏移等得到的成品将或多或少留下白色的边缘——这就是漏白。为了防止这种情况出现，对于作品边沿有不同于纸张色彩的一边需要设置出血量增大尺寸。设置出血后，按成品尺寸裁切，即便刀口或纸张偏移少许也不会漏白。通常出血量控制在1～3mm。

# 11.6 习题与上机练习

1.选择题

⑴（　　）支持JPEG位图图像压缩，压缩文本并且包含用于将文档发布到万维网的超链接。

    A．用于文档发布的PDF　　　　B．用于预印

的PDF

    C．用于网页的PDF　　　　D．用于编辑的PDF

⑵我们可以通过浏览器的（　　）功能查看网页对象的下载时间。

    A．预览　　　　　　　　B．查看

    C．下载　　　　　　　　D．网页

⑶（　　）用于将跳转添加到网页或因特网URL中。

A．超链接           B．PDF文件

C．彩色输出中心      D．HTML

(4)（　　）是万维网创作标准。

A．PDF             B．HTML

C．Web            D．超链接

(5) 在将段落文本转换为Web兼容文本时，可以在（　　）编辑器中编辑已发布的文本。

A．PDF             B．HTML

C．Web            D．宏

(6) 在将绘图以HTML格式发布到万维网时，绘图中与Web不兼容的文本都将转换成（　　）。

A．矢量图         B．位图

C．曲线           D．美术字

(7)（　　）用于对齐彩色打印机上的胶片、模拟校样或打印图版。

A．裁剪标记      B．套准标记

C．浓度汁浓度     D．文件信息

(8) 在打印时，我们可以通过（　　）对话框中设置纸张的大小、宽度、高度以及旋转角度。

A．打印设置      B．打印预览

C．打印范围      D．文件属性

2．问答题

(1) 怎样以灰度形式打印图形？

(2) 怎样将多个文档另存为单个PDF文件？

(3) 怎样打印平铺图像？

3．上机练习题

(1) 打开光盘\素材库\第十一章\紫禁城.cdr文件，如图11-33所示，将文档另存为PDF文件。

(2) 打开光盘\素材库\第十一章\卡通.cdr文件，如图11-34所示，将其发布到Web页。

(3) 打开光盘\素材库\第十一章\威尼斯.cdr文件，如图11-35所示，将文件以灰度形式打印出来。

图11-33　文档另存为PDF文件

图11-34　发布到Web页

图11-35　以灰度形式打印

# 第十二章
# 综合实例

**本章内容**

"月光如流水一般，静静地泻在这一片叶子和花上。薄薄的青雾浮起在荷塘里。叶子和花仿佛在牛乳中洗过一样；又像笼着轻纱的梦。"文学大师朱自清先生的篇《荷塘月色》带给我们的不仅仅是一场视觉上的盛宴，更多的是心理上对静谧景色的向往。就让我们怀着这份向往，一起来绘制心目中的荷塘月色图吧！

**1.新建文档并绘制湖面**

新建一个A4大小的空文档。双击矩形工具▢绘制一个与页面大小相同的矩形，用自定义渐变为其填充颜色，如图12-1所示。第一个颜色位置0%，色值为（C94 M65 Y64 K28）；第二个颜色位置37%，色值为（C74 M27 Y53）；第三个颜色位置67%，色值为（C33 M5 Y22）；第四个颜色位置85%，色值为（C19 M3 Y12）；第五个颜色位置100%，色值为（C12 M0 Y7）。填充效果如图12-2所示。去除矩形的轮廓线。现在静谧的湖面效果出来了，但看上去颜色有些突兀，等调整出夜空颜色后，情况就会得到改善。

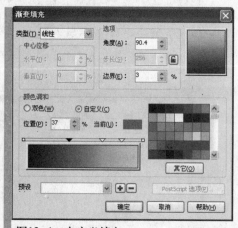

图12-1　自定义填充

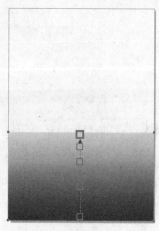

图12-2　湖面效果

图12-3　调整夜空色彩

**2.调整夜空色彩**

双击矩形工具▢绘制一个与页面大小相同的矩形，线性渐变填充从（C94 M65 Y64 K28）颜色到（C25 M0 Y10）颜色，然后用交互式填充工具调整填充位置，如图12-3所示。

3.绘制荷花花瓣1

用贝塞尔工具绘制如图12-4所示的花瓣形状,线性渐变填充从(C49 M3 Y30)颜色到白色。

4.再制荷花瓣并调整其形状

再制多个花瓣形状,用形状工具调整其形状,排列如图12-5所示。

5.绘制荷花花瓣形状2

用贝塞尔工具绘制如图12-6所示的花瓣形状。渐变填充与上相同的颜色,然后再制一片花瓣,旋转放置到如图12-7所示的位置。

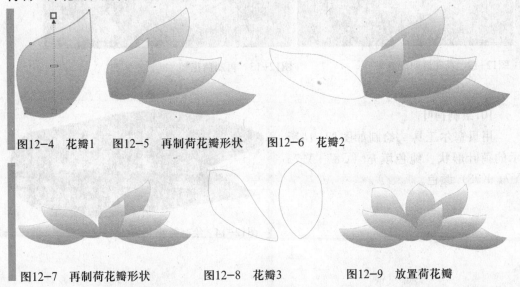

图12-4 花瓣1　　图12-5 再制荷花瓣形状　　图12-6 花瓣2

图12-7 再制荷花瓣形状　　　图12-8 花瓣3　　　图12-9 放置荷花瓣

6.绘制荷花花瓣形状3

用贝塞尔工具绘制如图12-8所示的花瓣形状。填充颜色后将其放置到如图12-9所示位置。

7.绘制荷花花瓣形状4

用贝塞尔工具绘制如图12-10所示的荷花瓣形状。渐变填充色彩后再制一个,单击属性栏中的"水平镜像"按钮,将其水平镜像并放置到荷花的最后一层。荷花最终效果如图12-11所示。将荷花群组并去除轮廓线。

图12-10 花瓣4　　　　　图12-11 荷花最终效果

8.为荷花添加透明度

用交互式透明工具为荷花添加透明效果,在属性栏中设置其"透明度类型"为标准,"透明度操作"为添加,"开始透明度"为50。效果如图12-12所示。静谧湖面上梦中的白莲静静盛开了,是不是很漂亮呢?

### 9.再制荷花

再制2朵荷花，调整远处荷花的"透明度操作"为减少，"开始透明度"为20。将三朵荷花精确裁剪到矩形背景中，效果如图12-13所示。

图12-12　荷花透明度效果　　　　图12-13　再制荷花

### 10.绘制荷叶

用贝塞尔工具绘制如图12-14所示的荷叶形状，纯色填充（C87　M73　Y71　K78）颜色。

图12-14　绘制荷叶

### 11.再制荷叶

将荷叶再制多片，并调整放置到如图12-15所示位置。

图12-15　再制荷叶

### 12.绘制明月

既然是荷塘月色，当然少不了明月了，我们来绘制一个有着青花瓷纹路的独特月亮！

绘制圆形，填充为白黄，去除轮廓线，放置到如图12-16所示位置。

13.为明月添加阴影效果

选择明月，选择工具箱中的交互式阴影工具，在"预设"列表中选择"Mudium Glow（中等辉光）"模式，设置"阴影的不透明度"为81，"阴影羽化"为30，"透明度操作"为添加，"阴影颜色"为（C2 M5 Y58）颜色。效果如图12-17所示。

14.为明月添加青花瓷纹路

导入光盘\素材库\第十二章\青花瓷.jpg文件。选择"位图"→"描摹位图"→"线条图"命令，弹出PowerTRACE对话框，按照图12-18进行设置，单击"确定"按钮后，得到青花瓷纹路的矢量图形。

图12-16　绘制明月

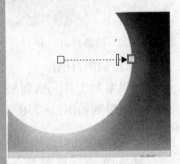

图12-17　阴影效果

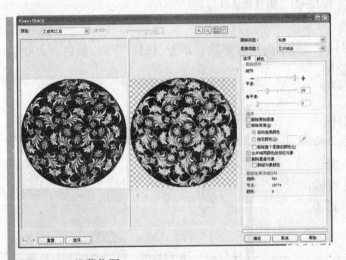

图12-18　描摹位图

15.调整矢量青花瓷纹路

选择得到的矢量图，单击右键，在弹出的快捷菜单中选择"取消全部群组"命令。删除黑色底纹的路径，保留青花瓷纹路。选择全部对象，按Ctrl + G组合键将其群组，填充（C57 M 13 Y34）颜色。效果如图12-19所示。

16.为青花瓷纹路添加透明效果

将青花瓷纹路放置到明月中，发现颜色太过于生硬了，不能和明月完美结合。我们为其添加透明效果。用交互式透明工具为其添加透明效果，在属性栏中设置"透明度类型"为射线，"透明度操作"为差异，"透明中心点"为100。从调色板中分别拖动白色和黑色色块到透明度控制柄色块。

图12-19　青花瓷图形

中将其透明效果更改为中间不透明边缘透明。效果如图12-20所示。

17.为青花瓷纹路添加阴影效果

用交互式阴影工具为青花瓷纹路添加阴影效果。在属性栏设置其"阴影的不透明度"为84，"阴影羽化"为28，"透明度操作"为减少，"阴影颜色"为白黄。明月最终效果如图12-21所示。

图12-20　纹路透明效果　　　　图12-21　明月效果

18.绘制明月倒影

用贝塞尔工具绘制如图12-22所示的倒影形状，填充（M0　Y8）颜色，去除轮廓线，放置到如图12-23所示位置。

19.添加樱花剪影

导入光盘\素材库\第十二章\樱花.jpg文件。选择"位图"→"描摹位图"→"线条图"命令，按照图12-24所示进行设置。单击"确定"按钮后，得到樱花的矢量图形。

图12-22　绘制倒影　图12-23　倒影位置

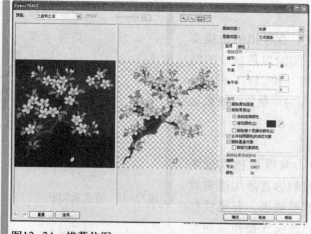

图12-24　描摹位图

20.调整樱花图形

选择得到的矢量图，单击右键，在弹出的快捷菜单中选择"取消全部群组"

图12-25 放置图形　　图12-26 手绘路径

命令。删除黑色底纹图形，保留樱花图形。选择全部樱花对象，按"Ctrl + G"组合键将其群组，填充为黑色，放置到如图12-25所示位置。

21.手绘路径

怎样体现月下荷花的暗香浮动呢？绘制升腾的装饰小圆点怎样？！手绘升腾路径，如图12-26所示。

22.调和两个圆

创建一个大矩形，填充为黑色，放置到手绘路径的下一层作为将要制作的调和对象的背景。绘制两个小一点的圆，填充为白色，去除轮廓线，用交互式调和工具进行调和，如图12-27所示。

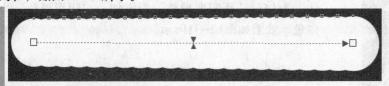

图12-27 调和对象

23.沿全路径分布调和对象

选择调和对象，单击属性栏上的"路径属性"按钮，选择"新路径"命令，用提示箭头单击手绘路径，将调和对象放置到路径中。单击属性栏中的"杂项调和选项"按钮，选择"沿全路径调和"复选框，使调和对象沿全路径分布。将调和步长值增大到120，效果如图12-28所示。

图12-28 分布调和对象

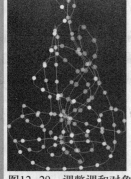

24.调整调和对象

选择"视图"→"简单线框"命令，视图变为简单线框显示模式，找到进行调和的两个圆形。将两个圆形添加不同的透明度，然后切换回原来的增强显示模式，效果如图12-29所示。

图12-29 调整调和对象

## 25.拆分调和对象和路径

大家如果觉得颜色太单调，可以单击"杂项调和选项"按钮，选择"拆分"命令，用提示箭头单击中心地带的任意一个圆，更改其填充色彩。选择调和对象，单击右键，在弹出的快捷菜单中选择"拆分路径群组上的混合于图层1"命令，将拆分后的路径删除。选中所有圆进行群组，效果如图12-30所示。

图12-30　拆分调和对象

## 26.为调和对象添加阴影效果

用交互式阴影工具为调和对象添加阴影效果，在属性栏设置其"阴影的不透明度"为81，"阴影羽化"为14，"透明度操作"为添加，"阴影颜色"为白色。效果如图12-31所示。

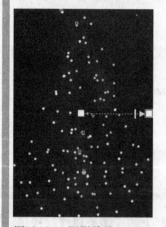

图12-31　阴影效果

## 27.再制调和对象

再制2个调和对象，并为其添加不同的透明度，将调和对象放置到荷花上方，效果如图12-32所示。像月光的魔法，像荷花的精灵，此时画面因为有了这些圆形装饰而显得静中有动。

图12-32　调和效果

## 28.精确裁剪图形

美丽的荷塘月色已经展现在我们的面前了，我们只要将图形精确裁剪之后，这幅作品就算完成了！选中明月、樱花对象，将其精确裁剪到夜空矩形中。图形最终效果如图12-33所示。

图12-33　最终效果

## 12.2 包装设计——VC咀嚼片

下面我们来制作一个漂亮的VC咀嚼片包装。

**1.新建文档并绘制包装瓶盖**

新建一个A4大小的空文档。用贝塞尔工具 绘制如图12-34所示的瓶盖形状。

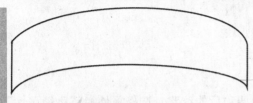

图12-34 绘制瓶盖形状

**2.自定义渐变填充瓶盖**

按F11键弹出渐变填充对话框,选择"自定义",具体设置如图12-35所示。单击"确定"按钮,完成填充,去除轮廓线后的效果如图12-36所示。

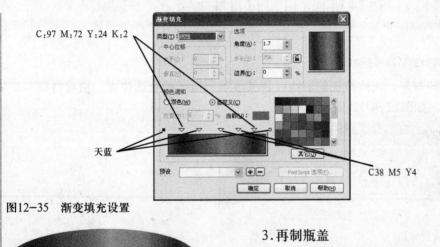

图12-35 渐变填充设置

图12-36 填充效果

图12-37 为瓶盖填充颜色

图12-38 透明效果

**3.再制瓶盖**

按下小键盘的+键,再制瓶盖。射线渐变填充从天蓝到白色,如图12-37所示。

**4.将再制瓶盖应用透明度**

选择交互式透明工具添加透明效果,设置"透明度类型"为标准,"开始透明度"为45,效果如图12-38所示。

5.绘制瓶盖纹路

绘制长条矩形，线性渐变填充从（C91 M53 Y7）颜色到天蓝色，去除轮廓线。将其水平移动并再制一个到另一边，其间距为瓶盖两边的距离。选择工具箱中的交互式调和工具，调和两个矩形。如图12-39所示。

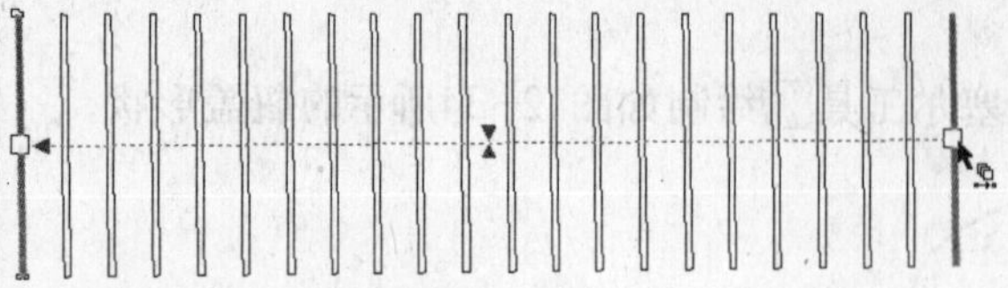
图12-39 绘制瓶盖纹路

6.调和对象适合路径

根据瓶盖形状绘制一条弧线路径，选中调和后的纹路，选择属性栏“路径属性”中的“新路径”命令，出现提示箭头，单击绘制好的路径让调和沿路径进行。选择属性栏“杂项调和选项”中的“沿全路径调和”复选框，效果如图12-41所示。

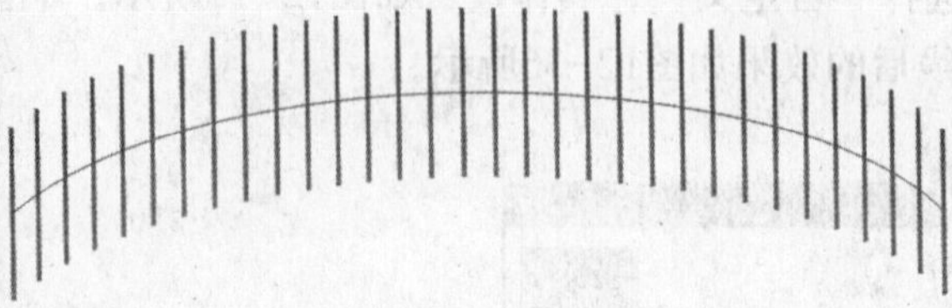
图12-40 将纹路沿路径分布

选中调和对象，去除路径轮廓线，将其放置到瓶盖的合适位置。然后将调和对象和瓶盖群组，如图12-41所示。

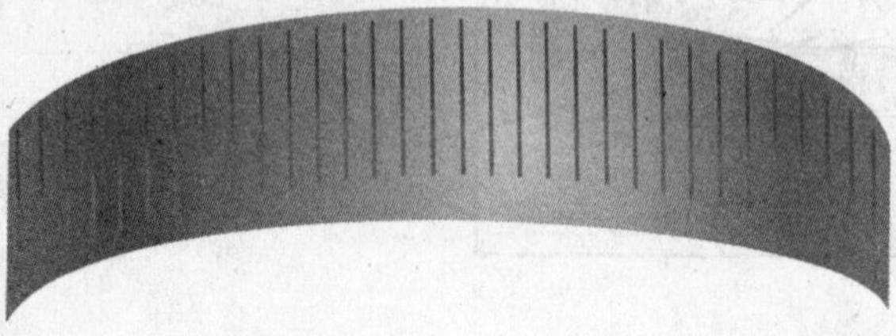
图12-41 放置纹路

7.完成瓶盖整体效果

选中群组后的瓶盖，按小键盘上的+键复制一个。将复制对象适当缩小，按Ctrl + PgDn组合键放置到下一层的合适位置，如图12-42所示。

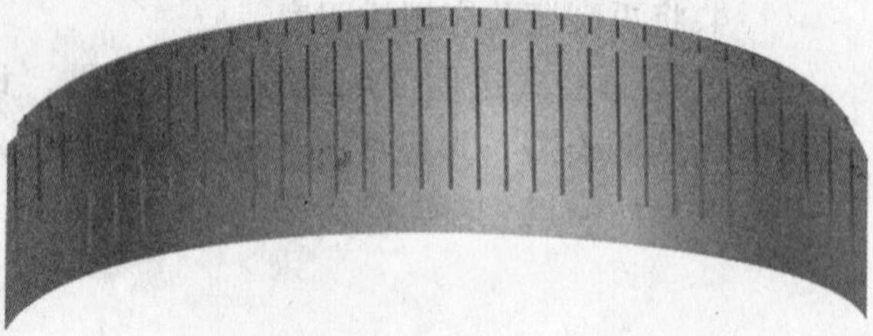
图12-42 瓶盖整体效果

8.为瓶盖添加高光

绘制两个稍扁的椭圆形，一个填充白色，一个填充（C30 K5）颜色，两者都去除轮廓线。在工具箱中选择交互式调和工具，调和两个对象，如图12-43所示。

图12-43   制作瓶盖高光

调和完成后将其放置到瓶盖的合适位置，如图12-44所示。

图12-44   放置瓶盖高光

### 9.制作瓶口

用贝塞尔工具绘制如图12-45所示形状，线性渐变填充从（C94  M61  Y16）颜色到黑色，去除轮廓线。

图12-45   制作瓶口

### 10.设置线性渐变填充

将瓶口形状再制一个，射线渐变填充从50%黑到白色，如图12-46所示。

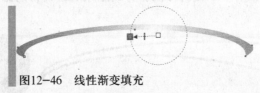

图12-46   线性渐变填充

### 11.排列瓶口形状

再次再制瓶口形状，填充为（C53  M41  Y36  K32）颜色。调整三个瓶口形状的大小并如图12-47所示进行排列。

图12-47   排列瓶口形状

### 12.制作瓶颈

用贝塞尔工具绘制如图12-48所示形状，填充为白色。

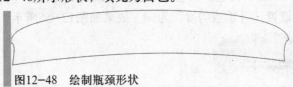

图12-48   绘制瓶颈形状

### 13.再制一个瓶颈

再制一个瓶颈并线性渐变从40%黑到白色，如图12-49所示。

图12-49 再制瓶颈

### 14.第二次再制瓶颈

继续再制瓶颈，线性渐变填充从40%黑到白色，如图12-50所示。选择交互式透明工具透明瓶颈，设置"透明度类型"为标准，"开始透明度"为56。

将三层瓶颈叠加后去除轮廓线，效果如图12-51所示。

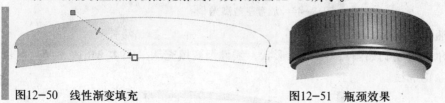

图12-50 线性渐变填充　　　　　　　　　图12-51 瓶颈效果

### 15.添加阴影效果

用贝塞尔工具绘制如图12-52所示形状，填充为白色。用交互式阴影工具为其添加阴影效果，设置"阴影颜色"为黑色、"阴影不透明度"为50、"阴影羽化"为30。按快捷键Ctrl + K键拆分阴影，删除原对象，将阴影放置到瓶颈的合适位置，如图12-53所示。

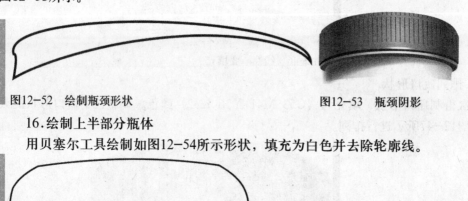

图12-52 绘制瓶颈形状　　　　　　　　　图12-53 瓶颈阴影

### 16.绘制上半部分瓶体

用贝塞尔工具绘制如图12-54所示形状，填充为白色并去除轮廓线。

图12-54 绘制上部分瓶体

### 17.复制两个上部分瓶体

按小键盘上+键先后复制两个上部分瓶体，采用瓶颈的绘制方法，分别对其线性渐变填充从40%黑到白色。注意两个复制对象的渐变位置不同。然后把最上面一层瓶体进行透明，设置"开始透明度"为60。效果如图12-55所示。

图12-55 上部分瓶体效果

**18.绘制下部分瓶体**

用贝塞尔工具绘制下部分瓶体形状，并线性渐变填充。在渐变填充对话框中设置"颜色调和"为自定义。第1个颜色位置0%，色值30%黑；第2个颜色位置9%，色值为90%黑；第3个颜色位置为36%，色值为20%黑；第4个颜色位置为63%，色值为白色；第5个颜色位置为79%，色值为C0 M0 Y0 K5；第6个颜色位置为93%，色值为30%黑；第7个颜色位置为100%，色值为10%黑，如图12-56所示。

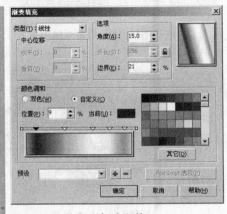

图12-56　绘制下部分瓶体

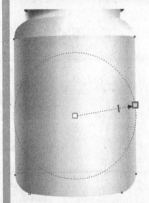

图12-57　瓶身效果

**19.再制下部分瓶体**

按小键盘上+键复制一个下部分瓶体，射线渐变填充从10%黑到白色，如图12-57所示。然后使用交互式透明工具将其透明，设置"开始透明度"为44。

图12-58　瓶底效果

**20.绘制瓶底**

复制一个第18步中的下部分瓶体图形，缩小并放置到瓶体的下一层作为瓶底，如图12-58所示。

图12-59　绘制瓶贴

**21.绘制瓶贴**

用贝塞尔工具和形状工具绘制瓶贴，采用与下部分瓶体类似的渐变色彩线性渐变填充（注意色彩比瓶体明亮），如图12-59所示。

### 20.绘制瓶贴图案

绘制圆，填充（C59 M1 Y7）颜色，去除轮廓线。缩放复制一个圆，填充（C100 M93 Y21 K27）颜色。再缩放复制一个圆，射线渐变填充从（C100 M99 Y20 K10）颜色到（C50 Y5）颜色。效果如图12-60所示。

图12-60　绘制瓶贴图案

### 23.绘制反光

绘制两个部分重叠的圆修剪出月牙形，射线渐变填充从（C100 M99 Y20 K10）颜色到（C50 Y5）颜色。绘制一个椭圆，射线渐变填充从（C50 Y5）颜色到白色。

将月牙行和椭圆去除轮廓线，放置到如图12-61所示的位置。

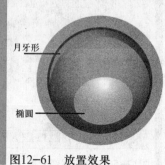

图12-61　放置效果

### 24.再制多个

将其再制若干次，调整成不同颜色。同时绘制大小不等的圆，填充不同颜色，效果如图12-62所示。

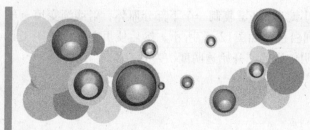

图12-62　排列图案

### 25.精确裁剪

绘制圆角为30°的圆角矩形，设置轮廓线宽度为3pt，颜色为青色。将所有的圆群组后利用"图框精确裁剪"命令裁剪到圆角矩形中，如图12-63所示。

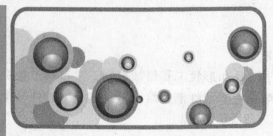

图12-63　排列图案

### 26.输入产品标志

用"文本"工具字输入英文"coc"字样，在属性栏中设置其"字体"为

Spit Shine，按Ctrl ＋ Q组合键将其转换为曲线，单击右键，在弹出的快捷菜单中选择"拆分曲线于图层1"命令。

首先选中第一个字母C，射线渐变填充从青色到白色，设置轮廓线宽度为2pt，颜色为黑色。按快捷键Shift ＋ PgDn将其置于最后，这时选中字母上的两个高光亮条，填充为白色。用同样的方法分别编辑另外两个字母。注意字母"O"拆分后成为两个实心圆，需要重新结合后在渐变填充。最后将它们进行群组，效果如图12-64所示。

图12-64 编辑文本

**27.输入产品介绍**

复制一个瓶盖，取消群组，将纹路删除。单击属性栏中的"垂直镜像"按钮，将其垂直镜像，用形状工具调整其节点，与瓶贴底部对齐。选择文本工具依照其大小创建一个矩形文本框，输入关于产品简介的段落文本，在属性栏中设置其"字体"为宋体，"字号"设为8pt。

选择段落文本，单击鼠标右键，从弹出的快捷菜单中选择"转换到美术字"命令，将其转化为美术字。选择"效果"→"封套"命令，打开封套泊坞窗，单击泊坞窗中创建自按钮，拾取对象将其作为文本的封套，单击"应用"按钮，文本被弯曲。调整文本大小和位置。打开光盘\素材库\第十二章\卡通形象.cdr文件，将迷你的卡通形象复制到段落文本的旁边，增添趣味性。最后效果如图12-65所示。

图12-65 编辑段落文本

**28.输入产品名称和其他文本**

用文本工具输入文本"VC咀嚼片"，填充为青色。设置"咀嚼片"的"字体"为方正隶书简体，"字号"为24；设置"VC"的"字体"为Arial，"字号"为36。输入文本"100%natural"，填充为青色，设置"字体"为Arial，"字号"为10。

绘制装饰线，射线渐变填充从青色到白色。调整三个对象的位置，组合效果如图12-66所示。

图12-66 装饰线与文本组合效果

图12-67 瓶贴整体效果

图12-68 食品包装整体效果

图12-69 背景效果

图12-70 调整背景

图12-71 最终效果

**29.组合瓶贴**

用文本工具 字 输入文本"30粒", 填充为青色。设置"粒"的"字体"为宋体,"字号"为12;设置"30"的"字体"为Amelia,"字号"为21。

将所有文本和瓶贴图案放置到瓶贴中的合适位置。效果如图12-67所示。

**30.完成包装**

将绘制好的瓶贴进行群组,放置到包装瓶体的合适位置。选中整个包装瓶进行群组,添加阴影效果,如图12-68所示。

**32.添加背景**

导入光盘\素材库\第十二章\丝绸.jpg文件,放置到最后一层充当背景。选择"位图"→"模糊"→"高斯模糊"命令对图像进行模糊,在弹出的对话框中设置模糊半径为5.0像素。确定对话框,效果如图12-69所示。

**32.调整背景**

选择"位图"→"创造性"→"茶色玻璃"命令,在弹出的"茶色玻璃"对话框中设置"淡色"和"模糊"均为30,设置"颜色"为天蓝色。确定对话框,效果如图12-70所示。

**33.再制包装瓶**

再制一个包装瓶,旋转两个包装瓶调整位置使它们看起来更生动。最终效果如图12-71所示。

## 12.3  广告设计——商场吊旗

商场中的吊旗具有吸引人眼球的功效，在商场中扮演了促销员的角色。吊旗花色、种类繁多，设计一款别具创意的吊旗是突破的难点，大家可以发挥一下自己的想象力，为吊旗添加一些丰富的元素。

**1.新建文档并绘制吊旗形状**

新建一个A4大小的空文档。用贝塞尔工具绘制如图12-72所示的吊旗形状。

**2.填充吊旗**

先将吊旗填充为酒绿色，然后用交互式网状填充工具单击吊旗，圈选吊旗右上角节点，按住Ctrl键的同时多次单击黄色，使黄色与酒绿色混合。同样的方法圈选左下角以及下端的节点，按住Ctrl键的同时单击绿色，混合颜色后的效果如图12-73所示。

**3.绘制底纹**

用贝塞尔工具和形状工具创建如图12-74所示形状。

将图形填充为白色，用交互式透明工具为其添加透明度，设置"透明度类型"为标准，"开始透明度"为78。效果如图12-75所示。

**4.绘制同心圆图案**

用椭圆形工具绘制圆，填充为酒绿色，去除轮廓线。按Alt + F9组合键，打开变换泊坞窗。将水平和垂直缩放比例都调整至90%，单击"应用到再制"按钮，再制圆形，填充为白色。再将白色圆按90%的比例缩放再制一个圆，填充为（C10 M7 Y40）颜色。继续按90%的缩放比例再制8个圆形，分别填充上述三种颜色。效果如图12-76所示。

将同心圆群组后再制3个，如图12-77所示放置。

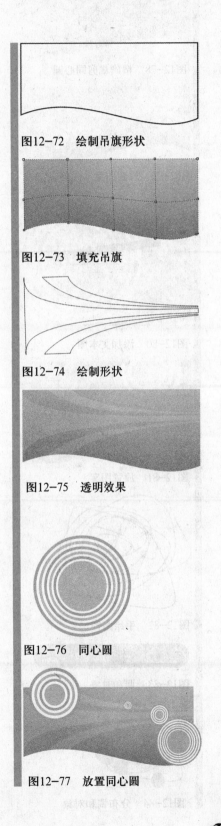

图12-72  绘制吊旗形状

图12-73  填充吊旗

图12-74  绘制形状

图12-75  透明效果

图12-76  同心圆

图12-77  放置同心圆

图12-78　精确裁剪同心圆

图12-79　放置图案

选中所有同心圆对象利用"图框精确剪裁"命令裁剪到背景图中。效果如图12-78所示。

### 5.添加图案

打开光盘\素材库\第十二章\吊旗图案.cdr文件，将文件中的喷溅墨迹图案复制到文档中，如图12-79所示。

### 6.添加文本

用矩形工具绘制长条矩形，填充为紫色，并去除轮廓线。用文本工具输入"春款上市"字样，在属性栏中设置其"字体"为黑体，"字号"为12pt，填充为黄色，放置到长条矩形中，旋转一定角度。用文本工具输入一些英文字母，填充为紫色。效果如图12-80所示。

图12-80　添加文本图

### 7.添加花纹图案

打开光盘\素材库\第十二章\闪光花纹.cdr文件，将文件中的图案复制到文档中，如图12-81所示。

图12-81　放置图案

### 8.绘制烟花路径

前面我们学会了爆炸式烟花，下面来绘制类似银龙般的烟花。用手绘工具绘制杂乱的手绘路径，如图12-82所示。

图12-82　手绘路径

### 9.绘制调和圆

绘制两个小一点的圆，填充为紫色，去除轮廓线，用交互式调和工具进行调和，如图12-83所示。

图12-83　调和对象

选择调和对象，单击属性栏上的"路径属性"按钮，选择"新路径"命令，用提示箭头单击手绘路径，将调和对象放置到路径中。单击属性栏中的"杂项调和选项"按钮，选择"沿全路径调和"复选框，使调和对象沿全路径分布。效果如图12-84所示。

图12-84　分布调和对象

10. 调整调和对象

选择"视图"→"简单线框"命令，视图变为简单线框显示模式。找到进行调和的两个圆形，将其缩小。切换回原来的增强显示模式，将调和步长增大到80。效果如图12-85所示。

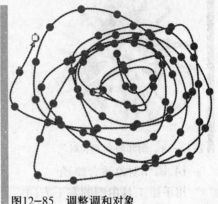

图12-85 调整调和对象

11. 拆分调和对象和路径

大家如果觉得颜色太单调，可以单击"杂项调和选项"按钮，选择"拆分"命令，用提示箭头单击中心地带的任意一个圆，更改其色彩。按快捷键"Ctrl ＋ K"键拆分调和对象，将拆分后的路径删除，全选留下的圆形对象进行群组。效果如图12-86所示。

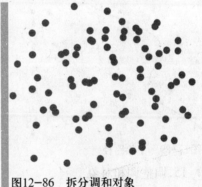

图12-86 拆分调和对象

12. 再制圆形群组对象

选择圆形群组对象，放大并再制一个，填充为黄色，如图12-87所示。

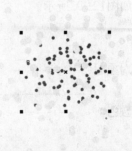

图12-87 再制调和对象

**13. 调和两个圆形群组对象**

将两个圆形群组对象用交互式调和工具进行直线调和，产生了爆炸式烟花效果。
效果如图12-88所示。

图12-88　调和两个调和对象

**14. 调和对象适合路径**

用手绘工具由图的左下方向右上方绘制如图12-89所示路径。

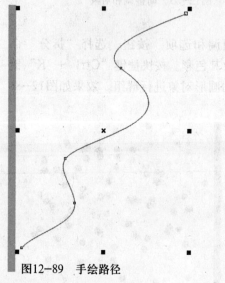

图12-89　手绘路径

选择调和对象，单击属性栏上的"路径属性"按钮，选择"新路径"命令，用提示箭头单击手绘路径，将调和对象放置到路径中。单击属性栏中的"杂项调和选项"按钮，选择"沿全路径调和"复选框，使调和对象沿全路径分布。效果如图12-90所示。

图12-90　分布调和对象

**15. 调整调和对象**

单击调和属性栏中的"逆时针调和"按钮更改调和颜色。

单击"对象和颜色加速"按钮，将对象和颜色同步加速，如图12-91所示。加速后的效果如图12-92所示。

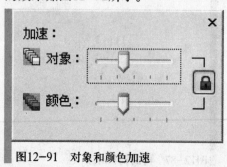

图12-91　对象和颜色加速

图12-92　调整调和对象

**16.拆分调和对象和路径**

选择调和对象,按快捷键Ctrl + K键拆分调和对象,将拆分后的路径删除。将银龙般的烟花放置到如图12-93所示位置。

图12-93 放置调和对象

**17.输入文本**

用文本工具输入文本"炫彩蝶变"字样,在属性栏中设置其"字体"为创意简魏碑。按Ctrl + Q组合键将其转换为曲线。如图12-94所示。

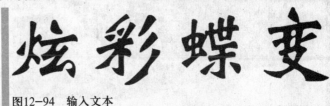

图12-94 输入文本

**18.绘制曲线图形**

用贝塞尔工具和形状工具创建如图12-95所示曲线图形。

图12-95 绘制曲线

**19.焊接制作艺术文字**

将上一步绘制的曲线图形放置到文本笔画中的合适位置。打开光盘\素材库\第十二章\吊旗图案.cdr,将文件中的蝴蝶图案复制到文档中,放置到如图12-96所示位置。选中文本、蝴蝶图案和所有曲线,单击属性栏中的"焊接"按钮将其焊接成艺术文字。

图12-96 焊接曲线

### 20.填充艺术字

将绘制好的艺术字射线渐变填充从紫色到洋红色。效果如图12-97所示。

图12-97　渐变填充

### 21.放置艺术字和蝴蝶图案

打开光盘\素材库\第十二章\吊旗图案.cdr文件，将其中的蝴蝶图案复制到文件中，射线渐变填充从紫色到洋红色。将艺术字和蝴蝶图案如图12-98所示放置。

图12-98　放置艺术字和图案

### 22.最终效果

春意盎然的商场吊旗到这里就算完成了，大家一起来休息一下吧，看看我们刚才的劳动成果。最终效果如图12-99所示。

图12-99　最终效果

## 12.4　写实设计——手机宣传海报

诺基亚倾慕系列手机，是一款笔者很喜欢的手机。它的设计既精巧又大方，是手机设计中的一个里程碑。也许大家没见过这款手机，但是没关系，下面我们将模仿该款手机海报制作出自己的迪爱手机……

1.新建文档并绘制手机外壳

新建一个A4大小的空文档。用贝塞尔工具 绘制如图12-100所示的外壳形状。线性渐变填充从（C15 M16 Y26）颜色到（C15 M16 Y7 K2）颜色，去除轮廓线。

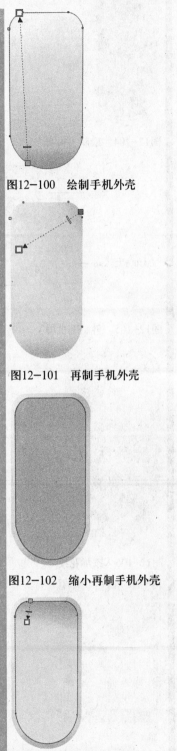

图12-100 绘制手机外壳

2.复制手机外壳

按下小键盘的+键，复制一个手机外壳，线性渐变填充从褐色到白色。用交互式透明工具添加透明，设置"开始透明度"为76，"透明度类型"为标准。效果如图12-101所示。

图12-101 再制手机外壳

3.缩小再制手机外壳

按住Shift键，将手机外壳缩小的同时单击鼠标右键进行复制，填充为（M7 Y39 K13）颜色，设置其轮廓线宽度为1.5pt，颜色为深褐色。效果如图12-102所示。

图12-102 缩小再制手机外壳

4.完成手机外壳

复制一个上一步制作的缩小外壳，线性渐变填充从（M7 Y39 K13）颜色到白色。用交互式透明工具添加透明，设置"开始透明度"为38，"透明度类型"为标准。效果如图12-103所示。

图12-103 手机外壳效果

图12-104　绘制手机屏

**5.绘制手机屏**

　　将手机外壳的形状再制一个并调整大小，填充为（C40　M60　Y78　K1）颜色，设置其轮廓线宽度为1.5pt，颜色为深褐色。效果如图12-104所示。

**6.再制手机屏**

　　将手机屏进行再制，用网状填充工具填充。颜色填充如图12-105左图所示。用交互式透明工具添加透明，设置"开始透明度"为16，"透明度类型"为标准。如图12-105右图所示。

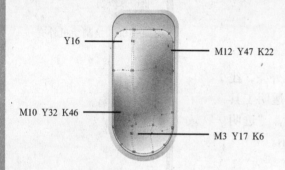

图12-105　再制手机屏

**7.添加花纹**

　　打开光盘\素材库\第十二章\倾慕花纹.cdr文件，复制喜欢的花纹到文档中，填充为（M13　Y31　K21）颜色。选择"效果"→"创建边界"命令创建花纹边界，将花纹边界轮廓填充为深褐色。复制花纹和花纹边界放置到合适地方。选中所有花纹和花纹边界利用"图框精确剪裁"命令裁剪到手机屏中。效果如图12-106所示。

图12-106　添加花纹

**8.绘制屏幕**

　　绘制圆角为10°的圆角矩形，线性渐变填充从（C7　M15　Y39）颜色到白色，设置其轮廓线颜色为褐色，宽度为发丝。效果如图12-107所示。

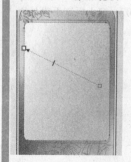

图12-107　绘制屏幕

### 9. 添加屏幕图案

从"倾慕花纹"文件中选择喜欢的图案复制到屏幕中，线性渐变填充从（C55 M98 Y96 K13）颜色到（C13 M100 Y96）颜色，效果如图12-108所示。

图12-108 添加屏幕图案

### 10. 绘制听筒

绘制圆角为80°的圆角矩形，线性渐变填充从（M7 Y39 K13）颜色到黑色。效果如图12-109所示。

图12-109 绘制听筒

将听筒形状缩小再制，线性渐变填充从30%黑到白色。效果如图12-110所示。

图12-110 再制听筒

将听筒形状再制一个，将其填充为栗色，调整顺序到下一层并错开少许，如图12-111所示。

图12-111 完成听筒

### 11. 制作垂直镜象外壳

到这里手机绘制近一半了，大家一鼓作气将下面的部分也制作完成吧。

复制手机外壳形状，单击属性栏中的"垂直镜像"按钮，将其垂直镜像。线性渐变填充从栗色到金色，如图12-112所示。选择手机上半部分组件，按快捷键Ctrl + G键进行群组。

图12-112 垂直镜像外壳形状

### 12. 绘制键盘边框

绘制一个圆角为40°的圆角矩形。设置为无填充，设置轮廓线颜色为黑色，宽度为发丝。复制一个圆角矩形，设置轮廓线颜色为（M9 Y37 K9）颜色。

图12-113 绘制键盘边框

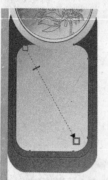

图12-114　绘制键盘区

图12-115　完成键盘区

图12-116　绘制导航键盘

图12-117　再制导航键盘

绘制圆角正方形

图12-118　绘制导航键

**13. 绘制键盘区**

将上一步绘制的圆角矩形缩小再制一个,线性渐变填充从 (C19 M14 Y28) 颜色到 (C5 M5 Y14) 颜色。设置其轮廓线颜色为黑色,宽度为发丝,效果如图12-114所示。

**14. 完成键盘区**

使用矩形工具,按住Ctrl键绘制两个圆角为40°的圆角正方形,线性渐变填充从 (C20 M21 Y43) 颜色到 (C5 M5 Y14) 颜色。注意两个矩形的填充方向不同,如图12-115所示。

**15. 绘制导航键盘**

绘制圆角为40°的圆角正方形,线性渐变填充从深褐色到香蕉黄,如图12-116所示。

**16. 再制导航键盘**

缩小再制导航键盘两次,排列如图12-117所示。下层对象填充为黑色,上层对象线性渐变填充从 (C20 M21 Y43) 颜色到 (C5 M5 Y14) 颜色,设置其轮廓线宽度为0.75pt,颜色为 (M2 Y6 K65) 颜色。

**17. 绘制导航键**

在导航键盘的中央位置,绘制两个圆角为40°的圆角正方形,排列如图12-118所示。下层对象填充为 (M77 Y74) 颜色,上层对象圆锥渐变填充从深褐色到红色。用交互式调和工具将两个圆角正方形进行调和。

交互式调和效果

**18.绘制键盘数字**

用贝塞尔工具绘制线段，位置如图12-119所示。用文本工具输入键盘数字和字母。

图12-119　绘制键盘数字

图12-120　绘制软垫

**19.绘制软垫**

用贝塞尔工具绘制如图12-120所示形状，线性渐变填充从栗色到金色。设置其轮廓线宽度为发丝，颜色为黑色。

图12-121　旋转中心

**20.旋转中心**

现在总算绘制完整个手机了，为了体现这款手机的旋转滑盖，我们再来为它添加一些效果。

将手机上半部分的旋转中心放置到如图12-121所示位置，拖动鼠标旋转上半部分到合适角度单击鼠标右键复制一个。

图12-122　添加透明度

**21.添加透明度**

选中复制的手机上半部分，选择"效果"→"创建边界"命令创建一个边界对象，填充边界对象为白色，并去除轮廓线。用交互式透明工具为边界对象添加透明度，设置"透明度类型"为线性，"透明中心点"为100。效果如图12-122所示。

**22.旋转复制**

按照同样方法，将手机上半部分和边界对象旋转复制2个，同时调整边界对象的透明度，效果如图12-123所示。

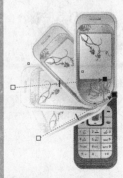

图12-123　旋转复制

**23.增加墨迹背景**

旋转滑盖手机绘制好了，我们再来为其添加一些装饰图案，使它看起来更具欣赏性。

打开光盘\素材库\第十二章\背景.cdr文件，将墨迹背景复制到文档中，放置到手机的后一层。效果如图12-124所示。

图12-124　添加墨迹背景

**24.添加花纹**

打开光盘\素材库\第十二章\倾慕花纹.cdr文件，在手机背景中添加倾慕花纹，颜色和数量大家可以自行掌握。效果如图12-125所示。

图12-125　添加花纹背景

**25.添加广告语**

打开光盘\素材库\第十二章\艺术字.cdr文件，将艺术字复制到文档中，放置到如图12-126所示位置。

图12-126　添加广告语

**26.输入手机品牌**

用文本工具输入"迪爱"和"DIAI"，在属性栏中设置其"字体"为汉仪菱心体简，"字号"为20pt。放置到如图12-127所示位置。

图12-127　添加手机品牌

**27.添加背景**

打开光盘\素材库\第十二章\背景.cdr文件，将其中的背景复制到文档中，放置到最后一层。手机宣传海报的最终效果如图12-128所示。

图12-128　最终效果

# 疑问及技巧检索